W0260506

Mikrofluidische Separationsverfahren und -systeme

Christine Ruffert

Mikrofluidische Separationsverfahren und -systeme

Ihr Einsatz zur Rückgewinnung von Katalysatorwerkstoffen

Christine Ruffert
Groß-Umstadt, Deutschland

ISBN 978-3-662-56448-6 ISBN 978-3-662-56449-3 (eBook)
https://doi.org/10.1007/978-3-662-56449-3

Die Deutsche Nationalbibliothek verzeichnet diese Publikation in der Deutschen Nationalbibliografie; detaillierte bibliografische Daten sind im Internet über http://dnb.d-nb.de abrufbar.

Springer Vieweg

Gedruckt auf säurefreiem und chlorfrei gebleichtem Papier

Springer Vieweg ist ein Imprint der eingetragenen Gesellschaft Springer-Verlag GmbH, DE und ist Teil von Springer Nature
Die Anschrift der Gesellschaft ist: Heidelberger Platz 3, 14197 Berlin, Germany

Vorwort

Das vorliegende Buch entstand während meiner Tätigkeit als wissenschaftliche Mitarbeiterin am Institut für Mikroproduktionstechnik (IMPT), zugehörig zur Fakultät für Maschinenbau der Gottfried Wilhelm Leibniz Universität Hannover. Die Arbeiten wurden durch das hochschulinterne Programm „Förderung des weiblichen Nachwuchses auf dem Weg zur Professur im Rahmen des Gleichstellungsplanes 2008" unterstützt. Ein Teil der Arbeiten wurde an der *École Polytechnique Fédérale de Lausanne* in der Schweiz durchgeführt, finanziert mit einem Forschungsstipendium der Deutschen Forschungsgemeinschaft (DFG). Der DFG sowie meinem dortigen wissenschaftlichen Gastgeber Prof. Dr. Martinus A. M. Gijs danke ich sehr herzlich für das Schaffen idealer Rahmenbedingungen zur Erweiterung meiner wissenschaftlichen Kenntnisse.
Ein besonderer Dank richtet sich an Prof. Dr. Nadja-Carola Bigall vom Institut für Physikalische Chemie und Elektrochemie (PCI) der Leibniz Universität Hannover für den anregenden wissenschaftlichen Austausch und die Unterstützung bei den Zetapotenzialmessungen. Diese Messungen sowie die Kontaktwinkelmessungen mit freundlicher Unterstützung von Natalja Wendt, zu jener Zeit am Institut für Anorganische Chemie, erfolgten im Laboratorium für Nano- und Quantenengineering, dessen geschäftsführendem Leiter Dr. Fritz Schulze Wischeler ich in diesem Zusammenhang für die stets hervorragende Kooperation meinen Dank ausdrücken möchte.
Prof. Dr. Armin Feldhoff (PCI) sowie Dr. Eberhard Bugiel vom Institut für Materialien und Bauelemente der Elektronik sei für die Durchführung der Messungen mit dem Transmissionselektronenmikroskop gedankt und Dr. Jens Baringhaus, zu jener Zeit am Institut für Festkörperphysik, für die Findigkeit bei der Analyse der Aufnahmen. Dr. Sabine Behrens, Susanne Thürer, Svenja Pfarr und Mara-Carina Schneunert vom Institut für Werkstoffkunde (IW), ebenfalls Leibniz Universität Hannover, danke ich für die Durchführung der Messungen mit induktiv gekoppelter optischer Emissionsspektroskopie und die infrarotspektroskopischen Messungen sowie die allzeit freundliche und kompetente Unterstützung bei der Auswertung der Ergebnisse. Anja Krabbenhöft vom IW sei für die Rasterelektronenmikroskopaufnahmen und die EDX-Analyse gedankt. Dem Direktor des IW, Prof. Dr.-Ing. Hans Jürgen Maier, sei mein ausdrücklicher Dank für die schnelle und unkomplizierte Möglichkeit zur Durchführung der Messungen und Analysen versichert. Herzlicher Dank sei der Laborleiterin der Materialprüfanstalt Hannover Heide Kühn gewährt, die mir ihr Labor für meine Experimente öffnete.
Diese Arbeit ist von der Fakultät für Maschinenbau der Technischen Universität Carolo-Wilhelmina zu Braunschweig als Habilitationsschrift zur Erlangung der Venia Legendi für das Lehrgebiet Mikrofluidik angenommen. Das Habilitationsverfahren war am 07. November 2017 erfolgreich abgeschlossen. Mein allergrößter Dank gebührt Prof. Dr. Stephanus Büttgenbach vom Institut für Mikrotechnik der Technischen Universität Braunschweig, der mich als Mentor in diesem Habilitationsverfahren betreute, und den ich nicht nur als exzellenten Wissenschaftler, sondern auch als herausragende Persönlichkeit kennen und sehr schätzen gelernt habe.
Dem Springer-Verlag, namentlich Birgit Kollmar-Thoni und Michael Kottusch, danke ich für die Annahme dieser Arbeit zur Veröffentlichung und die ausgezeichnete verlegerische Betreuung.

Hannover im Juli 2014 / Groß-Umstadt im April 2016 und im November 2017
Christine Ruffert

Vorwort

[illegible]

Kurzzusammenfassung

Mikro- und Nanopartikel zeichnen sich besonders durch ein großes Verhältnis von Oberflächen zu Volumen aus. Mit einer funktionalisierten Oberfläche sind sie daher beispielsweise für die hocheffiziente, spezifische Bindung von Molekülen in den Biowissenschaften oder der Medizintechnik geeignet. Speziell der Einsatz magnetischer mikroskopisch kleiner Kügelchen, *Magnetic beads* genannt, eröffnet ein breites Anwendungsspektrum, weil sich diese Beads direkt durch äußere Magnetfelder manipulieren lassen und sich ihre magnetischen Eigenschaften weder durch den Kontakt mit Lösungsmitteln oder Chemikalien verändern, noch einem zeitabhängigen Intensitätsverlust unterliegen.

Die vorliegende Schrift umfasst eine Einführung in die Grundlagen mikrofluidischer Strömungen, beschreibt die zur Fertigung mikrofluidischer Systeme verwendeten Technologien und Materialien sowie mikrofluidische Separationsverfahren unter Verwendung elektrischer und magnetischer Felder und vermittelt die zugrunde liegenden Theorien. Der Schwerpunkt wird dabei auf die magnetische Manipulation unter Verwendung von *Magnetic beads* gesetzt. Zwei konkrete Anwendungsbeispiele sind beschrieben, von denen eines die Manipulation von Biomolekülen umfasst, während sich das zweite Beispiel mit der Bindung metallischer Nanopartikel der Platingruppe aus kolloidalen Lösungen beschäftigt. Für die Probenanalyse kamen unterschiedliche Messmethoden zum Einsatz: Rasterelektronenmikroskopie und Transmissionselektronenmikroskopie in Verbindung mit energiedispersiver Röntgenspektroskopie für die Elementanalyse, Zetapotenzialmessungen gekoppelt mit dynamischer Lichtstreuung zur Partikelgrößenbestimmung, induktiv gekoppelte optische Emissionsspektroskopie und Infrarotspektroskopie. Die erfolgreiche Bindung der metallischen Nanopartikel an *Magnetic beads* konnte nachgewiesen werden. Anschließend wurden Versuche zur Wiederabtrennung der Nanopartikel mit dem Ziel einer Wiederverwendung durchgeführt. Dies dient der Entwicklung einer neuartigen Recyclingmethode für die beispielsweise in der Produktion von Pharmazeutika und Feinchemikalien weitreichend als Katalysator eingesetzten Nanopartikel der Platingruppe. Die Verfügbarkeit geeigneter Recyclingmethoden ist auch vor dem Hintergrund des begrenzten natürlichen Rohstoffvorkommens von großer industrieller Bedeutung.

Die vorgenannten Beispiele sind in den Abschnitten 6.2 (Katalysatorrückgewinnung) und 8.1 (Bioseparation) dargestellt. Dabei handelt es sich um eigene Arbeiten, von denen die Manipulation der Biomoleküle mit einem von der Deutschen Forschungsgemeinschaft im Rahmen eines Stipendiums finanzierten Forschungsaufenthalt im *Laboratory of Microsystems* in der Gruppe von Prof. Dr. Martinus A. M. Gijs an der *École Polytechnique Fédérale de Lausanne* (EPFL) in Lausanne, Schweiz, verbunden war. Den Rahmen dieser Arbeit bildet ein Blick auf den Entwicklungsstand und den Kommerzialisierungsgrad von *Lab-on-a-Chip*-Systemen im Allgemeinen und das Aufzeigen möglicher Wege für die weitere Entwicklung der Mikrofluidik, die ein maßgeblicher Teil der *Lab-on-a-Chip*-Technologie ist.

Literaturangaben sind jeweils am Kapitelende zu finden. In den meisten Fällen handelt es sich um englische Originalpublikationen. Bei Internetquellen ist das Datum des letzten Aufrufs angegeben. Gelöschte Internetlinks sind häufig in Archiven wiederzufinden wie beispielsweise https://archive.org/web mit über 300 Milliarden archivierten Webseiten. Der Index am Ende möge der Leserschaft als Nachschlagewerk dienlich sein.

Schlagworte: Mikrofluidik, Oberflächenfunktionalisierung, Partikelseparation, *Magnetic beads*

Abstract

Microparticles and nanoparticles are characterized by their large surface-to-volume ratio. Equipped with a functionalized surface, they are well suited for highly efficient specific bonding of molecules in biosciences or medical technology. Specifically, the use of so-called *magnetic beads* opens a wide range of applications, since they can be manipulated by means of an external magnetic field. Furthermore, they neither change their magnetic properties by contact with solvents or chemicals, nor are they subject to a time-dependent intensity loss.

This book provides an introduction to the fundamentals of microfluidic flows. Technologies and materials used for the fabrication of microfluidic chips are presented. Thereafter, microfluidic separation processes based on electric and magnetic fields are described. Emphasis is placed on the magnetic manipulation using *magnetic beads*. Two applications for sample manipulation applying *magnetic beads* are described, one of which includes biomolecules, while the second one comprises bonding of metallic nanoparticles from the platinum group.

For sample analysis, the following measurement methods were used: scanning electron microscopy and transmission electron microscopy in combination with energy dispersive X-ray spectroscopy for element analyses, zeta potential measurements coupled with dynamic light scattering for the detection of the particle size, inductively coupled optical emission spectroscopy and infrared spectroscopy. The successful bonding of the metallic nanoparticles to *magnetic beads* could be proven. Subsequently, reseparation experiments were performed for nanoparticle recovery. This is the first step towards the development of a new recycling method for platinum group nanoparticles, which are widely used as a catalyst for many small-scale synthetic reactions e. g. in the area of pharmaceutical or fine chemical production. The availability of adequate recycling technologies is of utmost industrial impact since the natural resources are limited.

The examples for sample separation employing magnetic beads presented in the sections 6.2 (catalyst recovery) and 8.1 (bioseparation) are own work. Among these, the described investigations on the manipulation and separation of biomolecules by means of magnetic forces were accomplished during a scholarship research stay funded by the German Research Foundation (DFG) at the Laboratory of Microsystems in the group of Martinus A. M. Gijs, *École Polytechnique Fédérale de Lausanne* (EPFL) in Lausanne, Switzerland.

The framework of this work is to look at the development and the degree of commercialization of lab-on-a-chip systems in general. Possible avenues for the further development of microfluidics, presenting one of the most relevant parts of the lab-on-a-chip technology, are pointed out.

References are to be found at the end of each chapter. In most cases, these are original English publications. For Internet sources, the date of the last access is given. Deleted Internet links are often found in archives such as https://archive.org/web with more than 300 billion archived web pages. The index at the end of this book may assist the readership as a reference work.

Key words: microfluidics, surface functionalization, particle separation, *magnetic beads*

Formelzeichen und Abkürzungen

Formelzeichen

Zeichen	Einheit	Bezeichnung
B	[T]	magnetische Flussdichte, magnetische Induktion
E	[V/m]	elektrische Feldstärke
e_0	[C]	Elementarladung
f	[Hz]	Frequenz
F	[N]	Kraft (allgemein)
F_{el}	[N]	elektrische Kraft
F_{DEP}	[N]	Dielektrophoresekraft
F_{MAP}	[N]	Magnetophoresekraft
F_{vis}	[N]	Reibungskraft
F_{vdW}	[N]	VAN-DER-WAALS-Kraft
H	[A/m]	magnetische Feldstärke
I	[A]	elektrischer Strom
J	[A/m²]	elektrische Stromdichte
$K(\varpi)$,$K(\mu)$	[-]	CLAUSIUS-MOSSOTTI-Faktor
K	[J/m³]	Anisotropiefaktor
K_1	[J/m]	erste Anisotropiekonstante
k_B	[J/K]	BOLTZMANN-Konstante
M	[A/M]	Magnetisierung
M_{rem}	[A/m]	Remanenz, remanente Magnetisierung
m	[A·m²]	magnetisches Moment
N_A	[1/mol]	AVOGADRO-Zahl
p	[Pa]	Druck
R	[J/mol·K]	(allgemeine) Gaskonstante
T	[K]	Temperatur
U_{ss}	[V]	elektrische Spannung Spitze-Spitze-Wert
U_{eff}	[V]	effektive elektrische Spannung
v	[m/s]	Geschwindigkeit
z	[-]	Ladungszahl
δ+, δ-	[-]	Partialladungen / Ladungsdichteverteilung im Partikel
ε_0	[A·s/(V·m)]	elektrische Feldkonstante, Permittivität im Vakuum
ε_r	[-]	relative Permittivitätszahl
ε	[A·s/(V·m)]	Permittivität, Produkt aus ε_r und ε_0
ε^*	[A·s/(V·m)]	komplexe Permittivität (ε_p* des Partikels, ε_m* des Mediums)
ζ	[V]	Zetapotenzial
η	[Pa·s=N·s/m²]	Viskosität, Maß für die Zähflüssigkeit eines Fluids
θ	[°]	Kontaktwinkel
μ	[V·s/(A·m)]	magnetische Permeabilität
μ_0	[V·s/(A·m)]	magnetische Feldkonstante, Permeabilität im Vakuum

μ_r	[-]	relative Permeabilitätszahl
μ_i	[m²/V]	elektrophoretische Mobilität
ξ	[1/N·s]	magnetophoretische Mobilität
ρ	[kg/m³]	physikalische Dichte (ρ_p* des Partikels, ρ_m* des Mediums)
σ	[1/(Ω·m)]	Leitfähigkeit
$\sigma_{s,l,ls}$	[N/m]	Oberflächenspannung
$\nabla\varphi$	[°]	Phasenverschiebung
χ_e	[-]	elektrische Suszeptibilität
χ_m	[-]	magnetische Suszeptibilität
ω	[1/s]	Kreisfrequenz

Abkürzungen

APTES	3-Aminopropyltriethoxysilan
At.-%	Atomprozent
DEP	Dielektrophorese; nDEP = negative, pDEP: positive Dielektrophorese
COC	Cycloolefin-copolymer
DLS	*Dynamic Light Scattering* (dynamische Lichtstreuung)
DRIE	*Deep Reactive Ion Etching* (Ionentiefenätzen)
EDX/EDXS	*Energy Dispersive X-ray / Energy Dispersive X-ray Spectroscopy* (energiedispersive Röntgenstrahlanalyse)
EHD	Elektrohydrodynamik
ELISA	*Enzyme-linked Immuno-sorbent Assay* (Enzym-Immunoassay)
ELISPOT	*Enzyme-linked ImmunoSPOT Assay* (Variante von ELISA)
EWD/EWOD	*Electrowetting-on-Dielectric* (Elektrobenetzung auf Dielektrikum)
FFF	*Field Flow Fractionation* (Feld-Fluss-Fraktionierung)
Fe_xO_y	Eisenoxide: Magnetit (Fe_3O_4); Maghemit (γ-Fe_2O_3); Hämatit (Fe_2O_3)
FLASH	*Fast Lithographic Activation of Sheets,* Papierstrukturierungsmethode
FTIR	FOURIER-Transformations-Infrarot (-Spektroskopie)
HTS	*High Throughput Screening,* Analyse mit hohem Durchsatz
ICC	*Intracytoplasmic Cytokine Staining* (Intrazytoplasmische Zytokinfärbung)
ICP-OES	*Inductively Coupled Plasma Optical Emission Spectroscopy* (optische Emissionsspektrometrie mit induktiv gekoppeltem Plasma)
LoC	*Lab-on-a-Chip*, ein Labor auf dem Chip
MEMS	*Micro-electro Mechanical System* (mikroelektromechanisches System)
MHD	Magnetohydrodynamik
MIMIC	*Micromolding in Capillaries* (Mikroabformung in Kapillare)
NSG	NAVIER-STOKES-Gleichungen
NMR	*Nuclear Magnetic Resonance* (Kernspinresonanzspektroskopie)
PAA	*Peracetic acid* (Polyacrylsäure)
PBS	*Phosphate Buffered Saline* (phosphatgepufferte Salzlösung)
PC	Polycarbonat

PCB	*Printed Circuit Board* (Leiterplatte)
PCR	*Polymerase Chain Reaction* (Polymerase-Kettenreaktion)
PDMS	Polydimethylsiloxan
PE	Polyethylen
PECVD	*Plasma-enhanced Chemical Vapor Deposition*
PEEK	Polyetheretherketon
PEG	Polyethylenglykol
PEI	Polyethylenimin
PEO	Polyethylenoxid
PET	Polyehylenterephthalat
PI	Polyimid
PLA	Polylaktische Säure *(acid)*
PMA	Phorbol 12-Myristat 13-Acetat
PMAA	Polymethacrylsäure *(acid)*
PMHS	Polymethylhydrosiloxan
PMMA	Polymethylmethacrylat (Handels- oder Trivialname: Plexiglas)
PoC	*Point-of-Care*, patientennahe Labordiagnostik
PP	Polypropylen
PS	Polystyrol
PTFE	Polytetrafluorethylen
PVA	Polyvinylalkohol
PVC	Polyvinylchlorid
PVP	Polyvinylpyrrolidon
REM	Rasterelektronenmikroskop(ie)
SAM	*Self-assembling Monolayer* (selbstanordnende Monolage)
SAW	*Surface Acoustic Wave* (akustische Oberflächenwelle)
SPION	*Superparamagnetic Iron Oxide Nanoparticle*
SQUID	*Superconducting Quantum Interference Device*
TEM	Transmissionselektroneneikroskop(ie)
µCP	*Microcontact Printing* (Mikrokontaktdrucken)
µEDM	*Micro Electro Discharge Machining* (Mikrofunkenerosion)
µTAS	*Micro Total Analysis System*, Mikrototalanalysesystem
µTM	*Microtransfer Molding* (Mikrotransferabformen)

Anmerkungen:
Fettdruck wird einheitlich zur Kennzeichnung von Vektoren in mathematischen Gleichungen, Formeln und Ausdrücken verwendet.
Englische, französische oder *lateinische* Begriffe sind kursiv kenntlich gemacht mit der Ausnahme englischer Begriffe und Worte im englischen Abstract.
EIGENNAMEN sind durch Kapitälchen gekennzeichnet.

Inhaltsverzeichnis

Inhaltsverzeichnis

1 Einleitung: Mikrofluidische Lab-on-a-Chip-Systeme

Die Mikrofluidik beschäftigt sich mit dem Verhalten von Flüssigkeiten (Fluiden) in Systemen, deren Abmessungen im Mikrometerbereich liegen. Mikrofluidische Systeme werden seit Ende der 1990er Jahre vor allem in der Medizintechnik und der Biotechnologie eingesetzt [DÜR03, PAT08, RUT07]. Weitere Anwendungsbereiche sind in der Chemie, Zellbiologie und Pharmakologie zu finden [JAC05, WEH06]. Die Vorteile der Mikrofluidik im Vergleich zu herkömmlichen Labortests liegen im geringeren benötigten Probevolumen sowie dem minimalen Reagenzienverbrauch. Dies reduziert wiederum die zu entsorgenden Abfallvolumina stark. Neben der Transportabilität solch kleiner Systeme, die relevant für den patientennahen Einsatz in der *Point-of-Care*-Diagnostik (kurz PoC) oder das Umweltmonitoring ist, sind die Verkürzung der Analysezeit sowie die Möglichkeit einer extrem hohen Parallelisierung der Analysevorgänge und somit der Durchsatzerhöhung wichtige Faktoren, die für den Einsatz von Mikrofluidiksystemen sprechen. Einen hohen Integrationsgrad bieten mikrofluidische Plattformen, von denen ein großer Anteil zur Analyse von Biomarkern genutzt wird, wie zwei Übersichtsartikel aus dem Jahr 2014 zeigen [HUN14, NAH14].

Lab-on-a-Chip (LoC)-Systeme, auch als *Micro Total Analysis Systems* (µTAS) oder *Biological Micro-electro Mechanical Systems* (BioMEMS) bezeichnet, integrieren alle Funktionen eines makroskopischen Labors auf einem etwa bankkartengroßen Bauelement. Der LoC-Ansatz stellt Werkzeuge für die Untersuchung biologischer Wechselwirkungen bis auf Zellniveau und die molekulare Ebene bereit und besitzt damit ein immenses Potenzial für Anwendungen in den Biowissenschaften: Mithilfe von LoC-Bauteilen ist eine präzise Überwachung und Differenzierung vielfältiger Parameter möglich, die zellulare Vorgänge und Signalwege beeinflussen. Mit einem Labor auf dem Chip lassen sich vollständig automatisiert Analysen kleinster Flüssigkeitsmengen bis in den Picoliterbereich (pℓ, d. h. 10^{-12} L) von Körperflüssigkeiten wie Blut, Urin, Speichel oder Schweiß durchführen, flüssige Nahrungsmittel wie Fruchtsäfte untersuchen oder Umweltanalysen beispielsweise von Gewässerproben bewerkstelligen.

Einen Überblick über die Entwicklung mikrofluidischer Plattformen mit dem Fokus auf der ersten Dekade des 21. Jahrhunderts geben Haeberle et al. sowie Mark et al. [HAE07, MAR10a]. Die von Mark et al. definierten fünf Hauptkategorien mikrofluidischer Plattformen sind in Abbildung 1.1 dargestellt. Fünf Kategorien werden betrachtet: kapillargetriebene, druckgetriebene, zentrifugale sowie auf elektrokinetischen oder akustischen Effekten basierende Systeme.

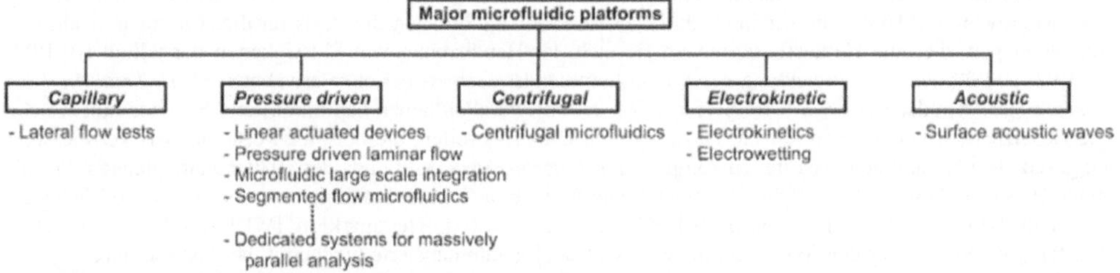

Abbildung 1.1: Mikrofluidische Plattformen klassifiziert nach dem dominierenden fluidischen Antriebsprinzip [MAR10a] © (2010) Royal Chemical Society, reprinted with permission

Nach einer Charakterisierung der mikrofluidischen Plattformen hinsichtlich ihrer funktionellen Prinzipien werden von Mark et al. Anwendungsbeispiele sowie die Stärken und Grenzen einer jeden Plattform vorgestellt. Mithilfe von Auswahlkriterien wie Tragbarkeit und Transportabilität, Kosten, Eignung für den Einmalgebrauch, Probendurchsatz, Anzahl der Parameter je Probe, Reagenzienverbrauch sowie Genauigkeit und Vielfalt der mikrofluidischen Einheitsoperationen wird ein Auswahlschema für mikrofluidische Plattformen aufgestellt. Dies dient dazu, anwendungsspezifisch das jeweils möglichst optimale System zu finden.

Nahezu 10.000 Veröffentlichungen, die thematisch dem Themengebiet Mikrofluidik zugeordnet werden können, entstanden im Zeitraum zwischen 2000 bis 2010, wie eine Recherche im Web of Science™ (vormals ISI Web of Knowledge) zeigt, und die jährliche Publikationsrate wächst kontinuierlich [BEC09]. Die Anzahl der Veröffentlichungen zu Nanopartikeln in biomedizintechnischen Anwendungen wird seit dem Jahr 2000 erfasst, stieg exponentiell bis 2008 [CAS12] und zeigte dann eine lineare Zunahme bis auf etwa 1.000 Publikationen Mitte 2014. Die Anzahl der Mikrofluidikpatente beläuft sich allein in den USA auf rund 16.500, wie aus der Sucheingabe "microfluidic" in der Datenbank der Website des *United States Patent and Trademark Office* http://patft.uspto.gov resultiert. Darunter befinden sich mehr als 2.800, bei denen der Begriff *microfluidic* im

Abstract genannt wird (Stand: 22. November 2017). Diese Zahlen lassen auf ein wachsendes Interesse an der Mikrofluidik sowohl auf der Entwicklerseite als auch auf der Seite der industriellen Anwender schließen.
Obwohl die Mikrofluidik in akademischen Einrichtungen ihren Platz gefunden hat und in der Industrie für die Entwicklung neuer Methoden und Produkte vor allem im Bereich der Lebenswissenschaften etabliert ist, lässt ein wirtschaftliches Hoch bislang auf sich warten. „Warum ist das so?“ fragt nicht zuletzt auch George M. Whitesides [WHI06, WHI08, WHI13], der an der Harvard Universität in Cambridge, Massachusetts, an der Ostküste der Vereinigten Staaten Chemie lehrt. Whitesides gilt in vielfacher Hinsicht auf dem Gebiet der Mikrofluidik als Pionier: sei es durch die Erfindung der Softlithografie, die er in bahnbrechenden Veröffentlichungen der wissenschaftlichen Welt zugänglich machte [COO01, WHI98], oder durch den Vorschlag, einfache, kostengünstige Analysesysteme auf Papier zu fertigen [MAR08a, MAR10b]. Whitesides zeigt Möglichkeiten der Kombination von Mikrofluidik und LoC auf und deckt damit die Bereiche Biotechnologie, Chemie und Medizintechnik sowie sich gerade neu erschließende Anwendungsgebiete wie die Lebensmittelverarbeitung, die Wasseraufbereitung und die Gesundheitsüberwachung mit *Point-of-care*-Systemen daheim ab [WHI11]. Mit seiner papierbasierten Diagnostik, die er "*microfluidic origami*" nennt, sollen Menschen in Entwicklungsländern einen Zugriff auf einfach zu handhabende, kostengünstige Methoden für die Analyse von Flüssigkeiten wie Blut und Trinkwasser bekommen [MAR10b]. Die von Whitesides gegründete gemeinnützige Firma *Diagnostics for All* stellt papierbasierte Diagnostiksysteme in Entwicklungsländern und Regionen ohne flächendeckende ärztliche Versorgung zur Verfügung. Geld verdienen lässt sich damit laut eigener Aussage aber nicht. Auch Govindarajan vereint den PoC-Ansatz mit der Papierdiagnostik, um in ressourcenarmen Umgebungen ohne entsprechende Infrastruktur PoC-Tests durchzuführen [GOV12]. Nun bleibt die Frage, welchen Kommerzialisierungsgrad die Mikrofluidik erreicht oder ob sie auf dem Niveau des *Rapid Prototyping* verharrt.
Blickt man zurück, nahm die Entwicklung der Mikrofluidik ihren Anfang in den 1950er Jahren, als erste Untersuchungen zur Dispensierung kleinster Flüssigkeitsmengen bis in den Picoliterbereich hinein für die rund 20 Jahre später entwickelte Tintenstrahltechnologie durchgeführt wurden [LE98]. Als zweiter Meilenstein nach der Tintenstrahldrucktechnik ist die Realisierung eines miniaturisierten Gas-Chromatographen zu nennen, der auf einem Siliziumsubstrat aufgebaut ist und binnen weniger Minuten einfache Substanzgemische aufzutrennen vermochte. Die Substanzgemische durchströmten den Chromatographen in Kanälen, die Querschnitte im Submikrometerbereich aufwiesen [LAB12, TER79]. Der erste Hochdruckflüssigkeits-Chromatograph wurde 1990 von Manz et al. auf einem 5 mm x 5 mm großen Chip realisiert [MAN90a]. Dessen Gesamtflüssigkeitsvolumen betrug 1,5 Nanoliter (nℓ, d. h. 10^{-9} ℓ) und das analysierte Zellvolumen 1,2 pℓ.
Zu Beginn der 1990er Jahre entstanden erste mikrofluidische Strukturen wie Mikropumpen [LIN88, ZEN95] oder Mikroventile [SHO88] in Siliziumtechnik. Diese Elemente bildeten die Basis für die Automatisierung von Anwendungen, die eine Herausforderung im Bereich der Handhabung von Flüssigkeiten darstellten [BER98, VER92] und führten zur Entwicklung des neu aufkommenden Gebiets der oben erwähnten *Micro Total Analysis Systems* (µTAS) oder *Lab-on-a-Chip*-Systeme [MAN90b]. Parallel kamen kapillarbasierte Systeme auf, welche die Benetzbarkeit von Vliesen nutzen. Dazu gehören Dipstickstreifen, die beispielsweise zur pH-Wertmessung eingesetzt werden und den Weg hin zu komplexeren *Lateral-Flow*-Tests Ende der 1980er Jahre ebneten. Prominente Beispiele dieser Art von Tests, die noch heute im Gebrauch sind, befähigen zum Nachweis von Schwangerschaft [HIC89], Drogenmissbrauch [LIT83, PAC01, WIL08], Herzmarkern [WU99] oder biologischen Waffen [GOO06]. Unter den Systemen, die eine vollständig automatisierte biochemische Analyse durch mikrofluidische Integration auf einem Chip ermöglichen, erzielten diese Teststreifen als Erste einen bemerkenswerten Marktanteil mit jährlichen Verkaufsraten in Milliardenhöhe [MAR10a].
Trotz der Forschungsaktivitäten auf diesem Gebiet, deren Umfang sich nicht zuletzt in der hohen Anzahl an Publikationen widerspiegelt, ist die Entwicklung kommerzieller µTAS- oder LoC-Produkte immer noch risikobehaftet und wird von der Industrie eher zögerlich verfolgt. Ein Grund dafür mag darin bestehen, dass nur wenige Standardlösungen beispielsweise für Anschlüsse und Adapter existieren [HEE12]. Als Substratmaterialien werden für LoC-Systeme traditionell Glas, Si oder Keramik verwendet. Dies ist eine Folge der Adaption von Fertigungstechnologien aus der Halbleitertechnik, die sich zur Herstellung mikroelektronischer Bauelemente und integrierter Schaltkreise der Dünnfilmtechnik bedient. Dies erfordert teilweise hoch komplexe Anlagen und Prozesse und setzt Zugang zu einem Reinraum voraus. Neuere Ansätze zur Fertigung mikrofluidischer Systeme verwenden zwar Kunststoffe mit dem Fokus auf Polymermaterialien, die für die schnelle Prototypenfertigung geeignet sind; für die Masterformfertigung ist jedoch weiterhin bis auf Ausnahmen [FEM14] ein Reinraum nötig. Vorreiter bezüglich einer Vereinheitlichung von Anschlussformaten ist die microfluidic ChipShop GmbH, eine Ausgründung vom Fraunhofer Institut für angewandte Optik und Feinmechanik (IOF) und dem Applikationszentrum Mikrotechnik in Jena, die sich die Laborminiaturisierung und den Transfer von LoC-Systemen in die Laborroutine zum Ziel gesetzt hat [BEC10]. Abbildung 1.2 gibt einen Überblick über verfügbare Anschlussformate.

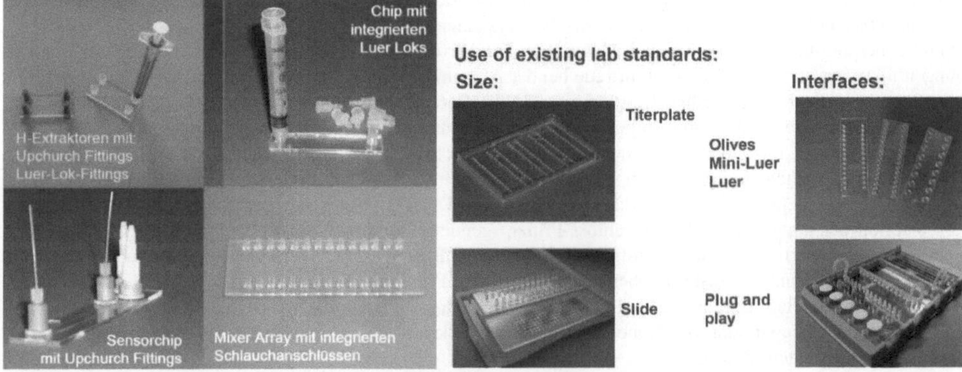

Abbildung 1.2: Mikrofluidische Bauteile mit verschiedenen fluidischen Anschlüssen, mit freundlicher Genehmigung der microfluidic ChipShop GmbH

Seit dem Jahr 2009 trifft sich regelmäßig mehrmals im Jahr an wechselnden Standorten ein *Microfluidics Consortium*, in dem vorwiegend europäische Einrichtungen und US-amerikanische Firmen und Forschungseinrichtungen vertreten sind. Sie treffen sich zur Kooperation und zu einem Austausch über den Stand der Technik und jüngste Entwicklungen im Bereich Mikrofluidik. Das Konsortium wird vom *Centre for Business Innovation* in Cambridge, UK, organisiert und ist ein weiterer Pflasterstein auf dem Weg von isolierten Lösungsansätzen für LoC-Systeme hin zu standardisierten Bauelementen.

Ein Review aus dem Jahr 2014 bewertet die Entwicklung im Bereich µTAS binnen der letzten zwölf Monate hin zu „Probe hinein – Antwort heraus"-Systemen als beachtlich [CUL14]. Der Fortschritt wird vor allem in den Bereichen Erbgut-, Wasser- und Nahrungsanalyse gesehen. Darüber hinaus werden µTAS zur Zellanalyse genutzt. Viele dieser Systeme seien noch in der Erprobungsphase. Es wird jedoch eine baldige Bewegung in Richtung von Tests unter realen Bedingungen vorhergesagt.

Eine Vielzahl hoch entwickelter Vielschrittanalysesysteme zur Untersuchung von Zell-Zell-Wechselwirkungen, Toxizität, Antwort auf externe physikalische und chemische Stimulation, Genexpression und Chemotaxis stünden zur Verfügung. Den Autoren zufolge wird sich die Bandbreite der µTAS-Anwendungen im Laufe der kommenden Jahre erweitern, und die Integrationsgeschwindigkeit wird sich beschleunigen. Als Beispiele werden künstliches Gewebe und Modelle für Organe genannt, die in geeigneter Weise die *In-vivo*-Bedingungen realistisch nachahmen können (siehe Anwendungsbeispiel, Abschnitt 8.1). Bezüglich der Materialien werde die Verwendung von Polydimethylsiloxan (PDMS) für die Fertigung einzelner mikrofluidischer Chips in akademischen Forschungseinrichtungen weiterhin der Standard bleiben, während Substratmaterialien für die Fertigung mit hohem Durchsatz zunehmend an Bedeutung gewinnen, wenn sich die Anwendungen auf den klinischen und industriellen Bereich erstrecken. Bedingt durch mögliche Probleme mit PDMS als Basismaterial für Zellkultivierungsanwendungen solle gemäß der Empfehlung von Culbertson ein stetes Interesse an der Verbesserung von Fertigungsmethoden für polystyrolbasierte Systeme bestehen. Bestrebungen zur Minimierung der Nutzung externer Komponenten würden vornehmlich für das Pumpen und die Detektion zur Schaffung kostengünstiger, portabler Geräte sowohl für klinische Einsätze als auch für die Nutzung unter ressourcenarmen Bedingungen fortgesetzt. Zur gleichen Zeit frohlockt Whitesides: "The lab finally comes to the chip" [WHI14].

Das vorliegende Buch deckt mit der Partikelseparation einen Teilbereich mikrofluidischer Systeme ab, der die Basis für die Grundoperationen von *Lab-on-a-Chip*-Systemen bildet. Es gliedert sich in neun Kapitel. Nach einer Einführung in die Thematik in Kapitel 1 folgt die mathematische Beschreibung von Fluiden im Hinblick auf deren Verhalten in Mikrosystemen in Kapitel 2, das zugleich auf Strömungstheorien im Mikrobereich eingeht. Kapitel 3 und 4 legen die Grundlagen der Elektrohydrodynamik bzw. Magnetohydrodynamik für die Partikelmanipulation in Mikrofluidiksystemen. Abschnitt 3.4 präsentiert die Durchführung und Resultate eigener Experimente zur Partikelmanipulation mit elektrischen Feldern. Die Basis zur Durchführung dieser Arbeiten bildeten Untersuchungen zur Chipfertigung und zur Integration metallischer Elektroden in die mikrofluidischen Chips. Diese Untersuchungen sind ebenfalls in Kapitel 3 enthalten. Kapitel 4 präsentiert als Einführung den Stand der Technik in der Partikelmanipulation mit Magnetfeldern in mikrofluidischen Systemen. Abschnitt 4.2 beschreibt die magnetische Separation unter Nutzung superparamagnetischer *Magnetic beads*. Darüber hinaus erfolgt eine Betrachtung und größenordnungsmäßige Abschätzung der Kräfte, die auf Partikel in einem von Magnetfeldern durchsetzten Mikrofluidiksystem wirken. Eine besondere Herausforderung besteht in der Detektion magnetischer Nanopartikel, speziell, wenn sich diese in einem strömenden Fluid bewegen. Kapitel 4 schließt mit der Vorstel-

lung standardmäßig eingesetzter und innovativer Messmethoden und -verfahren zur Erfassung und Quantifizierung magnetischer Nanopartikel in mikrofluidischen Systemen.
Kapitel 5 beschreibt Technologien und Materialien zur Fertigung mikrofluidischer Systeme. Eigene Untersuchungen fokussieren sich auf die Strukturtreue bei der Abformung mikrofluidischer Strukturen in Kunststoff von einer fotolithografisch hergestellten Masterform und die Bereitstellung einer einfachen, kostengünstigen Maskentechnologie für die Masterformfertigung basierend auf bedruckten Kopierfolien als Belichtungsmasken.
Kapitel 6 befasst sich mit Oberflächenenergien sowie Möglichkeiten der Oberflächenmodifikation mit dem Ziel einer Funktionalisierung und enthält im letzten Abschnitt ein Beispiel zur magnetischen Nanopartikelbindung und -separation aus einem Fluid. Die Basis für die Untersuchungen bildet ein neuartiger Ansatz: Das aus der Bioseparation bekannte, als Schlüssel-Schloss-Prinzip genutzte Avidin-Biotin-System wird für die Separation metallischer Nanopartikel genutzt. Erfolgreich wurden exemplarisch Nanopartikel der Platingruppe durch mit Avidin bzw. Biotin funktionalisierte Oberflächen aus einem Fluid mit Magnetfeldern separiert. Die Vorgehensweise sowie die erzielten Ergebnisse sind in Abschnitt 6.2 dargestellt. Ein übergeordnetes Ziel der Untersuchungen bildet die Rückgewinnung der Nanopartikel im Hinblick auf eine mögliche Wiederverwendung dieser als Katalysator eingesetzten Materialien.
Kapitel 7 beschäftigt sich mit partikelbeladenen Fluidströmen und gibt einen Überblick über Ansätze zur Partikelseparation unter Nutzung der in den Kapiteln 3 und 4 dargelegten physikalischen Effekte. Über feldbasierte Separationstechniken hinaus sind die geometrischen Trennmethoden der Fluidstromeinschnürung und des Größenausschlussfilters sowie die hydrodynamische Fraktionierung Teile von Kapitel 7.
In Kapitel 8 wird als Anwendungsbeispiel ein mikrofluidisches System zur spezifischen magnetischen Separation von Biomolekülen vorgestellt und schließlich ein Überblick über kommerzielle mikrofluidische Separationssysteme gegeben, die zur Analyse und Detektion von Biomarkern eingesetzt werden. Das in Abschnitt 8.1 enthaltene Anwendungsbeispiel beschreibt die an der *École Polytechnique Fédérale de Lausanne* während eines von der DFG geförderten Forschungsaufenthaltes durchgeführten Untersuchungen. Die von menschlichen Immunzellen nach Zugabe einer immunstimulierenden Komponente sekretierten Botenstoffe werden an probenspezifisch oberflächenfunktionalisierte *Magnetic beads* gebunden und nach Durchführung des Immunassays fluoreszenzmikroskopisch erfasst. Das Konzept sowie die Fertigung des entwickelten mikrofluidischen Chips sind ebenso wie die erzielten Ergebnisse Teil dieses Abschnitts. Diese wissenschaftliche Abhandlung über mikrofluidische Separationsverfahren und -systeme schließt mit einer Zusammenfassung in Kapitel 9. In diesem Abschlusskapitel werden zugleich Prognosen über Trends für die sich abzeichnende nächste mikrofluidische Ära angestellt und Engpässe für das Fortschreiten der Mikrofluidik aus der zumeist hochschulorientierten Forschung und Entwicklung in die industrielle Applikation identifiziert. Ursprünglich als Lehrbuch konzipiert, wurde diese schriftliche Arbeit zur Erlangung der *Venia Legendi* umstrukturiert und ergänzt. Dessen ungeachtet - oder gerade deshalb - mögen an der Hochschule Lehrende ermuntert werden, Inhalte dieses Buches für eigene Lehrzwecke zu verwenden. Studierenden mikro- und nanotechnisch orientierter Studiengänge gebe dieses Buch einen Leitfaden in die Hand, um Basiskenntnisse der mikrofluidischen Separation zu erlangen und sie in ihrer Begeisterung für ihr Studienfach zu bestärken.

Literatur zu Kapitel 1

[BEC10] H. Becker: One size fits all? Lab Chip Vol. 10, pp. 1894-1897, 2010

[BER98] A. van den Berg, T. S. J. Lammerink: Micro total analysis systems: microfluidic aspects, integration concept and applications. Topics in Current Chemistry Vol. 194, pp. 21-49, 1998

[CAS12] P. E. G. Casillas, C. A. Rodriguez Gonzalez, C. A. Martínez Pérez: Infrared spectroscopy of functionalized magnetic nanoparticles. In: Th. Theophanides (Editor): Infrared Spectroscopy – Materials Science, Engineering and Technology. ISBN 978-953-51-0537-4, doi: 10.5772/35481, 2012

[COO01] J. C. McDonald, S. J. Metallo, G. M. Whitesides: Fabrication of a Configurable, Single-Use Microfluidic Device. Analytical Chemistry Vol. 73, pp. 5645-5650, 2001

[CUL14] Ch. T. Culbertson, T. G. Mickleburgh, S. A. Stewart-James, K. A. Sellens, M. Pressnall: Micro Total Analysis Systems: Fundamental Advances and Biological Applications (Review). Analytical Chemistry Vol. 86, pp. 95-118, 2014

[DÜR03] M. Dürr et al.: Micro-fluidic devices for trapping and manipulating of biological nano-particles. Mikrofluidische Systeme zur Handhabung biologischer Nanoteilchen. Sensor 2003, 11th International Conference, Proc. Vol. 1, No. 11, pp. 391-394, 2003

[FEM14] T. Femmer, A. J. C. Kuehne, M. Wessling: Print your own membrane: direct rapid prototyping of polydimethylsiloxane. Lab Chip Vol. 14, pp. 2610-2613, 2014

[GOO06] J. J. Gooding: Biosensor technology for detecting biological warfare agents: Recent progress and future trends. Analytica Chimica Acta Vol. 559, pp. 137-151, 2006

[GOV12] A. V. Govindarajan S. Ramachandran, G. D. Vigil, P. Yager, K. F. Böhringer: A low cost point-of-care viscous sample preparation device for molecular diagnosis in the developing world; an example of microfluidic origami. Lab Chip Vol. 12, pp. 174-181, 2012

[HAE07] S. Haeberle, R. Zengerle: Microfluidic platforms for lab-on-a-chip applications. Lab Chip Vol. 7, pp. 1094-1110, 2007

[HEE12] H. van Heeren: Standards for connecting microfluidic devices? Lab Chip Vol. 12, pp. 1022-1025, 2012

[HIC89] J. M. Hicks, M. Iosefsohn: Reliability of home pregnancy-test kits in the hands of laypersons. New England Journal of Medicine Vol. 320, pp. 320-321,1989

[HUN14] L.-Y. Hung, H.-W. Wu, K. Hsieh, G.-B. Lee: Microfluidic platforms for discovery and detection of molecular biomarkers. Microfluidics and Nanofluidics Vol. 16, pp. 941-963, 2014

[JAC05] K. Jacobs, R. Seemann, H. Kuhlmann: Mikrofluidik. Nachrichten aus der Chemie Vol. 53, S. 300-304, 2005 https://www.gdch.de/fileadmin/downloads/Publikationen/Nachrichten_aus_der_Chemie/PDFs /Trendberichte_2005/05_mikrofluidik.pdf (letzter Zugriff 22.11.2017)

[LAB12] Mikrofluidik – Einführung. Die Entdeckung der Schnelligkeit. Special Laborjournal 03/2012, S. 40-49, 2012 www.laborjournal.de/editorials/userdoc/LJ_312_Special_Mikrofluidik.pdf

[LE98] H. P. Le: Progress and trends in ink-jet printing technology. J. of Imaging Science and Technology Vol. 42, pp. 49-62, 1998

[LIN88] H. T. G. van Lintel, F. C. M. Vandepol, S. Bouwstra: A piezoelectric micropump based on micromachining of silicon. Sensors and Actuators Vol. 15, pp. 153-167, 1988

[LIT83] D. J. Litman, R. H. Lee, H. J. Jeong, H. K. Tom, S. N. Stiso, N. C. Sizto, E. F. Ullman: An internally referenced test strip immunoassay for morphine. Clinical Chemistry Vol. 29, pp. 1598-1603, 1983

[MAN90a] A. Manz, Y. Miyahara, J. Miura, Y. Watanabe, H. Miyagi, K. Sato: Design of an Open-tubular Column Liquid Chromatograph Using Silicon Chip Technology. Sensors and Actuators B: Chemical Vol. 1, pp. 249-255, 1990

[MAN90b] A. Manz, N. Graber, H. M. Widmer: Miniaturized total chemical analysis systems: A novel concept for chemical sensing. Sensors and Actuators B: Chemical Vol. 1, pp. 244-248, 1990

[MAR08a] A. W. Martinez, S. T. Phillips, G. M. Whitesides: Three-dimensional microfluidic devices fabricated in layered paper and tape. PNAS Vol. 105, pp. 19606-19611, 2008

[MAR10a] D. Mark, S. Haeberle, G. Roth, F. von Stetten, R. Zengerle: Microfluidic lab-on-a-chip platforms: requirements, characteristics and applications. Chemical Society Reviews Vol. 39, pp. 1153-1182, 2010 http://pubs.rsc.org/en/content/articlelanding/2010/cs/b820557b#!divAbstract

[MAR10b] A.W. Martinez, S.T. Phillips, G. M. Whitesides: Diagnostics for the Developing World: Microfluidic Paper-Based Analytical Devices. Analytical Chemistry Vol. 82, No. 1, pp. 3-10, 2010

[NAH14] S. Nahavandi, S. Baratchi, R. Soffe, Sh.-Y. Tang, S. Nahavandi, A. Mitchell, K. Khoshmanesh: Microfluidic platforms for biomarker analysis. Lab Chip Vol. 14, pp. 1496-1514, 2014

[PAC01] R. Pacifici, M. Farre, S. Pichini, J. Ortuno, P. N. Roset, P. Zuccaro, J. Segura, R. de la Torre: Sweat Testing of MDMA with the Drugwipe® Analytical Device: A Controlled Study with Two Volunteers. J. Analytical Toxicology Vol. 25, pp. 144-146, 2001

[PAT08] J. N. Patel, B. Kaminska, B. L. Gray, B. D. Gates: PDMS as a sacrificial substrate for SU-8-based biomedical and microfluidic applications. J. of Micromechanics and Microengineering Vol. 18, No. 9, pp. 095028/1-11, 2008

[RUT07] P. Ruther, S. Herwik, S. Kisban, K. Seidl, B. Rubehn, N. Haj-Hosseini, J. Steigert, M. Daub, O. Paul, T. Stieglitz, R. Zengerle:
Neuroprobes - development of modular multifunctional probe arrays for neuroscience.
Proceedings Mikrosystemtechnik Kongress 2007 (MST2007), S. 1-4, 2007

[SHO88] S. Shoji, M. Esashi, T. Matsuo:
Prototype miniature blood gas analyser fabricated on a silicon wafer.
Sensors and Actuators Vol. 14, pp. 101-107, 1988

[TER79] S. C. Terry, J. H. Jerman, J. B. Angell:
A gas chromatographic air analyzer fabricated on a silicon wafer.
IEEE Transactions on Electron Devices Vol. 26, pp. 1880-1886, 1979

[VER92] E. Verpoorte, A. Manz, H. Ludi, A. E. Bruno, F. Maystre, B. Krattiger, H. M. Widmer, B. H. Vanderschoot, N. F. Derooij:
A silicon flow cell for optical detection in miniaturized total chemical analysis systems.
Sensors and Actuators B Vol. 6, pp. 66-70, 1992

[WEH06] M. Wehner, A. Görtler, H. Kramp, M. Rawert, C. Thielen:
Rapid Prototyping mikrofluidischer Bauteile für Medizintechnik u. Analytik - Rapidfluid.
Projektbericht zum BMBF-Fördervorhaben, 2006

[WHI98] Y. Xia, G.M. Whitesides: Soft Lithography.
Angewandte Chemie International Edition Englisch Vol. 37, pp. 551-575, 1998

[WHI06] G. M. Whitesides: The origins and the future of microfluidics.
Nature Vol. 442, pp. 368-373, 2006

[WHI08] G. M. Whitesides: Solving problems. Lab Chip Vol. 10, pp. 2317-2318, 2010

[WHI11] G. M. Whitesides: What comes next? Lab Chip Vol. 11, pp. 191-193, 2011

[WHI13] G. M. Whitesides: Cool, or simple and cheap? Why not both?
Lab Chip Vol. 13, pp. 11-13, 2013

[WHI14] G. M. Whitesides: The lab finally comes to the chip.
Lab Chip Vol. 14, pp. 3125-3126, 2014

[WIL08] L. Wilhelm, S. Jenckel, R. Junker: Handhabung von Teststreifen zur Bestimmung von Drogen und Medikamenten bei klinisch-toxikologischen Fragestellungen.
Laboratoriumsmedizin Vol. 32, pp. 168-174, 2008

[WU99] A. H. B. Wu, F. S. Apple, W. B. Gibler, R. L. Jesse, M. M. Warshaw, R. Valdes Jr.:
National Academy of Clinical Biochemistry Standards of Laboratory Practice:
Recommendations for the Use of Cardiac Markers in Coronary Artery Diseases.
Clinical Chemistry Vol. 45, pp. 1104-1121, 1999

[ZEN95] R. Zengerle, J. Ulrich, S. Kluge, M. Richter, A. Richter:
A bidirectional silicon micropump.
Sensors and Actuators A: Physical Vol. 50, pp. 81-86, 1995

2 Mathematische Beschreibung von Fluiden, Strömungstheorien im Mikrobereich

Die grundlegenden Gleichungen zur Beschreibung des Verhaltens strömender Fluide sind die NAVIER-STOKES-Gleichungen (NSG), benannt nach dem französischen Mathematiker und Physiker Claude Louis Marie Henri NAVIER *1785 †1836, und dem irischen Mathematiker und Physiker Sir George Gabriel STOKES *1819 †1903. Die NSG beschreiben das Strömungsverhalten NEWTONscher Flüssigkeiten und Gase, d. h. von Fluiden, die durch eine konstante dynamische Viskosität η charakterisiert sind. Ferner wird ein kontinuierliches Medium angenommen. Dies ist für Flüssigkeiten in der Makro- und Mikrofluidik erfüllt. Die NSG stellen eine Erweiterung des EULER- und LAGRANGE-Formalismus zur Beschreibung mechanischer Bewegungen dar mit einer Ergänzung um die innere Reibung des Fluids durch die Viskosität. Es handelt sich um ein System nichtlinearer partieller Differentialgleichungen zweiter Ordnung, deren Lösung meistens numerisch ermittelt wird und global bis dato gar nicht gelungen ist. Die allgemeine Form der NSG für kompressible Fluide lautet:

$$\rho\left(\frac{\partial}{\partial t}\mathbf{v}+(\mathbf{v}\cdot\nabla)\mathbf{v}\right)=-\nabla p+\eta\nabla^2\mathbf{v}+\frac{1}{3}\eta\nabla(\nabla\cdot\mathbf{v})+\mathbf{f}_{vol} \tag{2.1}$$

mit der Volumenkraft f_{vol} (z. B. der Gravitationskraft).
Wegen der Divergenzfreiheit $\nabla \cdot \mathbf{v} = 0$ entfällt der dritte Term auf der rechten Seite dieser Gleichung.
Es resultiert für inkompressible Fluide folgende Form der NSG:

$$\rho\left(\frac{\partial}{\partial t}\mathbf{v}+(\mathbf{v}\cdot\nabla)\mathbf{v}\right)=-\nabla p+\eta\nabla^2\mathbf{v}+\mathbf{f}_{vol} \tag{2.2}$$

Die NSG sind allerdings "*Easy for fluids, difficult for people, impossible for computer*" (aus: Phil Gresho: *Incompressible Flow and the Finite Element Method.* John Wiley & Sons, 2000) und "*The mathematical proof of the existence and the properties of the solutions is an outstanding problem for the next millenium.*" (Quelle: FH Kiel). Nun verkündete SPIEGEL ONLINE am 15.01.2014 [DAM14]: *„Kasache will Millenniumsproblem gelöst haben: Muchtarbai Otelbajew, ein kasachischer Mathematiker, behauptet nun, er habe die NAVIER-STOKES-Gleichungen gelöst. Wenn das stimmt, hätte er Anspruch auf ein Preisgeld von einer Million Dollar. Denn im Jahr 2000 hat das Clay Mathematics Institute of Cambridge mit Sitz in den USA je eine Million Dollar für die Lösung sieben sogenannter Millenniumsprobleme ausgelobt – besonders schwierige mathematische Aufgabenstellungen, an denen sich teils schon Generationen von Mathematikern die Zähne ausgebissen hatten. [...] Während hinter den meisten Millenniumsproblemen abstrakte Mathematik steckt, sind NAVIER-STOKES-Gleichungen äußerst praktischer Natur. Sie beschreiben die Bewegung sogenannter Fluide, wozu Flüssigkeiten wie Gase gehören. Das Problem ist unter anderem deshalb so anspruchsvoll, weil zu den Bewegungen von Fluiden auch Turbulenzen gehören. Zudem spielt das Phänomen der Viskosität eine wichtige Rolle. Wegen der Komplexität der Gleichungen fordert das Clay Mathematics Institute nicht einmal ihre vollständige Lösung – für die Zahlung des Preisgeldes reichen bereits ‚substantielle Fortschritte' bei der Entwicklung einer mathematischen Theorie, wie das Institut auf seiner Webseite schreibt. [...] Ob der Kasache tatsächlich das Millenniumsproblem gelöst hat, wird wohl erst feststehen, wenn seine Arbeit von unabhängiger Seite geprüft wurde. Eine solche Prüfung kann Monate oder gar Jahre dauern [...].“*

Die meisten Strömungstheorien basieren auf zwei grundlegenden Modellen von Fluiden: dem molekularen Modell und dem Kontinuum-Modell. Das molekulare (oder diskrete) Modell basiert auf der Kinetiktheorie und verwendet intermolekulare Wechselwirkungen zur Beschreibung des Strömungsverhaltens eines Fluids. Dieses Modell berücksichtigt jedes einzelne Molekül im Ensemble. Diese Vorgehensweise erfordert eine immense Rechnerleistung bei der Modellierung und ist daher nicht praktikabel. In der traditionellen Strömungsmechanik ersetzt man das molekulare Modell daher durch das Kontinuum-Modell, in dem das Fluid als kontinuierliches Medium behandelt wird und die Fluideigenschaften als räumliches Kontinuum definiert werden. Eigenschaften wie Viskosität und Dichte werden als Materialeigenschaften betrachtet. Mit zunehmender Miniaturisierung stößt man jedoch an die Grenzen der molekularen Dimensionen, sodass Modifikationen am Kontinuum-Modell vorzunehmen sind. Für eine fundierte mathematische Beschreibung der Strömungsvorgänge in einem mikrofluidischen System stellt sich die Frage, inwieweit der für Makrosysteme gültige kontinuumsmechanische Modellierungsansatz basierend auf den NAVIER-STOKES-Gleichungen bei Mikroströmungen überhaupt anwendbar ist.

Narvin stellt in seiner Dissertation dar, unter welchen Bedingungen der klassische Kontinuumsansatz für Gase und Flüssigkeiten auf mikrofluidische Systeme übertragen werden kann und zeigt auf, wo Grenzen liegen [NAR10]. Gad-el-Hak zufolge führt das Kontinuum-Modell zu ausreichend präzisen Ergebnissen, solange lokale Fluideigenschaften wie die Dichte und Transportgeschwindigkeit als Mittelwerte über Volumeneinheiten definiert werden können, die groß gegen die Mikrostruktur des Fluids sind [GAD99].

Pionierartige Arbeiten zur Dynamik in verdünnten Gasen wurden 1909 vom dänischen Physiker Martin Hans Christian Knudsen durchgeführt [GAD99]. Die nach ihm benannte KNUDSEN-Zahl Kn ist eine dimensionslose Kennzahl für die Dichte einer Gasströmung. Sie misst das Verhältnis der mittleren freien Weglänge der Gasmoleküle zu einer geometrischen Bezugslänge wie dem Kanaldurchmesser. Der lokale Kn-Wert in einer gasförmigen Partikelströmung ist ein Maß für den Grad der Fluidverdünnung und die Gültigkeit des Kontinuum-Modells. Im Grenzfall, wenn die Kn-Zahl den Wert Null annimmt, entfallen die Transportterme, und die NAVIER-STOKES-Gleichungen reduzieren sich zu den EULER-Gleichungen, die ein partielles Differentialgleichungssystem 1. Ordnung zur Beschreibung der Strömung von reibungsfreien Fluiden bilden. Bei den EULER-Gleichungen handelt sich um einen Sonderfall der NSG. Die innere Reibung (Viskosität) und die Wärmeleitung des Fluids sowie viskose Diffusion und Dissipation sind vernachlässigbar, und die Strömung ist näherungsweise isentrop (d. h. adiabatisch und reversibel) aus Sicht des Kontinuums, während im molekularen Pendant die Geschwindigkeitsverteilung von einer MAXWELL-Verteilungsform abweicht. Mit wachsender Kn-Zahl gewinnen Verdünnungseffekte an Bedeutung, und der Kontinuumsansatz kann seine Gültigkeit verlieren. Die anhand der Kn-Zahl klassifizierten Strömungsregimes können wie folgt zusammengefasst werden:

EULER-Gleichungen (molekulare Diffusion vernachlässigt):	$Kn \to 0$
NAVIER-STOKES-Gleichungen mit Haftrandbedingung:	$Kn \leq 10^{-3}$
NAVIER-STOKES-Gleichungen mit Gleitrandbedingung:	$10^{-3} \leq Kn \leq 10^{-1}$
Übergangsbereich:	$10^{-1} \leq Kn \leq 10$
Freier molekularer Fluss:	$Kn > 10.$

Abbildung 2.1 zeigt anhand einer KNUDSEN-Skala die Gültigkeitsbereiche verschiedener Strömungsmodelle. Nachgewiesen ist, dass für $Kn \leq 10^{-3}$ eine uneingeschränkte Gültigkeit des Kontinuumsansatzes unter Anwendbarkeit der STOKESschen Haftrandbedingung zu erwarten ist [GAD99, NAR10, SCH61].

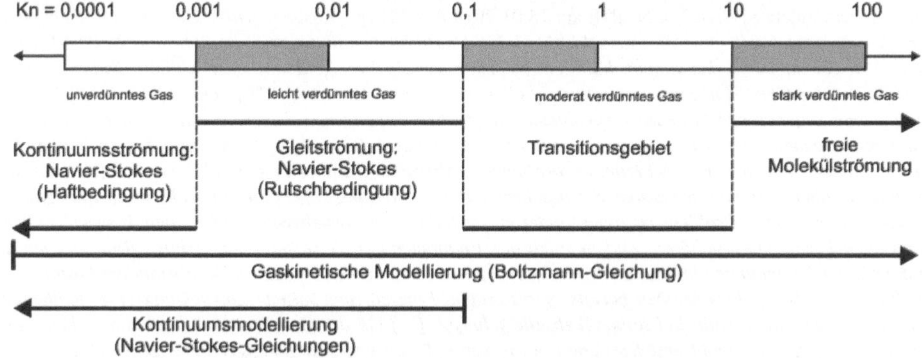

Abbildung 2.1: Gültigkeitsbereich der Kontinuumsmodellierung bei Gasen [SCH61]
© (1961) Princeton University Press, reprinted with permission

Narvin verschafft dem Leser einen Überblick über existierende Modelle zur Beschreibung mikrofluidischer Strömungen [NAR10]. Die Modellvorstellung des Kontinuums ignoriert ihm zufolge die Betrachtungsweise diskreter Moleküle auf mikroskopischer Ebene und basiert auf der Annahme eines den Raum homogen ausfüllenden, kontinuierlichen Mediums. Moleküle werden dabei in Fluidteilchen zusammengefasst, von denen eine unendlich große Zahl das Kontinuum bildet. Die Ermittlung makroskopischer Größen wie Druck, Dichte, Geschwindigkeit oder Temperatur erfolgt durch Mittelung der mikroskopischen Größen aller in den Fluidteilchen zusammengefassten Moleküle. In der Kontinuumshypothese werden diese makroskopischen Größen als stetige Funktionen des Ortes und der Zeit betrachtet und können in Form partieller Differentialgleichungen wie den NAVIER-STOKES-Gleichungen beschrieben werden. Die Gültigkeit der Kontinuumsannahme ist im Mikroskopischen jedoch nur dann gewährleistet, wenn sich in den zu materiellen Punkten zusammengefassten Kontrollvolumina so viele Moleküle befinden, dass der makroskopische Mittelwert der mikroskopischen Größen nicht mehr

von stochastischen Fluktuationen einzelner Moleküle abhängt [HÄN04]. Die Beurteilung der Anwendbarkeit des Kontinuumsansatzes in der Mikrofluidik erfordert daher eine genauere Analyse der physikalischen Eigenschaften der betrachteten Gase und Flüssigkeiten. So setzt die Annahme einer kontinuierlichen Gasströmung beispielsweise voraus, dass die mittlere freie Weglänge der Gasmoleküle deutlich kleiner als die damit in Relation stehende makroskopische Längenskala ist.
Ursachen der Abweichungen im Mikrobereich können nach Nguyen auch VAN-DER-WAALS-Kräfte oder elektrostatische Kräfte sein [NGU04]. Empirisch zeigte sich, dass die Reibungskraft nicht wie im Makrobereich nur eine Funktion der Normalkraft, sondern auch der Oberfläche ist. Mathematische Gleichungen zur Beschreibung der Fluidströmungen sollten Terme zur Beschreibung dieser nichtlinearen Effekte enthalten [HO98]. Hinzu kämen im Mikrobereich einige Effekte, die in Makrosystemen vernachlässigbar sind. Dies umfasst beispielsweise einen unerwünschten Druckabfall im Kanal durch Fertigungstoleranzen in der Kanalgeometrie. So könne eine relative Fertigungstoleranz von 10% für den Druckabfall einen Messfehler von 30% ausmachen [NGU04]. Neben Toleranzen in der Kanalgeometrie können mikroskopische Kontaminationen der Messflüssigkeiten mit Fremdpartikeln zu Messabweichungen führen. Durch das Skalierungsgesetz, nach dem sich die Oberfläche bei Verkleinerung eines Systems quadratisch verringert, das Volumen jedoch kubisch und somit deutlich schneller abnimmt, nehmen die vorgenannten Effekte im Mikrobereich drastisch zu und sind nicht ohne Weiteres vernachlässigbar. Es kommt zu einer Vermischung von Messfehlern und Mikroeffekten, die nicht mehr voneinander getrennt werden können. Koo klassifiziert die Theorien zur Erklärung von Flüssigkeitsströmungen in drei Gruppen [KOO03]:

(i) Instabilität durch frühes Auftreten des Übergangsbereichs vom laminaren zum turbulenten Regime [PEN96, XU00],

(ii) Zunahme der Reibungskraft und Druckabfall durch Oberflächeneffekte wie Oberflächenrauigkeit bzw. Mikrozirkulationen [MAL99, PFA89], Elektrokinetik [PAP99, REN01] oder Temperatureffekte [GUO03, URB93] und

(iii) keine Änderung im Vergleich zur konventionellen Theorie; Verursachung von Messabweichungen durch Messfehler oder Fertigungstoleranzen [JUD02].

Im molekularen Modell wird die Interaktion zwischen zwei neutralen Molekülen durch das LENNARD-JONES-Potenzial beschrieben [KOP95]:

$$V_{ij}(r) = 4\varepsilon\left[c_{ij}\left(\frac{r}{\sigma}\right)^{-12} - d_{ij}\left(\frac{r}{\sigma}\right)^{-6}\right] \tag{2.3}$$

Dabei bezeichnet r den Abstand zwischen den Molekülen i und j, c_{ij} und d_{ij} sind Wechselwirkungskoeffizienten, ε ist die charakteristische Energie, und als charakteristische Länge σ wird der Moleküldurchmesser angenommen. Der erste Term mit der Potenz –12 beschreibt den abstoßenden Potenzialanteil bei großer Annäherung, der zweite Term mit der Potenz –6 und negativem Vorzeichen ist der anziehende Anteil durch VAN-DER-WAALS-Kräfte [WAL73]. (Die Kraft zwischen zwei Molekülen ergibt sich aus der Ableitung des Potenzials nach dem Molekülabstand r gemäß d/dr.) Der Zusammenhang zwischen dem Druck p, dem Molvolumen $V_m = n \cdot V$ mit der Molanzahl n und der Temperatur T eines idealen Gases wird durch die ideale Gasgleichung beschrieben:

$$p \cdot V_m = n \cdot R \cdot T = N_A \cdot k_B \cdot T \tag{2.4}$$

mit der Gaskonstante R = 8,314 J/(mol·K), der AVOGADRO-Zahl $N_A = 6{,}02252 \cdot 10^{23}$/mol und der BOLTZMANN-Konstante $k_B = 1{,}38 \cdot 10^{-23}$ J/K.
Das Kontinuum-Modell der Kontinuumsmechanik unterteilt Materialien in Feststoffe, Flüssigkeiten und Gase. In diesen drei Aggregatzuständen unterscheiden sich die Amplituden der thermischen Molekül- bzw. Atomschwingungen stark voneinander. Während die Schwingungsamplitude r in Festkörpern sehr klein gegenüber dem Moleküldurchmesser σ ist ($r \ll \sigma$), sind die Moleküle in Flüssigkeiten ($r \approx \sigma$) sowie Gasen ($r \gg \sigma$) deutlich weiter voneinander entfernt und wechselwirken daher schwächer miteinander. Der mittlere Molekülabstand in Gasen wird mit dem zehnfachen Moleküldurchmesser abgeschätzt [NGU04]. Da es auf mikroskopischer Skala zu starken Fluktuationen von Messwerten kommt, berechnet man makroskopische Größen wie Geschwindigkeit oder Dichte im Kontinuum-Modell durch die Bildung von Mittelwerten in einem definierten Volumenelement. Große Fluktuationen um die empirisch bestimmten Mittelwerte in kleinen Fluidvolumina führen zu einer erhöhten Wahrscheinlichkeit dafür, dass die einzelnen Messwerte sehr stark vom Mittelwert abweichen. Hier stößt das Kontinuum-Modell an seine Grenzen.

Literatur zu Kapitel 2

[DAM14] H. Dambeck: Mathematik: Kasache will Millenniumsproblem gelöst haben. Spiegel online 15.01.2014, http://www.spiegel.de/wissenschaft/mensch/navier-stokes-mathematiker-will-milleniums-problem-geloest-haben-a-943228.html (letzter Zugriff 22.11.2017)

[GAD99] M. Gad-el-Hak: The fluid mechanics of microdevices – The freeman scholar lectures. J. of Fluids Engineering Vol. 121, pp. 5-33, 1999

[GUO03] Z.-Y. Guo, Z.-X. Li: Size effect on microscale single-phase flow and heat transfer. International J. of Heat and Mass Transfer Vol. 46, pp. 149-159, 2003

[HÄN04] D. Hänel: Molekulare Gasdynamik. Springer-Verlag, Berlin, 2004

[HO98] C. M. Ho, Y. C. Tai: Micro electromechanical systems (MEMS) and fluid flow. Annual Review Fluid Mechanics Vol. 20, pp. 579-612, 1998

[JUD02] J. Judy, D. Maynes, B. W. Web: Characterization of frictional pressure drop for liquid flows through microchannels. International Journal of Heat and Mass Transfer Vol. 45, pp. 3477-3489, 2002

[KOO03] J. Koo, C. Kleinstreuer: Liquid flow in microchannels: Experimental observations and computational analyses of microfluidic effects. J. of Micromechanics and Microengineering Vol. 13, pp. 568-579, 2003

[KOP95] J. Koplik, J. R. Banavar: Continuum Deductions from Molecular Hydrodynamics. Annual Review of Fluid Mechanics Vol. 27, pp. 257-292, 1995

[MAL99] G. M. Mala, D. Li: Flow characteristics of water in microtubes. International Journal of Heat and Fluid Flow Vol. 20, pp. 142-148, 1999

[NAR10] O. Narin: Numerische Untersuchung der laminaren Mischung, Reaktion und des konjugierten Wärmeübergangs in modularen mikrofluidischen Systemen. Dissertation, Universität Bochum, Kap. 2.1 Gültigkeit und Einschränkungen des kontinuums-mechanischen Ansatzes auf mikrofluidischen Skalen. Cuvillier, 2010, ISBN: 9783869552972

[NGU04] N.-T. Nguyen: Mikrofluidik – Entwurf, Herstellung und Charakterisierung. Teubner Wiesbaden, 2004 ISBN -63-519-00466

[PAP99] I. Papautsky, J. Brazzle, T. Ameel, A. B. Frazier: Laminar fluid behavior in microchannels using micropolar fluid theory. Sensors and Actuators A: Physical Vol. 73, pp. 101-108, 1999

[PEN96] X. F. Peng, G. P. Peterson: Convective heat transfer and flow friction for water flow in microchannel structures. International Journal of Heat and Mass Transfer Vol. 39, pp. 2599-2608, 1996

[PFA89] K. Pfahler, J. Harkey, H. Bau: Liquid transport in micron and submicron channels. Sensors and Actuators A: Physical Vol. 22, pp. 431-434, 1989

[REN01] L. Ren, W. Qu, D. Li: Interfacial electrokinetic effects on liquid flow in microchannels. International Journal of Heat and Mass Transfer Vol. 44, pp. 3125-3134, 2001

[SCH61] S. Schaaf, P. Chambre: Flow in rarefied gases. Princeton University Press, 1961

[URB93] W. Urbanek, J. Zemel, H. H. Bau: An investigation of the temperature dependence of Poiseuille number in microchannel flow. J. of Micromechanics and Microengineering Vol. 3, pp. 206-208, 1993

[WAL73] J. D. van der Waals: Over de Continuiteit van den Gas- en Vloeistoftoestand. (Die Kontinuität des gasförmigen und des flüssigen Zustands.) Dissertation, Leiden, Niederlande, 1873

[XU00] B. Xu, K. T. Ooi, T. N. Wong, W. K. Chan: Experimental investigation and flow friction for liquid flow in microchannels. International Communication on Heat Mass Transfer Vol. 27, pp. 1165-1176, 2000

3 Elektrohydrodynamik und elektrische Trennverfahren

Elektrokinetische Prozesse umfassen Elektroosmose, Elektrophorese und Dielektrophorese und werden auch unter dem Oberbegriff Elektrohydrodynamik (EHD) zusammengefasst, sofern die Prozesse in flüssigen Medien ablaufen. Die folgenden Unterkapitel beschreiben die Grundlagen der drei genannten elektrokinetischen / elektrohydrodynamischen Prozesse.

3.1 Elektroosmose

Elektrische Felder, die entlang von Kapillaritäten oder Mikrokanälen angelegt werden, können zur Bewegung des darin befindlichen Fluids führen. Diesen Effekt nennt man Elektroosmose. Der Ursprung dieses Phänomens liegt in der Ausbildung elektrischer oder elektrochemischer Doppelschichten im Schnittstellenbereich zwischen Festkörper (Kapillare bzw. Kanalwand) und der Flüssigkeit und den damit verbundenen elektrischen Kräften auf Ionen in dieser Doppelschicht. Eine Vielzahl von Materialien wie Glas, Quarz oder Teflon bildet aufgrund von Oberflächenladungen etwa durch Dissoziation der Silanolgruppen bei Kontakt mit einer Elektrolytlösung eine elektrochemische Doppelschicht aus [HOF]. Negative Ladungen an der Innenseite der Kapillare oder des Mikrokanals führen zu einer positiv geladenen Flüssigkeitssäule, die sich im elektrischen Feld in Richtung der Kathode bewegt. Die Geschwindigkeit dieser Bewegung ist proportional zum angelegten Feld und abhängig vom Material, aus dem der Mikrokanal besteht, und der Lösung, die sich mit der Kanalwand im Kontakt befindet [KIR09]. Dieser elektroosmotische Fluss kann zum Transport der Flüssigkeit ähnlich wie mit einer mechanischen Pumpe genutzt werden.

Im Gegensatz zu einem hydrodynamischen Flussprofil mit parabelförmiger Charakteristik ist das Profil des durch die COULOMBkräfte in der elektrochemischen Doppelschicht induzierten elektroosmotischen Fluidstroms außerhalb der Doppelschicht annähernd stempel- oder stopfenförmig. Abbildung 3.1 stellt das zweidimensionale Flussprofil einer elektroosmotischen Strömung dem Profil einer druckgetriebenen Strömung mit HAGEN-POISEUILLE-Strömungsprofil gegenüber und zeigt zusätzlich die Abhängigkeit der Profile vom pH-Wert des Fluids. Mit zunehmendem pH-Wert wächst der elektroosmotische Fluss, da der Dissoziationsgrad der Silanolgruppen (SiOH) an der Kapillaroberfläche zunimmt [HOF]. Dies wird aus dem linken Bereich der Abbildung 3.1 ersichtlich.

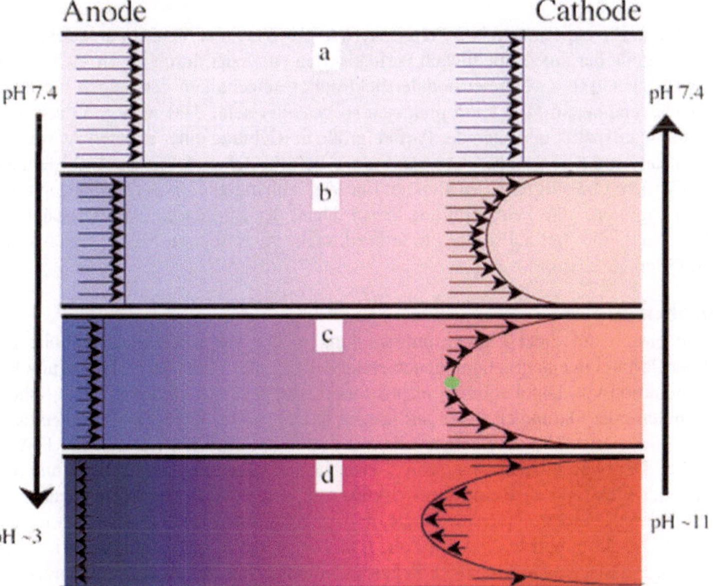

Abbildung 3.1: Flussprofile von elektroosmotischem Fluss (links) und druckgetriebener Strömung (rechts) in einer Kapillare in Abhängigkeit vom pH-Wert [MIN02] © (2002) John Wiley & Sons, reprinted with permission

3.2 Elektrophorese

Das Prinzip der Elektrophorese beruht darauf, dass sich einem elektrischen Feld ausgesetzte, geladene Partikel in einer ruhenden Flüssigkeit mit einer Geschwindigkeit proportional zu ihrer Größe und elektrischen Ladung bewegen. Sie wurde in den späten 1930er Jahren von Arne Tiselius an der Universität Uppsala in Schweden für die physikalische Trennung kolloidaler Gemische und später Proteine entwickelt [TIS37], wofür er 1948 den Nobelpreis für Chemie verliehen bekam. Die bei der Elektrophorese wirkende elektrische Kraft ist [HOF]:

$$\mathbf{F}_{el} = z_i \cdot e_0 \cdot \mathbf{E} \tag{3.1}$$

mit der Ladungszahl z der Komponente i, der Elementarladung e_0 und dem elektrischen Feld E.
In einem viskosen wässrigen Medium wirkt diese Kraft entgegengesetzt der Reibungskraft $\mathbf{F}_{vis}$ gemäß dem STOKESschen Gesetz:

$$\mathbf{F}_{vis} = k \cdot \eta \cdot \mathbf{v}_i \tag{3.2}$$

wobei k als Konstante für sphärische Partikel mit dem Radius r den Wert $6\pi r$ annimmt, η die Viskosität bezeichnet und v_i die Wanderungsgeschwindigkeit der i-ten Komponente. Für die Geschwindigkeit der Komponente i im konstanten elektrischen Feld (d. h. für $F_{el} = F_{vis}$) folgt:

$$\mathbf{v}_i = \frac{z_i \cdot e_0}{6\pi \cdot \eta \cdot r} \cdot \mathbf{E} \tag{3.3}$$

Der Radius r entspricht in dieser Formel dem hydrodynamischen Radius des hydratisierten Partikels, der in der Regel größer als der tatsächliche Partikelradius ist. Daraus ergibt sich unter definierten experimentellen Bedingungen die elektrophoretische Mobilität μ_i, die Beweglichkeit oder Wanderungsgeschwindigkeit des Teilchens während der Elektrophorese:

$$\mu_i = \frac{v_i}{E} = \frac{z_i \cdot e_0}{6\pi \cdot \eta \cdot r} \tag{3.4}$$

Typischerweise wählt man die experimentellen Parameter wie pH-Wert und Viskosität des flüssigen Trägermediums so, dass die Bewegung der unterschiedlichen Partikelsorten entweder durch die Größe oder die elektrische Ladung dominiert wird [HUG03]. Zweidimensionale Elektrophoresetechniken verwenden meistens beide Parameter für Separationsanwendungen. Dies kann praktisch so gestaltet sein, dass man erst nach der elektrischen Ladung in einer Richtung aufspaltet und nach der Partikelgröße in Richtung einer anderen Achse.
An das für Separationsanwendungen eingesetzte elektrische Feld bestehen folgende Anforderungen: Es sollte nur in einer Richtung wirken und aufgrund der direkten linearen Abhängigkeit von der elektrophoretischen Kraft (siehe Gleichung 3.1) eine konstante Feldamplitude haben. Denn der Einsatz eines elektrischen Wechselfeldes würde nur dazu führen, dass die Partikel in der Probe oszillieren, im zeitlichen Mittel jedoch keine translatorische Bewegung vollführen.

3.3 Dielektrophorese

Die Dielektrophorese basiert auf einer Ladungsumverteilung in der äußeren Elektronenhülle und damit der Polarisierung neutraler Partikel in einem inhomogenen elektrischen Feld E. Bei der Polarisierung im elektrischen Feld kommt es zur Induktion von Dipolen durch intrinsische Ladungsverschiebungen. Auch höhere Ordnungen in Form von Quadropolen oder Oktupolen treten auf, tragen jedoch in der Regel nur unwesentlich zur Gesamtkraftwirkung bei. Die induzierten Dipole wechselwirken mit dem anliegenden elektrischen Feld und erzeugen elektrostatische Kräfte. Der wesentliche Unterschied zwischen Dielektrophorese (DEP) und Elektrophorese besteht darin, dass bei der Elektrophorese eine Kraftwirkung aufgrund einer bereits vorhandenen Teilchenladung erzielt wird, während bei der Dielektrophorese neutrale, d. h. ungeladene Partikel manipuliert werden. Detaillierte Beschreibungen der Dielektrophorese sind bei Pohl [POH78], Jones [JON95] sowie bei Zimmermann und Neil zu finden [ZIM95]. Praktische Anwendungen liegen vor allem in der Manipulation biologischer Proben wie Zellen [HUA92, MAR94, POH66] sowie Viren und Bakterien [HUG98].
Die elektrische Suszeptibilität χ_e beschreibt das Ausmaß der elektrischen Polarisierbarkeit in einem elektrischen Feld und ist als einheitenloser Proportionalitätsfaktor der dielektrischen Verschiebung D durch das Feld definiert. Es gilt: $D = \varepsilon_r\, \varepsilon_0\, E = (1 + \chi_e)\, \varepsilon_0\, E$ mit der relativen Permittivität ε_r und der elektrischen Feldkonstanten, der Permittivität im Vakuum ε_0. Durch diese Polarisierung werden Partikel entweder zu Feldmaxima in das Feld

hineingezogen oder von Feldminima angezogen und damit aus dem Feld verdrängt. Im inhomogenen Feld erfährt ein Partikel eine Nettokraft in Richtung der größten Feldstärke, und zwar unabhängig von der Orientierung des Feldes und auch in einem Wechselfeld. Dies bezeichnet man als positive Dielektrophorese. Befindet sich das Partikel in einem Medium mit höherer Polarisierbarkeit als die eigene, wird das Feld um das Partikel herum gestört. Der induzierte Dipol orientiert sich in der dem Feld entgegengesetzten Richtung, und die auf den induzierten Dipol wirkende Kraft weist in Richtung geringerer Feldstärke aus dem Feld heraus. In diesem Fall liegt negative Dielektrophorese vor. Das Partikel wird aus dem Feld verdrängt. Abbildung 3.2 veranschaulicht die beiden Fälle der positiven und negativen Dielektrophorese. δ- und δ+ bezeichnen die sich ausbildenden Partialladungen im Partikel durch das äußere Feld.

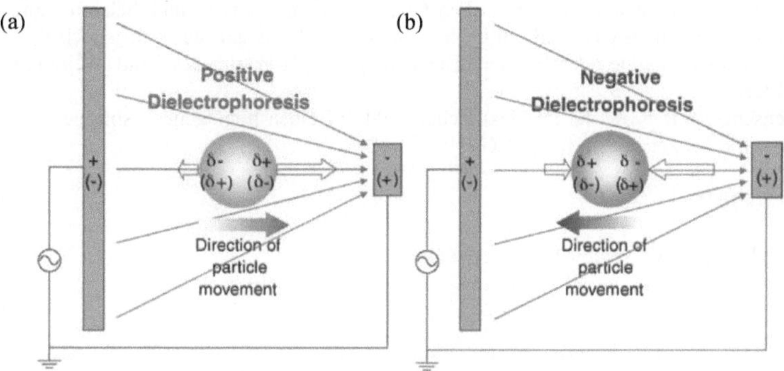

Abbildung 3.2: Prinzip der Dielektrophorese:
Polarisierung eines Partikels im elektrischen Feld, Ausbildung von Partialladungen δ+, δ-;
im inhomogenen Feld Wirkung ungleicher Kräfte an den Dipolenden, resultierend in einer Partikelbewegung.
a) Positive DEP: Partikel mit Polarisierbarkeit größer als die des Mediums werden ins Feld gezogen.
b) Negative DEP: Bei kleinerer Polarisierbarkeit des Partikels als die des Mediums resultiert Verdrängung.
[DOH05] © (2005) Elsevier, reprinted with permission

Liegt ein elektrisches Wechselfeld an, hängen die Polarisierbarkeit des Partikels sowie die Polarisierbarkeit des Trägermediums von der Frequenz dieses Feldes ab. In Abhängigkeit von der Frequenz des angelegten Feldes kann positive oder negative Dielektrophorese auftreten. Dies liegt darin begründet, dass die Ausrichtung des Dipols größtenteils von der Ladungsbildung beidseitig an der Grenzfläche zwischen Partikel und Medium abhängt. Die MAXWELL-WAGNER-SILLARS-Polarisierung beschreibt diesen Effekt, der an dielektrischen Grenzschichten auftritt und dort zur Ladungstrennung führt [BEE60, KRE03]. Die relative Ladungsmenge hängt von der Impedanz der Materialien und somit von der Frequenz des angelegten Feldes ab. Mit der Frequenz ändert sich das dielektrische Verhalten des Partikels und des ihn umgebenden Mediums. In einem gegebenen Frequenzfenster, das dielektrische Dispersion heißt, wird das Nettoverhalten des Systems entweder vom Partikel oder vom Medium dominiert, und das Partikel erfährt in Abhängigkeit davon positive oder negative Dielektrophorese [HUG03].

Eine Sonderform der Dielektrophorese ist die Wanderwellen-Dielektrophorese. Dieses Phänomen wurde zuerst von Batchelder und später von Masuda et al. beschrieben [BAT83, MAS87, MAS88]. Bei der Wanderwellen-Dielektrophorese propagiert das elektrische Feld entlang einer Reihe meistens stabförmig ausgelegter Elektroden, deren Breite und Abstand zueinander typischerweise in der Größenordnung von 10 µm liegen [HUG03]. Diese Elektroden werden sequenziell phasenversetzt mit Spannung beaufschlagt und erzeugen dabei sinusförmige elektrische Potenziale, die elektrische Dipole in den Partikeln induzieren. Diese Dipole wechselwirken ihrerseits mit dem anregenden Feld. Zwei aufeinanderfolgende Phasen sind in praktischen Anwendungen um jeweils $2\pi/3$ (bzw. 120°) oder $\pi/2$ (bzw. 90°) gegeneinander versetzt. Die Erregung des elektrischen Feldes erfolgt also bei einem Versatz um $2\pi/3$ in drei oder bei Versatz um $\pi/2$ in vier Phasen. Bei Niederfrequenzen im Bereich von 0,1 Hz bis 100 Hz ist die translatorische Kraft auf die Partikel elektrophoretisch dominiert, bei höheren Frequenzen von 10 kHz bis etwa 30 MHz dominieren dielektrophoretische Kräfte durch induzierte Dipole [FUH92].

3.4 Elektrische Trennverfahren in der Mikrofluidik

Die Nutzung elektrischer Felder für mikrofluidische Trennprozesse im Durchströmverfahren hat eine lange Tradition. Wegen des großen Verhältnisses von Oberfläche zu Volumen in mikrofluidischen Systemen kann entstehende JOULEsche Wärme gut abgeführt werden, sodass auch starke elektrische Felder einsetzbar sind. Dies ermöglicht die effiziente Separation von Aminosäuren, DNS-Molekülen oder DNS-Fragmenten sowie Proteinen und Peptiden. Pamme teilt die verfügbaren Durchflusstrennmethoden in vier Hauptgruppen ein [PAM07]:

(i) Trennung mit elektrischen Feldern in Kombination mit Hindernissen,

(ii) strömungsfreie Elektrophorese basierend auf Ladungs- / Größenverhältnis,

(iii) strömungsfreie isoelektrische Fokussierung (Basis: isoelektrischer Punkt[1]),

(iv) dielektrophoretische Separation basierend auf der Polarisierbarkeit.

Möchte man elektrische Feldkräfte zur Manipulation von Partikeln oder Molekülen nutzen, sind zwei Fälle zu unterscheiden: Das zu manipulierende Teilchen ist entweder selbst geladen oder elektrisch neutral. Im ersten Fall können elektrophoretische Kräfte genutzt werden, im Fall der Ladungsneutralität erfährt die Probe dielektrophoretische Kräfte in einem inhomogenen elektrischen Feld. Bei elektrophorese- und dielektrophoresebasierten Separationsanwendungen tritt meistens auch ein elektroosmotischer Fluss auf, der sich jedoch durch eine entsprechende Oberflächenmodifikation oder über eine Einstellung des pH-Wertes des Fluids weitestgehend unterdrücken lässt [DUC04].
Die dielektrophoretische Kraft $\mathbf{F}_{DEP}$, die im elektrischen Feld auf einen homogenen, isotropen, dielektrischen sphärischen Körper wirkt, ist gegeben durch [HUG03]:

$$\mathbf{F}_{DEP} = 2\pi r^3 \varepsilon_m \operatorname{Re}[K(\omega)]\nabla \mathbf{E}^2 \tag{3.5}$$

mit dem Realteil $\operatorname{Re}[K(\omega)]$ des CLAUSIUS-MOSSOTTI-Faktors

$$K(\omega) = \frac{\varepsilon_p^* - \varepsilon_m^*}{\varepsilon_p^* + 2\varepsilon_m^*} \tag{3.6}$$

ε_p^* und ε_m^* bezeichnen die komplexen Permittivitäten von Partikel und Medium $\varepsilon^* = \varepsilon - i(\sigma/\omega)$, wobei ε die Permittivität, σ die Leitfähigkeit und ω die Kreisfrequenz bedeuten. Die Frequenzabhängigkeit der komplexen Permittivität ε^* und somit die Frequenzabhängigkeit des Realteils $\operatorname{Re}[K(\omega)]$ des CLAUSIUS-MOSSOTTI-Faktors lässt schlussfolgern, dass auch die Kraft auf das Partikel mit der Frequenz des elektrischen Felds variiert. Direkt aus dem Ausdruck für die komplexen Permittivitäten ε^* ist abzulesen, dass bei hohen Frequenzen ω die Permittivität ε dominiert und Leitfähigkeitseffekte σ bei kleineren Frequenzen, da der Quotient σ/ω im Ausdruck für die komplexe Permittivität entsprechend kleinere oder größere Werte annimmt. Die Permittivität von Zellen ist typischerweise höher als die des umgebenden Mediums. Diese Eigenschaft kann zu unerwünschter positiver Dielektrophorese bei Frequenzen oberhalb 1 MHz führen. Dies kann jedoch durch ein Puffermedium entsprechend höherer Leitfähigkeit angepasst werden [CHE07].
Der Parameter $\operatorname{Re}[K(\omega)]$ gibt an, ob das Partikel stärker oder schwächer als das umgebende Medium polarisierbar ist und definiert durch ihr Vorzeichen die Richtung der Kraftwirkung: Für $\operatorname{Re}[K(\omega)] > 0$ wird das Partikel in Regionen höchster Feldstärke gezogen (positive Dielektrophorese), für $\operatorname{Re}[K(\omega)] < 0$ wird es aus dem Feld verdrängt (negative Dielektrophorese). Beim Erreichen der Übergangsfrequenz wechselt das Vorzeichen der Kraft, und $\operatorname{Re}[K(\omega)]$ nimmt den Wert Null an. Das Partikel erfährt dann folglich keine dielektrophoretische Kraft. Der allgemeine Ausdruck für die dielektrophoretische Kraft setzt sich aus dem aus Gleichung (3.6) bekannten Realteil (Re) und einem Imaginärteil (Im) zusammen [HUG03]:

$$\mathbf{F} = \underbrace{2\pi r^3 \varepsilon_m \operatorname{Re}[K(\omega)]\nabla \mathbf{E}^2}_{\text{Dielektrophorese}} + \underbrace{\operatorname{Im}[K(\omega)]\,(\mathbf{E}^2_{x0}\nabla\varphi_x + \mathbf{E}^2_{y0}\nabla\varphi_y + \mathbf{E}^2_{z0}\nabla\varphi_z)}_{\text{Wanderwellen-Dielektrophorese}} \tag{3.7}$$

Der erste Term beschreibt die konventionelle dielektrophoretische Kraft, der zweite Term die Wanderwellen-Dielektrophorese. Ein Partikel im Wanderwellenfeld erfährt somit eine Kombination aus beiden Kräften, deren jeweilige Anteile vom Realteil $\operatorname{Re}[K(\omega)]$ bzw. dem Imaginärteil $\operatorname{Im}[K(\omega)]$ des CLAUSIUS-MOSSOTTI-Faktors bestimmt werden. Hughes nennt vier mögliche Fälle für das Partikelverhalten im Wanderwellenfeld [HUG03]:

---

[1] Isoelektrischer Punkt: pH-Wert einer wässrigen Lösung, bei dem sich bei Ampholyten – chemische Verbindungen, die sowohl als Protonendonator als auch als Protonenakzeptor fungieren können – oder Zwitterionen die positiven und negativen Ladungen ausgleichen.

(i) $\mathrm{Re}[K(\omega)] > 0$ und $\mathrm{Re}[K(\omega)] \geq \mathrm{Im}[K(\omega)]$:
Dominanz der positiven dielektrophoretischen Kraft;
Partikel lagern sich an Elektrodenrändern an.

(ii) $\mathrm{Re}[K(\omega)] < 0$ und $\mathrm{Im}[K(\omega)] \approx 0$:
Negative dielektrophoretische Kraft, kein Einfluss durch Wanderfeld;
Partikel werden von Elektroden abgestoßen.

(iii) $\mathrm{Re}[K(\omega)] > 0$ und $\mathrm{Im}[K(\omega)] \neq 0$:
Partikel propagieren auf der Höhe, in der die Wanderwellenkraft dominiert, entlang der Elektrodenanordnung durch den Kanal;
für $\mathrm{Im}[K(\omega)] > 0$: Partikelbewegung entgegen der Richtung und
für $\mathrm{Im}[K(\omega)] < 0$: Partikelbewegung in Richtung des Wanderwellenfeldes.

(iv) $|\mathrm{Im}[[K(\omega)| > 4\,\mathrm{Re}[K(\omega)]$ und $\mathrm{Re}[K(\omega)] > 0$:
Beide Kräftebeiträge etwa gleich groß resultierend in einer FUN-Mode (*fundamentally unstable*), einem chaotischen und unvorhersehbaren Partikelverhalten [HUA93].

Da die Regimes (i) und (ii) effektiv die Bewegung im Fall konventioneller Dielektrophorese reproduzieren und das vierte Regime (iv) zu instabil ist, wird in der Praxis meistens das dritte Regime (iii) für die Partikelbewegung mit der Wanderwellentechnik eingesetzt. Bis heute findet die (Wanderwellen-) Dielektrophorese ihren Hauptanwendungsbereich in der Manipulation, Separation, Aufspaltung oder Konzentration von Biomolekülen [LAP07, PET97].
Gascoyne et al. beschreiben die Isolation von mit Malaria (d. h. dem Krankheitserreger *Plasmodium falciparum*) befallenen Zellen aus dem Blut durch Dielektrophorese [GAS02]. Lapizco-Encidas et al. wendeten die Dielektrophorese für die Separation toter (nekrotischer) von lebenden (vitalen) *Escherichia coli (E. coli)*-Bakterien an [LAP04]. Bei einem Signal der Frequenz 35 kHz wurden tote Hefezellen durch positive Dielektrophorese gemäß dem oben beschriebenen Regime (i) von den Elektroden eines Wanderwellensystems angezogen [TAL96]. Die lebenden Zellen sind durch ihre Permittivitätszahl dem Regime (iii) zuzuordnen und erfahren demzufolge eine negative Dielektrophoresekraft, welche die Zellen von den Elektroden abstößt. In Kombination mit einem Wanderfeld ergibt sich eine translatorische Bewegung durch den Kanal. Am Ende der Elektrodenanordnung werden die vitalen Zellen durch Frequenzänderung auf 4 MHz wiederum durch positive Dielektrophorese gefangen. Die nekrotischen Zellen werden abgestoßen und wandern in der dem Feld entgegengesetzten Richtung rückwärts zurück zum Kanaleingang. Hier macht man sich zunutze, dass der Wert des Imaginärteils des CLAUSIUS-MOSSOTTI-Faktors $\mathrm{Im}[K(\omega)]$ bei der Frequenz 4 MHz das entgegengesetzte Vorzeichen als bei 35 kHz hat.
Ein weiteres Anwendungsbeispiel für die Wanderwellentechnik stellt ein System zur Trennung von Leukozyten und Erythrozyten dar. Ein relativer Unterschied von nur 0,2% in den dielektrischen Eigenschaften genügt zur Trennung dieser zwei Arten von Blutzellen nach dem Passieren einer 20 mm langen Elektrodenanordnung, bestehend aus 1.000 Einzelelektroden, die im Abstand von 100 µm lateral nebeneinander angeordnet sind [GRE97, MOR97]. Die Gruppe um Lee entwickelte ein mikrofluidisches Elektrophoresesystem, das für eine effiziente Trennung von DNS-Proben eine *Spin-on-glass*-Beschichtung nutzt [LEE03]. Bei dieser Technik wird Glas in flüssiger Form auf den Wafer aufgespritzt und anschließend überschüssiges Flüssigglas abgeschleudert, sodass nur eine hauchdünne Schicht zurückbleibt. In einem Videoartikel demonstrieren Millet et al. anschaulich die Trennung von Zellen und Polystyrolbeads in mikrofluidischen Kanalstrukturen mithilfe dielektrophoretischer Kräfte in einer laminaren Strömung [MIL11]. Die Zellmanipulation in mikrofluidischen Bauteilen kann somit für verschiedene Anwendungen wie zur Sortierung, Separation, gezielten Platzierung oder für Populationsstudien nützlich sein.
Eine Variante der Dielektrophorese ist die Feld-Fluss-Fraktionierung (engl. *Field Flow Fractionation*, FFF), die Ende der 1990er Jahre gleichzeitig von Huang et al. [HUA97, HUA99], Markx et al. [MAR97a, MAR97b] und Wang et al. [WAN98] mit der Dielektrophorese kombiniert und somit weiterentwickelt wurde [HUG03]. Die Feld-Fluss-Fraktionierung ist eine bereits seit den 1960er Jahren für die Trennung von Makromolekülen und Kolloiden verwendete Technik zur hochauflösenden Trennung partikulärer Substanzen in flüssigen Medien, die allerdings nicht in einer Trennsäule oder Kapillare wie in der Chromatografie, sondern in einem laminar durchströmten Trennkanal abläuft. Das Prinzip ist folgendermaßen: Bei einer druckgetriebenen Strömung weist die Frontfläche des Fluidstroms eine parabelförmige Verteilung auf, der die im Fluid dispergierten Partikel folgen. Je nach Abstand von der Wand haben die Partikel unterschiedliche Transportgeschwindigkeiten und bilden somit einen Geschwindigkeitsgradienten aus (gemäß dem Flussprofil in Abbildung 3.3 links). Partikel in Wandnähe sind in der voll entwickelten Strömung somit bezogen auf das Zentrum des Fluidstroms rückversetzt. Dies macht man sich in Kombination mit einem äußeren Feld für Separationszwecke zunutze. Neben einem elektrischen

Feld können auch die Gravitationskraft (*Gravitational FFF*), ein Temperaturgradient (*Thermal FFF*), Zentrifugalkräfte (*Sedimentation FFF*) oder die Viskosität des Fluidstroms (*Flow FFF*, in Kombination mit einem zweiten Fluidstrom) für die Separation eingesetzt werden.
Mit auf die Kanalwände aufgebrachten Elektroden sind Partikel im Fluid durch dielektrophoretische Kräfte direkt manipulierbar. Vorzugsweise wird die negative Dielektrophorese eingesetzt, da die Partikel in dem Fall von den Wänden fortgedrängt werden, während sie im Fall der positiven Dielektrophorese von den Elektroden angezogen werden. Ein die Elektrodenanordnung passierendes Partikel erfährt eine viskose Kraft entgegengesetzt der Strömungsrichtung sowie einander entgegengesetzte BUOYANCY-, Dielektrophorese- und Gravitationskräfte in senkrechter Richtung zur Strömungsrichtung. Im Kräftegleichgewicht gilt für die Gesamtkraft in der Richtung senkrecht zur Strömungsrichtung $F_{gesamt} = F_{DEP} + F_{BUOYANCY} = 0$ [HUG03]. Mit Gleichung (3.7) für die Dielektrophoresekraft und der BUOYANCY-Kraft $V\rho g$ mit dem Partikelvolumen $V = 4/3\pi r^3$ folgt:

$$2\pi r^3\, \varepsilon_m\, \mathrm{Re}[K(\omega)]\nabla \mathbf{E}^2 = 4/3\pi r^3(\rho_P - \rho_M)g \tag{3.8}$$

mit der Dichte ρ und der Erdbeschleunigung g. Die Indizes P und M stehen für das Partikel bzw. das Transportmedium. Durch Umstellen dieser Gleichung erhält man

$$\mathrm{Re}[K(\omega)]\nabla \mathbf{E}^2 = 2(\rho_P - \rho_M)g/3\varepsilon_m \tag{3.9}$$

Ein Partikel wird folglich gemäß seiner physikalischen Dichte und der von ihm erfahrenen dielektrophoretischen Kraft im Kräftegleichgewicht in einer konstanten Höhe frei schweben. Die Partikelgeschwindigkeit v wird durch diese Gleichgewichtshöhe h_{eq} im laminaren parabolischen Flussprofil bestimmt [VYK08]. Abbildung 3.3 skizziert das Prinzip der dielektrophoretischen Feld-Fluss-Fraktionierung.

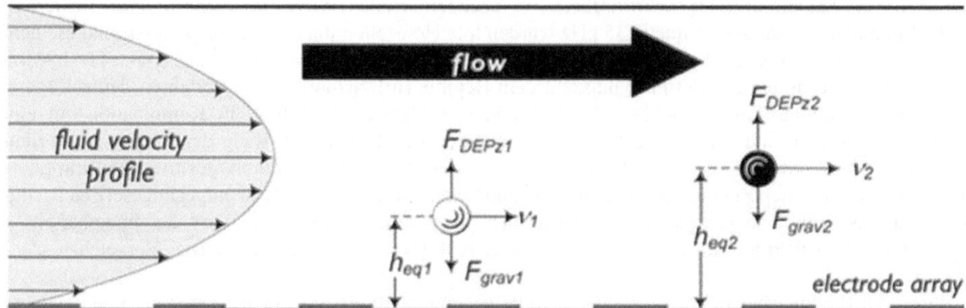

Abbildung 3.3: Schema der dielektrophoretischen Feld-Fluss-Fraktionierung (DEP-FFF); Gleichgewichtshöhe h_{eq} bestimmt durch das Kräftegleichgewicht [VYK08]

Diese Theorie zur Beschreibung des dielektrophoretischen Verhaltens von Partikeln hat sich bewährt. Wurde die Methode der Dielektrophorese ursprünglich zunächst nur zur Charakterisierung der dielektrischen Eigenschaften von Zellen und anderen Biomolekülen verwendet, so ist sie gemäß der Einschätzung von Pethig dabei, sich selbst zu einem Werkzeug zum Beispiel für die Stammzellforschung und therapeutische Zwecke zu entwickeln [PET10a]. Pethig schließt seinen Übersichtsartikel über Dielektrophorese mit den Worten:
"It may be fitting to conclude by quoting the final paragraph written by an unknown author on the dust cover of Pohl's book of 1978: 'A far wider range of potential applications exists than Professor Pohl has been able to include. The book should thus provide stimulating reading for imaginative research workers in the physical, medical, and biological sciences.' " Dieses Zitat könnte als Prognose für den zukünftigen Einsatz der Dielektrophorese gedeutet werden und drückt zugleich die Hoffnung aus, dass Leser jenes Buches durch die Lektüre zur Entwicklung weiterer Anwendungen der Dielektrophorese angeregt werden.
Die Partikelsorten in einem Partikelgemisch, das durch einen Kanal über eine Elektrodenanordnung wie in Abbildung 3.3 dargestellt strömt, teilen sich auf unterschiedliche Höhen je nach ihrer Dichte und den dielektrischen Eigenschaften auf. Sobald sie ihren Gleichgewichtszustand erreicht haben, werden sie durch die zwischen den Seitenwänden des Kanals und dem Fluid wirkenden viskosen Kräfte je nach ihrer Position verlangsamt. Die Partikel im Zentrum des Fluidstroms sind bezüglich der weiter zu den Wänden im Fluidstrom befindlichen Partikel voraus, sodass sich von der Strommitte zu den Seitenwänden hin ein Geschwindigkeitsgradient ausbildet. Unterschiedliche Partikelsorten spalten sich im Verlauf der Kanalströmung in Bänder auf, die das Ende des Kanals zu unterschiedlichen Zeiten verlassen. So wird eine Trennung realisierbar.

Bei geeigneter Parameterwahl sollte es sogar möglich sein, konventionelle Dielektrophorese mit der Feld-Fluss-Fraktionierung zu kombinieren. In einem solchen Wanderwellenseparator wären die Elektroden in Strömungsrichtung und die Richtung der Wanderwelle senkrecht zur Strömungsrichtung des Fluids angeordnet. Die Partikelseparation würde wegen der unterschiedlichen Abstände der Partikel vom Strömungszentrum und der Dauer für das Passieren des Kanals am Kanalausgang erfolgen. Eine derartige Anordnung zur Verbindung der konventionellen Dielektrophorese mit der Feld-Fluss-Fraktionierung skizziert Abbildung 3.4.

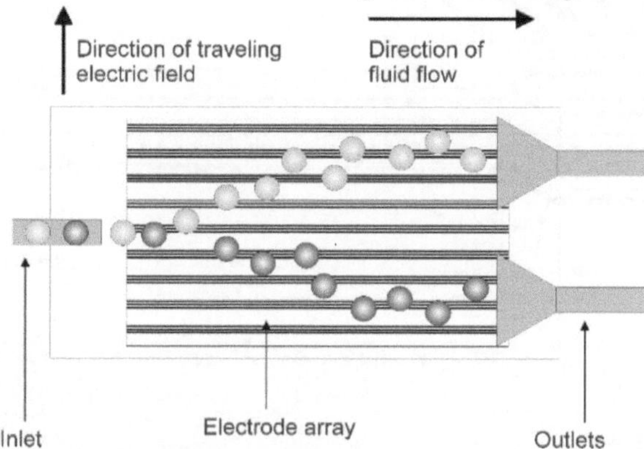

Abbildung 3.4: Wanderwellenseparator rechtwinklig zum Fluidstrom versetzten Elektroden; System kombinierbar mit DEP-FFF zur Erzielung einer 2D-Separation [HUG03]
© 2003 Taylor and Francis Group LLC Books, reprinted with permission

Eine spiralförmige, mehrphasige Elektrodenanordnung, wie sie in Abbildung 3.5 skizziert ist, kann eine Wanderwelle zwischen dem Zentrum und dem Außenrand erzeugen. Gemäß ihren dielektrischen Eigenschaften und der Richtung des Feldes wandern die Partikel in die Mitte oder nach außen. Das System deckt eine große Fläche ab und ist einfach zu fertigen, da man lediglich vier nebeneinander verlaufende Leiterbahnen benötigt.

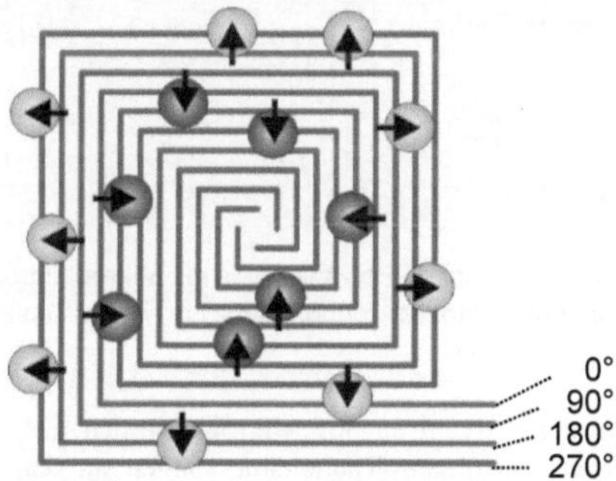

Abbildung 3.5: Spiralförmiges Elektrodenarray zur Erzeugung einer Vierphasen-Wanderwelle (mit einem Phasenversatz von $\pi/2$: Phasen 0°, 90°, 180°, 270°), die Partikel nach außen oder innen befördert [HUG03]
© 2003 Taylor and Francis Group LLC Books, reprinted with permission

Zur Generierung elektrischer Felder werden Elektroden benötigt, die alternativ entweder im fluidischen Kanal integriert oder außen auf der Kanaloberfläche aufgebracht werden. Im System von Abgrall bestehen die Mikrokanäle aus dem fotostrukturierbaren Polymer SU-8™, in das Elektrodenstrukturen während der Fertigung eingebettet wurden [ABG06]. Polka et al. fertigten planare Ag/AgCl-Mikroelektroden galvanisch durch Abscheidung auf fotolithografisch strukturierten Elektroden für elektrochemische Analysen in mikrofluidischen Systemen. Ihr Ziel bestand in einer Erhöhung der Potenzialstabilität gegenüber Vorgängersystemen. In ihrem System sind die Elektroden im Kanal integriert, der in PDMS abgeformt wurde [POL06]. Im mikrofluidischen System von Metz et al. befinden sich Platinelektroden beidseitig außerhalb eines Polyimidsubstrats [MET04]. Dieser flexible und implantierbare Chip, den Abbildung 3.6 als Konzept und reales System zeigt, kann für Untersuchungen des chemischen und elektrischen Informationsaustausches von Zellen *in vivo* sowie *in vitro* nützlich sein.

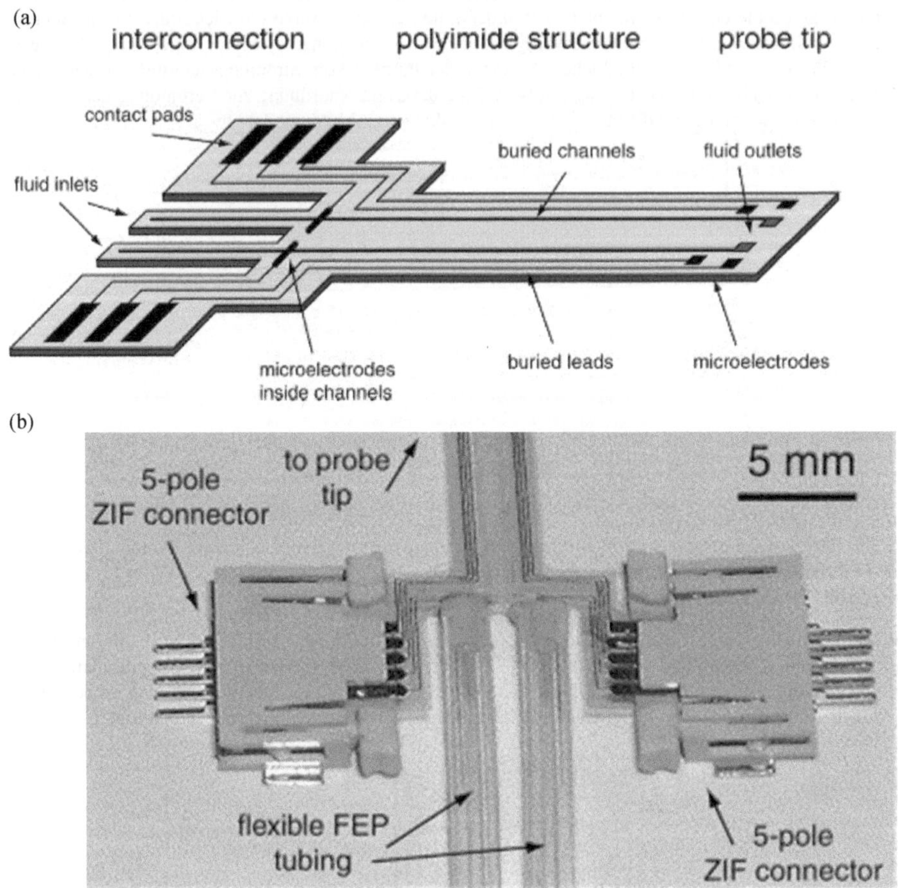

Abbildung 3.6: a) Schema des implantierbaren Polyimidchips mit Mikroelektroden und Kanälen, b) gefertigter Chip mit elektrischen und fluidischen Anschlüssen [MET04]

Gold, Palladium und Platin wurden galvanisch auf Mikroelektroden aus Gold im Inneren mikrofluidischer Kanäle abgeschieden. Anschließend erfolgten Rauheitsmessungen an den Oberflächen und eine elektrische Charakterisierung der Elektroden. Der Autor kommt zu dem Schluss, dass durch die Ergebnisse dieser Untersuchungen elektrochemische Sensoren mit höherer Sensitivität realisierbar werden [BAN10].
Die Gruppen von Wheeler an der Universität Toronto in Kanada und von Fair in Durham, NC, USA, entwickeln digitale mikrofluidische Bauteile [FAI07, SHA14], die auf der Einstellung des Oberflächenbenetzungsverhaltens durch Elektrobenetzung basieren. Die dazu benötigten Elektroden werden mit unterschiedlichen Technologien wie Mikrokontaktdrucken (engl. *Microcontact printing*, µCP) und in verschiedenen Konfigurationen sowie Geometrien gefertigt [WAT06]. Zwei Beispiele aus der Gruppe von Wheeler sind in Abbildung 3.7 dargestellt. Dreidimensionale Elektroden, integriert an den Seitenwänden mikrofluidischer Kanäle, sind in einem hybriden Ansatz gefertigt. Dazu wurden planare Platinelektroden mit Fotolithografie und Kathodenzerstäubung auf einem Glassubstrat dünnfilmtechnisch abgeschieden und mit einer PDMS-Schicht kombiniert. Die Mikrokanäle sind in der PDMS-Schicht integriert. In den Kanälen befanden sich Mikrokugeln aus einer Bismutlegierung zur Demonstration der Oberflächenmodifikation der Kanäle durch Elektrobenetzung. Mögliche Anwendungen werden in der Elektroosmose, der Dielektrophorese und der Elektroporation von Zellen gesehen [LI13]. – Elektroporation ist ein Verfahren zur temporären Modifikation der Zellmembran, um diese vorübergehend permeabel zu machen und DNS in pro- oder eukaryotische Zellen einzuschleusen.

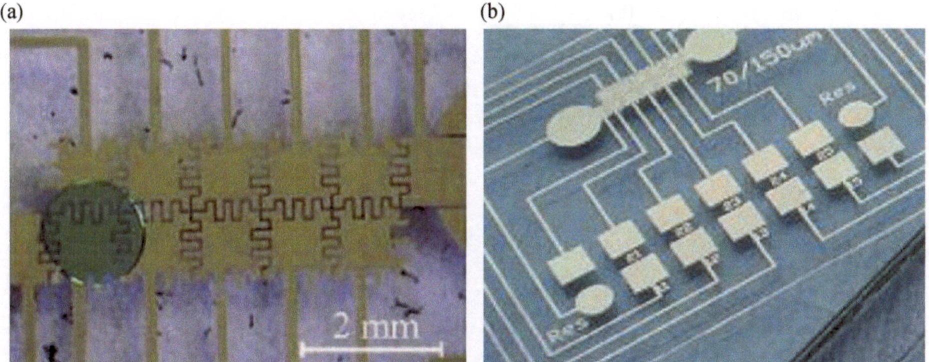

Abbildung 3.7: a) Tropfen auf Mikroelektroden eines digitalen mikrofluidischen Systems und b) Mikroelektroden gedruckt auf eine *Compact Disc* (CD)-Scheibe [WAT06]

Eine Auswahl dünnfilmtechnisch gefertigter Elektrodensysteme ist in Abbildung 3.8 gezeigt. Bei diesen Systemen handelt es sich um eigene Entwürfe, die im Reinraum des Instituts für Mikroproduktionstechnik (IMPT) der Leibniz Universität Hannover im Produktionstechnischen Zentrum Hannover fertigungstechnisch umgesetzt wurden. Die Gesamtsysteme bestehen aus einem PDMS-Chip mit fluidischen Kanalstrukturen, die mit einem Glasobjektträger nach einer Oberflächenaktivierung im Plasma verbunden wurden. Auf dem Glasobjektträger befinden sich dünnfilmtechnisch strukturierte Elektroden, die durch Kathodenzerstäubung in Verbindung mit Fotolithografie und Ätzen gefertigt sind. Die Elektroden bestehen aus einer 50 nm dicken Chromschicht als Haftvermittler und einer 200 nm dicken Goldschicht. Jeweils links ist der Glasobjektträger mit den Elektroden angeordnet, der die lateralen Abmaße 26 mm x 76 mm aufweist, und rechts davon der PDMS-Chip.
Die Kanalsysteme in Abbildung 3.8 wurden in PDMS (Sylgard®184 Silicone Elastomer kit, Dow Corning Inc.) mit einer Masterform aus SU-8™ (micro resist technology GmbH, Berlin) abgeformt und für die Manipulation dielektrischer Mikropartikel eingesetzt. Der Chip in Abbildung 3.8a) enthält zwei unterschiedliche Systeme: eine ringförmige Anordnung, bestehend aus einer inneren und äußeren Elektrode, und zwei einander gegenüberstehende Spitzen. Diese Arrangements dienen zur Erzeugung elektrischer Feldgradienten, die zur Manipulation dielektrischer Partikel im Bereich zwischen dem Innenring und Außenring im oberen System bzw. zwischen den beiden Spitzen im unteren System genutzt werden können. Beide Elektrodenanordnungen sind in verschiedener Weise variabel. Sogar dreidimensionale Partikelmanipulationen sind mit einer Ringstruktur möglich, bei der sich die Innen- und Außenelektroden auf zwei unterschiedlichen Ebenen ober- bzw. unterhalb des Mikrokanals befinden. Eine periodische Abfolge von – möglicherweise zusätzlich lateral gegeneinander versetzten – Elektrodenspitzen kann für dielektrophoretische Wanderwellenanwendungen genutzt werden. Mit einer paarweisen Gegenüberstellung von Elektrodenspitzen können Quadrupolfallen ähnlich einer PAUL-Falle für Ionen oder auf zwei Ebenen erweitert auch Oktupolfallen für Mikropartikel realisiert werden. Die periodisch angeordneten, wellen- bzw. rechteckförmigen ineinandergreifenden Elektrodenstrukturen in Abbildung 3.8b) dienen grundlegenden Untersuchungen zum Verhalten dielektrischer Partikel in einem elektrischen Feld. Die Lichtmikroskopaufnahme in der Ausschnittvergrößerung der gefertigten Strukturen veranschaulicht die exakte Geometrie der Zahnstrukturen, die quer über dem Glas-Chip verlaufen. Das System in Abbildung 3.8c) weist ein zweidimensionales Elektrodendesign auf, das durch streifenförmige Elektrodenstrukturen angedeutet ist. Mit den quer und längs bezüglich des mikrofluidischen Kanals verlaufenden Elektrodenstreifen in Abbildung 3.8c) kann bei mehrphasiger Ansteuerung (im gezeigten Beispiel bei einem Phasenversatz von $\pi/2$) eine Zickzackbewegung der Partikel erfolgen, die im Kanal dem angelegten elektrischen Feld ausgesetzt sind. Diese Streifenelektroden sind nach der Abformung der Kanalstruktur auf dem PDMS-Chip aufzutragen. Wegen der Flexibilität von PDMS eignen sich zum Aufbringen von Elektroden auf dieses Material Rakel- oder Siebdrucktechniken besser als klassische Dünnfilmtechnikverfahren: Eine Fotomaske ist fertigungstechnisch kaum in nutzbarer Form auf einem PDMS-Chip herzustellen. Zudem platzen mit Kathodenzerstäubung aufgebrachte Schichten leicht ab und neigen zur Rissbildung. Sowohl das Aufbringen einer Fotomaske als auch die Schichtabscheidung mit Kathodenzerstäubung auf PDMS-Material wurde in eigenen Untersuchungen evaluiert und als nicht einsetzbar bewertet. Eine einfache, kostengünstige Lösung zum Aufbringen von Elektroden auf PDMS ist das manuelle Aufpinseln von Silberleitlack mithilfe einer Schablone. Dabei ist durch entsprechende Fixierung der Schablone zu vermeiden, dass der Lack unter die Schablone dringt, dort verläuft und potentiell zu Kurzschlüssen führt. Eigene Untersuchungen führten zu brauchbaren Resultaten.

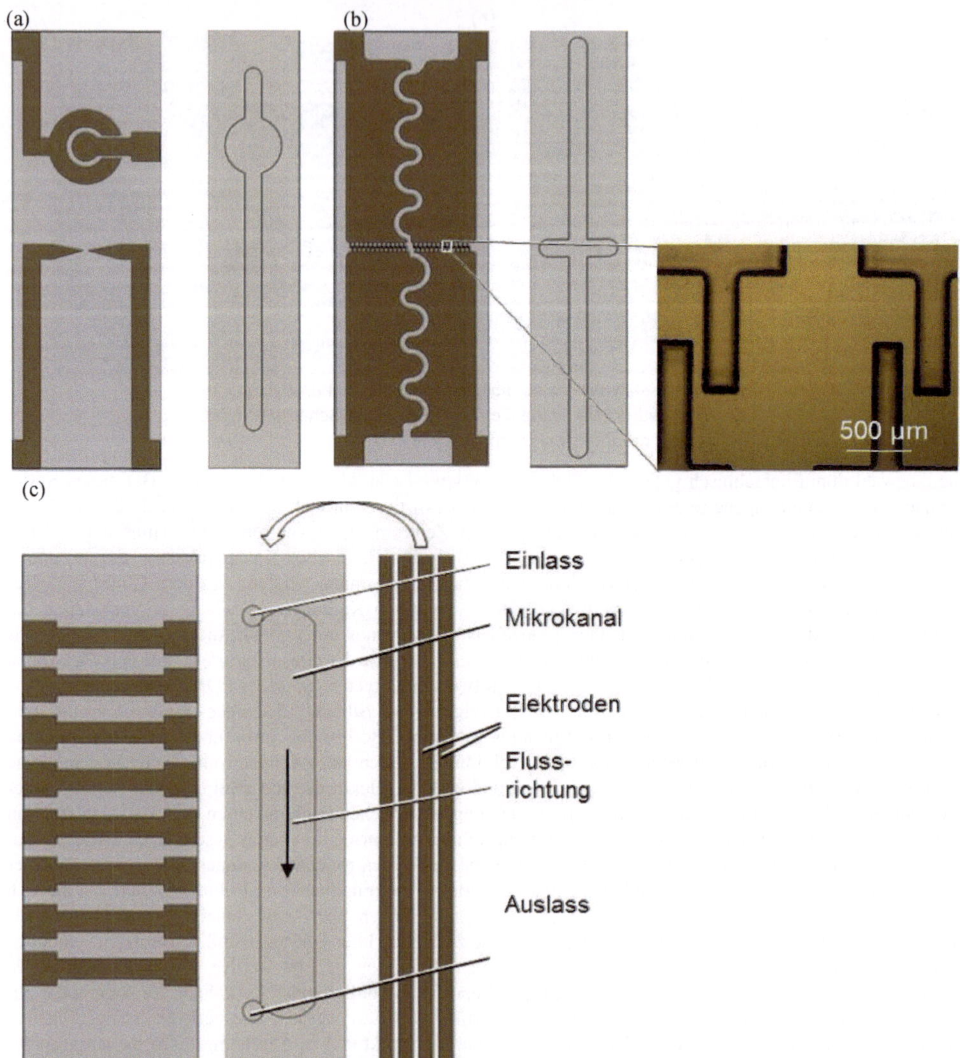

Abbildung 3.8: a), b) Mikrofluidische Systeme mit integrierten Elektroden vor dem Zusammenfügen; jeweils links: Glas-Chip (26 mm x 76 mm) mit Goldelektroden, rechts PDMS-Chip mit Mikrokanalstrukuren, c) 2D-Elektrodensystem [RUF13a]

Abbildung 3.9 zeigt Simulationsergebnisse für die Potenzial- und Feldverteilung der Ringelektroden aus Abbildung 3.8a), die während einer am Institut für Mikroproduktionstechnik angefertigten studentischen Arbeit mit der Software QuickField™ generiert wurden. Bei der DC-Spannung U_{ss} = ± 10 V (entsprechend $U_{eff} \approx$ 7,1 V) beträgt der Feldgradient 10 kV/m.

Die Trajektorien von in de-ionisiertem Wasser suspendierten dielektrischen Polystyrol-Partikeln (∅ 26 µm, Microparticles GmbH, Berlin) im elektrischen Feld wurden in statischen (DC) und Wechselfeldern (AC) mit sinusförmigem Spannungssignal im Bereich von etwa 1 Hz bis 10 Hz zur Anregung der Partikelbewegung beobachtet. Die Partikelkonzentration betrug rund 10^6 pro Milliliter. Die Partikelgröße von 26 µm erlaubt die direkte Beobachtung der Partikelbewegung mit einem optischen Mikroskop. Abbildung 3.10 zeigt eine Momentaufnahme der Partikelbewegung im Feld zwischen ringförmigen Elektroden. Die Ergebnisse dieser Arbeiten wurden auf dem im zweijährigen Rhythmus stattfinden Mikrosystemtechnikkongress im Jahr 2013 in Aachen dem Fachpublikum vor Ort vorgestellt [RUF13a].

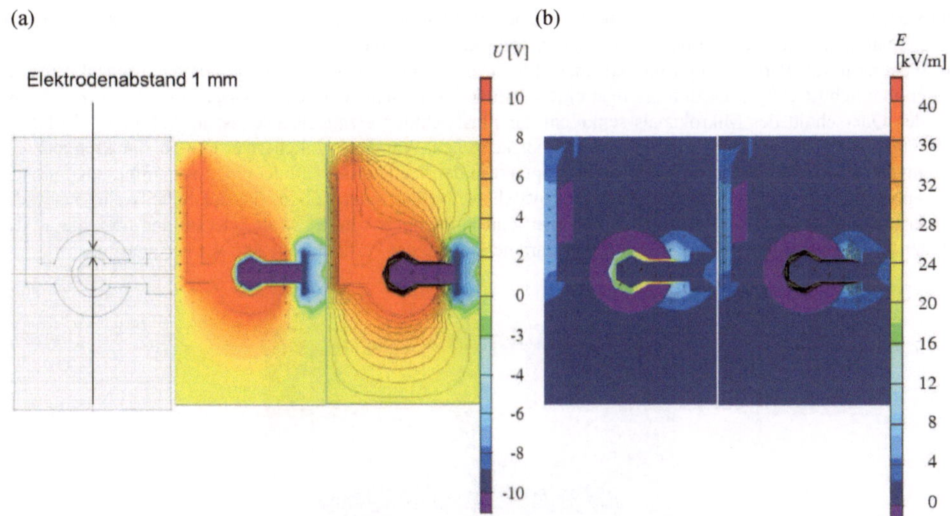

Abbildung 3.9: Simulation a) der Potenzialverteilung und b) des elektrischen Feldes für das ringförmige Elektrodendesign aus Abbildung 3.8a) [RUF13a]

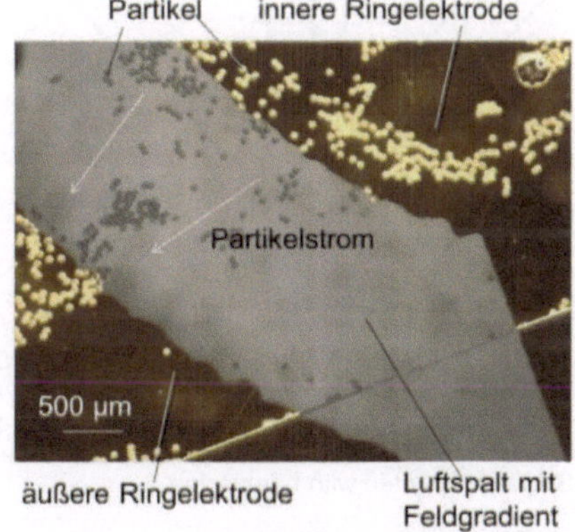

Abbildung 3.10: Momentaufnahme der Fließbewegung von dielektrischen Polystyrol-Partikeln (∅ 26 µm) im Feld zwischen ringförmigen Elektroden bei einem Feldgradienten von 10 kV/m

Die dielektrophoretische Wanderungsgeschwindigkeit lag unter den oben angegebenen Bedingungen bei einigen 10 µm/s und somit in der Größenordnung des Partikeldurchmessers. Im AC-Feld zwischen zwei Elektrodenspitzen mit dem Abstand von 2 mm und der *Peak-to-peak*-Spannung U_{ss} von 20 V wurden bei einer Frequenz von 1 Hz Partikeloszillationen mit Amplituden von einigen 10 µm in Echtzeit beobachtet.

3.5 Akustische Trennmethoden: EWD, SAW

Batchmethoden und Chargenprozesse wie Filtration, Zentrifugation, Chromatografie oder Elektrophorese werden standardmäßig zur Auftrennung biologischer Proben genutzt. Daneben ist ein Trend zur Nutzung von Durchströmverfahren beim Einsatz mikrofluidischer Chips zu beobachten. Diese Separationsmethoden sind durch eine kontinuierliche Injektion der Probe, der Beobachtung in Echtzeit und eine kontinuierliche Erfassung charakterisiert, sodass sie sich sowohl für flussaufwärts als auch flussabwärts gerichtete Fluidströme eignen. Typischerweise werden die einzelnen Komponenten einer Probe bei einer Separation im Durchströmverfahren von der Hauptflussrichtung des Fluidstroms entweder durch ein Kraftfeld oder geometrisch durch geschicktes Positionieren von Hindernissen in Kombination mit laminaren Strömungsprofilen abgelenkt. Das Kraftfeld kann

elektrisch, magnetisch, akustisch oder optisch generiert werden. Kombinationen aus feldbasierten und geometrischen Trennmethoden sind natürlich auch möglich und werden kommen zur Anwendung.
Die Separation von Partikeln und biologischen Zellen im Durchströmverfahren ist aber auch mit akustischen Kräften möglich [PAM07]. Dazu muss man eine stehende Ultraschallwelle (engl. *Surface acoustic wave*, SAW) über den Querschnitt des Mikrokanals senkrecht zur Flussrichtung erzeugen. Dies ist in Abbildung 3.11 skizziert. Dazu nutzt man in der Regel einen piezoelektrischen Wandler. Üblicherweise wird die Frequenz der Anregungswelle so gewählt, dass sich ein Knotenpunkt in der Kanalmitte befindet und zwei Amplitudenmaxima (Wellenbäuche genannt) an den Kanalwänden entstehen. Partikel oder Zellen, die der Schallwelle ausgesetzt sind, erfahren eine Kraft. Diese Kraft ist entweder zum Knotenpunkt in der Mitte oder zu den Maxima an den Wänden gerichtet und hängt von verschiedenen Parametern wie der Partikelgröße und der Frequenz ab.

(a)

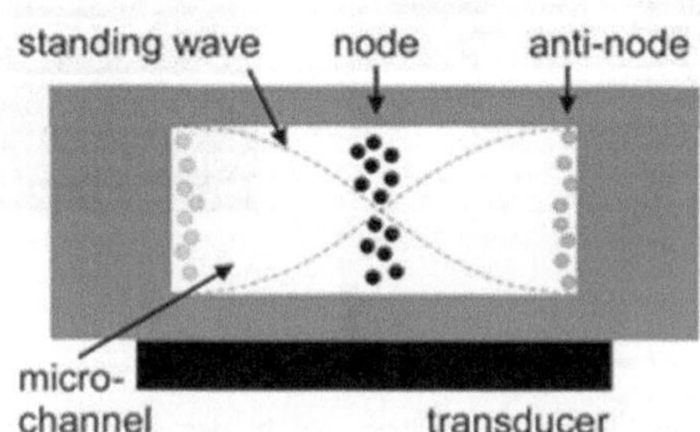

(b)

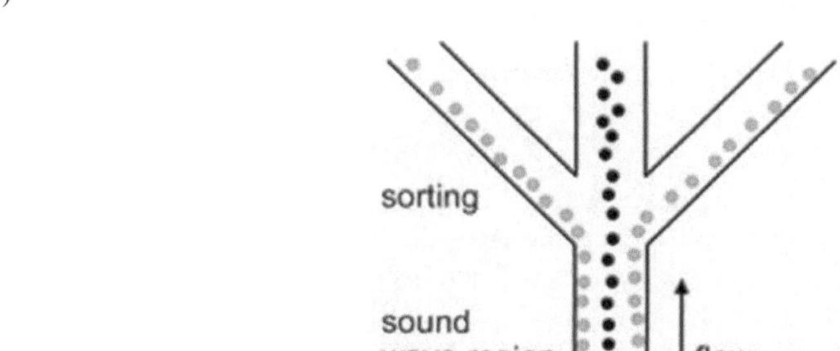

Abbildung 3.11: Schema der Trennung im Durchströmverfahren mit akustischem Druck
a) Generierung einer stehenden Ultraschallwelle über den Kanalquerschnitt;
Partikel erfahren Kraft in Richtung Wellenknoten in der Kanalmitte oder Wellenbäuchen an den Kanalwänden,
b) Sammlung der getrennten Partikelsorten in verschiedenen Ausgängen nach Ausrichtung im Schallwellenfeld
[PAM07] © (2007) Royal Chemical Society, reprinted with permission

Für eine detaillierte Beschreibung der Theorie, die der Ultraschallseparation zugrunde liegt, wird auf die weiterführende Literatur verwiesen [COA97, LAU07]. Das Prinzip soll hier jedoch kurz umrissen werden. Die akustische Kraft auf ein Partikel hängt sowohl von den Eigenschaften des akustischen Feldes als auch von den Eigenschaften des Partikels und denen des umgebenden Mediums ab. Das akustische Feld wird durch seine Frequenz und Amplitude charakterisiert. Je schmaler der Kanal ausgelegt ist, desto größer ist die benötigte Frequenz und somit die erzeugte akustische Kraft. Hinzu kommt der Einfluss der physikalischen Eigenschaften von Partikel und Transportmedium. Je höher die Frequenz und die angelegte Spannung gewählt werden, desto stärker ist die akustisch erzeugte Kraft. Die erforderliche Frequenz wird durch die Kanalbreite bestimmt. So erfordert ein Kanal der Breite 1 mm eine Frequenz von etwa 100 kHz und ein 10 µm breiter Kanal die Frequenz 10 MHz.
Die akustische Kraft ist proportional zum Partikelvolumen. Ihre Richtung wird vom Verhältnis der Dichte ρ des zu manipulierenden Partikels zu seiner Kompressibilität $\kappa = -1/V \cdot dV/dp$ in Relation zum Verhältnis von Dichte und Kompressibilität des umgebenden Mediums bestimmt. Diese Relation gibt die Richtung der akustischen Kraft gen Wellenknoten oder Wellenbauch vor. Im Allgemeinen wird ein festes Partikel in einem wässrigen Medium zum Druckknoten getrieben, während Gasblasen in Bereiche der Wellenbäuche wandern. In einem gegebenen akustischen Feld können Partikel getrennt werden, wenn sie sich in ihrer Größe, physikalischen Dichte, Kompressibilität oder mehreren dieser Parameter unterscheiden. Für Durchströmmethoden ist die Flussrate so anzupassen, dass die Partikel für eine ausreichende Dauer dem akustischen Druck im Feld ausgesetzt sind.

Mikrofluidische Bauteile mit Ultraschallgebern wurden schon zur Fokussierung von Polymerpartikeln und Zellen eingesetzt. Der Kanal im System von Hawkes und Coakley mit der Breite 100 mm und Tiefe 250 µm diente zur Trennung von Hefezellen mit 5 µm Durchmesser [HAW01]. Dazu wurde eine Frequenz von 3 MHz eingesetzt. Die Durchflussrate betrug 6 mℓ pro Minute (entsprechend einer Zellgeschwindigkeit von 40 mm/s). Die Zellen wurden in der Kanalmitte konzentriert und durch einen zentralen Auslass geführt, während das gereinigte Trägermedium zwei Auslässe links und rechts passierte. Mit diesem System wurde ein Durchsatz von $2 \cdot 10^8$ Zellen in der Minute erzielt.

Nilsson et al. stellten verschiedene ultraschallbasierte Separationssysteme vor. In einem 750 µm breiten und 250 µm tiefen Siliziumkanal liegt die erste harmonische Ultraschallwelle mit zwei Knoten bei der Frequenz 2 MHz [NIL04]. Eine Suspension aus 5 µm großen Polyamidpartikeln wurde in den zwei Knoten konzentriert und durch die beiden äußeren von insgesamt drei Auslässen aus dem Kanal geführt. Die Effizienz beträgt 90% in den nach außen geführten zwei Dritteln des ursprünglichen Fluidvolumens bei einer Durchflussrate von 0,1 mℓ pro Minute (Geschwindigkeit: 9 mm/s). In einem späteren Design hatte der Kanal die Geometrie 350 µm x 125 µm (Breite x Tiefe). In diesem Kanal wurde ein Knoten mit einer Ultraschallwelle der Frequenz 2 MHz erzeugt [PET05]. Mit diesem System konnten nahezu 100% der 5 µm großen Polyamidpartikel im mittleren Auslass der insgesamt drei Auslässe gesammelt werden, also in einem Drittel des Ursprungsvolumens bei einer Flussrate von 0,3 mℓ pro Minute (Geschwindigkeit: 110 mm/s). Dieselbe Gruppe verwendete ein weiter entwickeltes fluidisches Design mit ähnlichem Kanalquerschnitt, aber einem aufwendigeren Kanaldesign zur Trennung einer Mischung aus Polystyrolpartikeln der Durchmesser 2, 5, 8 und 10 µm mit Effizienzen zwischen 62% und 94% [PET07a]. Abbildung 3.12 veranschaulicht das System: Die Führung der Partikel im Trennbereich und die paarweise Zusammenführung aus acht Fraktionen in fünf Auslässe sind in Abbildung 3.12a) und eine Aufnahme des Gesamtchips in b) gezeigt.

(a)

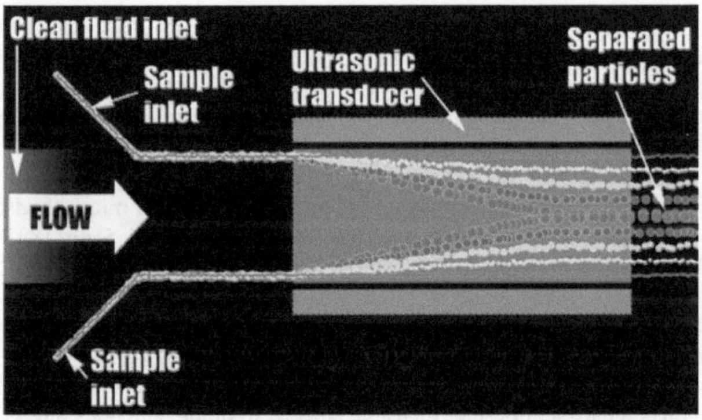

(b)

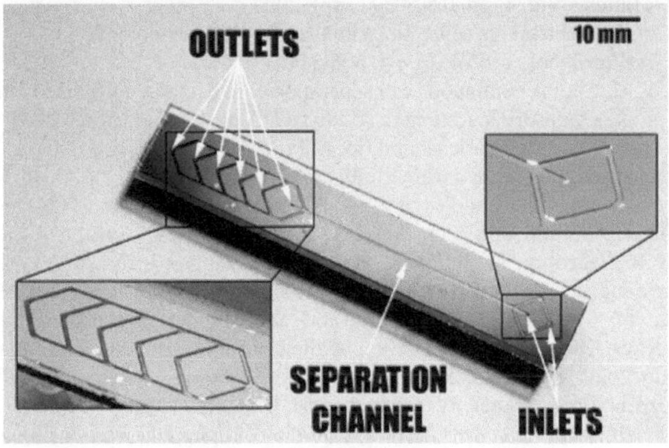

Abbildung 3.12: a) Partikelaufteilung am Ende des Separationskanals in fünf Fraktionen, b) Aufnahme des Si-Chips mit nass geätzten Kanalstrukturen und einem anodisch gebondeten Glas-Chipdeckel [PET07]

Mit dem gleichen Chip aus Abbildung 3.12 wurden Polystyrolpartikel der Durchmesser 3, 7 und 10 µm mit Effizienzen zwischen 76% und 96% getrennt. Partikel gleicher Größe können wegen ihrer unterschiedlichen Dichte, die sich auch von der Dichte des umgebenden Mediums unterscheiden muss, voneinander getrennt werden. Dies wurde an 3 µm großen Polystyrol- und PMMA-Partikeln demonstriert, die in einer wässrigen Lösung aus Cäsiumchlorid mit einer Konzentration von 0,22 g/mℓ suspendiert sind [PET07a]. Die gleiche Cäsiumchloridlösung wurde für die ultraschallbasierte Trennung von Erythrozyten, Leukozyten und Thrombozyten einer Blutprobe verwendet. Kapishnikov et al. separierten Polyamidmikropartikel und Erythrozyten aus einer Blutplasmaprobe mit ultraschallerzeugter Druckkraft [KAP06]. Eine praktische Anwendung der Ultraschalltrennung im Durchströmverfahren ist die Entfernung von Fetttröpfchen zur Blutreinigung während einer Operation am offenen Herz: Die auf im Blutplasma verteilte rote Blutzellen wirkende Schallkraft drückt die Zellen zu Druckknotenpunkten und die Fetttröpfchen zu Wellenbäuchen. Petersson et al. führten eine Machbarkeitsstudie durch, in der sie zeigten, wie eine kontinuierliche Ultraschallseparation auf dem Chip für diese Anwendung nutzbar gemacht werden kann [PET05].

Die Eleganz der akustischen Separation liegt darin, dass kein physischer Kontakt zwischen dem Schallwandler und der Flüssigkeit erforderlich ist. Eine stehende Welle wird im Kanalinneren durch ein externes Element erzeugt. Ionenstärke und Oberflächenladungen spielen eine untergeordnete Rolle, und der Literatur folgend wird in Ultraschallanwendungen die Beschädigung von Zellen oder anderen biologischer Proben vermieden. Bemerkenswert ist der hohe Durchsatz mit Flussraten im Bereich einiger 10 mm/s. Da die akustische Kraft mit der dritten Potenz des Partikelradius skaliert, ist die Ultraschallseparation allerdings nicht für Nanopartikel oder sehr kleine Moleküle geeignet. Die Kräfte wären unzureichend.

Literatur zu Kapitel 3

[ABA08] A. R. Abate, D. Lee, Th. Do, Ch. Holtze, D. A. Weitz: Glass coating for PDMS microfluidic channels by sol-gel methods. Lab Chip Vol. 8, pp. 516-518, 2008

[ABG06] P. Abgrall, C. Lattes, V. Conédéra, X. Dolat, S. Colin, A.M. Gué: A novel fabrication method of flexible and monolithic 3D microstructures using lamination of SU-8 films. J. of Micromechanics and Microengineering Vol. 16, pp. 113-121, 2006

[BAN10] A. D. Bani-Yaseen: Fabrication of electrochemically deposited microelectrodes for micro-fluidic MEMS applications. International Journal of Electrochem. Science Vol. 5, pp. 1837-1846, 2010

[BAT83] J. S. Batchelder: Dielectrophoretic manipulator. Review of Scientific Instruments Vol. 54, pp. 300-302, 1983

[BEE60] L. K. H. van Beek: The Maxwell-Wagner-Sillars-Effekt, describing apparent dielectric loss in inhomogeneous media. Physica Vol. 26, pp. 66-68, 1960

[CHE07] I.-F. Cheng, H.-Ch. Chang, D. Hou, H.-Ch. Chang: An integrated dielectrophoretic chip for continuous bioparticle filtering, focusing, sorting, trapping, and detecting. Biomicrofluidics Vol. 1, pp. 021503 (15pp), 2007

[COA97] W. T. Coakley: Ultrasonic separations in analytical biotechnology. Trends in Biotechnology Vol. 15, pp. 506-511, 1997

[DOH05] I. Doh, Y. H. Cho: A continuous cell separation chip using hydrodynamic dielectrophoresis (DEP) process. Sensors & Actuators A: Physical Vol. 121, pp. 59-65, 2005

[DUC04] J. Ducrée, R. Zengerle: Vorlesungsskript Mikrofluidik I, IMTEK Freiburg, Wintersemester 2004/05, www.myFluidix.com

[FAI07] R. B. Fair: Digital microfluidics: is a true lab-on-a-chip possible? Microfluid Nanofluid Vol. 3, pp. 245-281, 2007

[FUH92] G. Fuhr, R. Hagedorn, T. Müller, W. Benecke, B. Wagner, J. Gimsa: A synchronous traveling-wave induced linear motion of living cells. Studia Biophysica Vol. 140, pp. 79-102, 1992

[GAS02] P. Gascoyne, Ch. Mahidol, M. Ruchirawat, J. Satayavivad, P. Watcharasit, F. F. Becker: Microsample preparation by dielectrophoresis: isolation of malaria. Lab Chip Vol. 2, pp. 70-75, 2002

[GRE97] N. G. Green, M. P. Hughes, W. Monaghan, H. Morgan: Large area multilayered electrode arrays for dielectrophoretic fractionation. Microelectronic Eng. Vol. 35, pp. 421-424, 1997

[HAW01] J. J. Hawkes, W. T. Coakley: Force field particle filter, combining ultrasound standing waves and laminar flow. Sensors and Actuators B: Chemical Vol. 75, pp. 213-222, 2001

[HOF] A. K. Hoffmann, Vorlesungsskript Universität Mainz (letzter Zugriff 21.11.2017) http://www.ak-hoffmann.chemie.uni-mainz.de/pdf/script/script3.pdf

[HUA92] Y. Huang, R. Hölzel, R. Pethig, X. B. Wang: Differences in the AC electrodynamics of viable and non-viable yeast cells determined through combinded dielectrophoresis and electrorotation studies. Physics in Medicine and Biology Vol. 37, pp. 1499-1517, 1992

[HUA93] Y. Huang, W. B. Wang, J. Tame, R. Pethig: Electrokinetic behaviour of colloidal particles in travelling electric fields: studies using yeast cells. J. Phys. D: Appl. Phys. Vol. 26, pp. 1528-1535, 1993

[HUA97] Y. Huang, W. B. Wang, F. F. Becker, P. R. Gascoyne: Introducing dielectrophoresis as a new force field for field-flow fractionation. Biophysical Journal Vol. 73, pp. 1118-1129, 1997

[HUA99] J. Huang, J. Yang, W. B. Wang, F. F. Becker, P. R. Gascoyne: The removal of human breast cancer cells from hematopoietic CD34(+) stem cells by dielectrophoretic field-flow fractionation. J. of Hematotherapy and Stem Cell Research Vol. 8, pp. 481-490, 1999

[HUG03] M. P. Hughes: Nanoelectromechanics in Engineering and Biology. CRC Press LLC, Boca Raton, Florida, 2003

[HUG98] M. P. Hughes, H. Morgan, F. J. Rixon, J. P. H. Burt, R. Pethig: Manipulation of herpes simplex virus type 1 by dielectrophoresis. Biochimica et Biophysica Acta (BBA) Vol. 1425, pp. 119-126, 1998

[JON95] T. B. Jones: Electromechanics of Particles, Cambridge University Press, 1995

[KAP06] S. Kapishnikov, V. Kantsler, V. Steinberg: Continuous particle size separation and size sorting using ultrasound in a microchannel. J. of Statistical Mechanics: Theory and Experiment, P01012, 2006, doi:10.1088/1742-5468/2006/01/P01012

[KIR09] B. J. Kirby: Micro- and Nanoscale Fluid Mechanics: Transport in Microfluidic Devices, Chapter 6. Cambridge Univ. Press, 2009, ISBN: 978-1-1076-1720-9 http://www.kirbyresearch.com/index.cfm/wrap/textbook/microfluidicsnanofluidicsch6.html

[KRE03] F. Kremer, A. Schönhals (Eds.): Broadband Dielectric Spectroscopy. Springer, 2003

[LAP04] B. H. Lapizco-Encinas, B. A. Simmons, E. B. Cummings, Y. Fintschenko: Dielectrophoretic Concentration and Separation of Live and Dead Bacteria in an Array of Insulators. Analytical Chemistry Vol. 76, pp. 1571-1579, 2004

[LAP07] B. H. Lapizco-Encinas, M. Rito-Palomares: Dielectrophoresis for the manipulation of nanobioparticles. Electrophoresis Vol. 28, pp.4521-4538, 2007

[LAU07] T. Laurell, F. Petersson, A. Nilsson: Chip integrated strategies for acoustic separation and manipulation of cells and particles. Chemical Society Reviews Vol. 36, pp. 492-506, 2007

[LEE03] G.-B. Lee, C.-H. Lin, F.-C. Huang, C.-S. Liao, C.-Y. Lee, S.-H. Chen: Microfluidic Chips for DNA Amplification, Electrophoresis Separation and On-line Optical Detection. IEEE 16th Annual International Conference on Micro Electro Mechanical Systems (MEMS), Kyoto, Japan, pp. 423-426, 2003, ISSN: 1084-6999

[LI13] S. Li, M. Li, Y. S. Hui, W. Cao, W. Li, W. Wen: A novel method to construct 3D electrodes at the sidewall of microfluidic channel. Microfluidics and Nanofluidics Vol. 14, pp. 499-508, 2013

[MAR94] G. H. Markx, R. Pethig: Dielectrophoretic separation of cells: continuous separation. Biotechnology and Bioengineering Vol. 45, pp. 337-343, 1994

[MAR97a] G. H. Markx, J. Rousselet, R. Pethig: DEP-FFF: Field-low fractionation using non-uniform electric fields. J. of Liquid Chromatography & Related Technologies Vol. 20, pp. 2857-2872, 1997

[MAR97b] G. H. Markx, R. Pethig, J. Rousselet: The dielectrophoretic levitation of latex beads, with reference to field-flow fractionation. J. of Physics D: Applied Physics Vol. 30, pp. 2470-2477, 1997

[MAS87] S. Masuda, M. Washizu, M. Iwadare: Separation of small particles suspended in liquid by nonuniform traveling field. IEEE Transactions on Industry Applications Vol. 23, pp. 474-480, 1987

[MAS88] S. Masuda, M. Washizu, I. Kawabata: Movement of blood-cells in liquid by nonuniform traveling field. IEEE Transactions on Industry Applications Vol. 24, pp. 217-222, 1988

[MET04] S. Metz, A. Bertsch, D. Bertrand, Ph. Renaud: Flexible polyimide probes with microelectrodes and embedded microfluidic channels for simultaneous drug delivery and multi-channel monitoring of bioelectric activity. Biosensors and Bioelectronics Vol. 19, pp. 1309-1318, 2004

[MIL11] L. J. Millet, K. Park, N. N. Watkins, K. J. Hsia, R. Bashir: Separating Beads and Cells in Multi-channel Microfluidic Devices Using Dielectrophoresis and Laminar Flow. Video Article, J. of Visualized Experiments Vol. 48, e2545 (7pp), 2011

[MIN02] A. R. Minerick, A. Ostafin, H.-C. Chang: Electrokinetic Transport of Red Blood Cells in Micro-Capillaries. Electrophoresis Vol. 23, pp. 2165-2173, 2002; A. Gencoglu, Michigan Tech: www.mderl.org/ph_gradients.php

[MOR97] H. Morgan, N. G. Green, M. P. Hughes, W. Monaghan, T. C. Tan: Large-area travelling-wave dielectrophoresis particle separator. J. of Micromechanics and Microengineering Vol. 7, pp. 65-70, 1997

[NIL04] A. Nilsson, F. Petersson, H. Jonsson, T. Laurell: Acoustic control of suspended particles in micro fluidic chips. Lab Chip Vol. 4, pp. 131-135, 2004

[PAM07] N. Pamme: Continuous flow separations in microfluidic devices. Lab Chip Vol. 7, pp. 1644-1659, 2007 http://pubs.rsc.org/en/content/articlelanding/2007/lc/b712784g#!divAbstract

[PET97] R. Pethig, G. H. Markx: Applications of dielectrophoresis in biotechnology. Trends in Biotechnology Vol. 15, pp. 426-432, 1997

[PET05] F. Petersson, A. Nilsson, C. Holm, H. Jonsson, T. Laurell: Continuous separation of lipid particles from erythrocytes by means of laminar flow and acoustic standing wave forces. Lab Chip Vol. 5, pp. 20-22, 2005

[PET07a] F. Petersson, L. Åberg, A.-M. Swärd-Nilsson, T. Laurell: Free Flow Acoustophoresis: Microfluidic-Based Mode of Particle and Cell Separation. Analytical Chemistry Vol. 79, pp. 5117-5123, 2007

[PET10a] R. Pethig: Review Article – Dielectrophoresis: Status of the theory, technology, and applications. Biomicrofluidics Vol. 4, 022811 (35pp), 2010

[POH66] H. A. Pohl, I. Hawk: Separation of living and dead cells by dielectrophoresis. Science Vol. 1, pp. 647-649, 1966

[POH78] H. A. Pohl: Dielectrophoresis. Cambridge University Press, Cambridge, 1978

[POL06] B. J. Polka, A. Stelzenmuller, G. Mijares, W. MacCrehan, M. Gaitan: Ag/AgCl microelectrodes with improved stability for microfluidics. Sensors and Actuators B: Chemical Vol. 114, pp. 239-247, 2006

[RUF13a] C. Ruffert, S. Müller, L. Rissing: Mikrofluidische Partikelmanipulation mit elektrischen Feldkräften. Proceedings Mikrosystemtechnik-Kongress (MST2013), VDE Verlag GmbH, ISBN 978-3-8007-3555-6, S. 399-402, 2013

[SHA14] M. H. Shamsi, K. Choi, A. H. C. Ng, A. R. Wheeler: A digital microfluidic electrochemical immunoassay. Lab Chip Vol. 14, pp. 547-545, 2014

[TAL96] M. S. Talary, J. P. H. Burt, J. A. Tame, R. Pethig: Electromanipulation and separation of cells using travelling electric fields. J. of Physics D: Applied Physics Vol. 29, pp. 2198-2203, 1996

[TIS37] A. Tiselius: A new apparatus for electrophoretic analysis of colloidal mixtures. Transactions of the Faraday Society Vol. 33, pp. 524-531, 1937

[VYK08] J. Vykoukal, D. M. Vykoukal, S. Freyberg, E. U. Alt, P. R. C. Gascoyne: Enrichment of putative stem cells from adipose tissue using dielectrophoretic field-flow fractionation. Lab Chip Vol. 8, pp. 1386-1393, 2008 http://pubs.rsc.org/en/content/articlelanding/2008/lc/b717043b#!divAbstract

[WAN98] X.-B. Wang, J. Vykoukal, F. F. Becker, P. R. Gascoyne: Separation of polysterene microbeads using dielectrophoretic/gravitational field-flow fractionation. Biophys. J. Vol. 74, pp. 2698-2701, 1998

[WAT06] M. W. L. Watson, M. Abdelgawad, G. Ye, N. Yonson, J. Trottier, A. R. Wheeler: Microcontact printing-based fabrication of digital microfluidic devices. Analytical Chemistry Vol. 78, pp. 7877-7885, 2006

[ZIM95] U. Zimmermann, G. A. Neil: Electromanipulation of Cells. CRC Press, Boca Raton, FL, 1995

4 Magnetohydrodynamik in der Mikrofluidik

Pamme vergleicht Ansätze zur Separation mit magnetischen und elektrischen Feldern durch den Einsatz von Magnetophorese bzw. Dielektrophorese. Sie kommt zu dem Schluss, dass die magnetische Manipulation entscheidende Vorteile gegenüber dem elektrischen Pendant aufweist: Magnetkräfte seien ohne direkten physikalischen Kontakt übertragbar und weder von Ionenladungen, noch vom pH-Wert oder Oberflächenladungen beeinflussbar. Außerdem könnten nicht nur ferro- und paramagnetische, sondern auch diamagnetische Partikel durch Magnetfelder abgelenkt werden [PAM06b, PAM07]. Dieses Kapitel befasst sich mit den Wechselwirkungen zwischen magnetisierbaren Partikeln in einem externen Magnetfeld.

4.1 Grundlegende Gleichungen der Magnetohydrodynamik

Die Magnetohydrodynamik (MHD) beschreibt das Verhalten elektrisch leitender Fluide, die von magnetischen oder elektromagnetischen Feldern durchdrungen werden. Die mathematische Beschreibung besteht in einer Kombination aus den NAVIER-STOKES-Gleichungen als Basis der Hydrodynamik und den MAXWELL-Gleichungen für den elektrodynamischen Anteil. In der MHD erfolgen statistische Betrachtungen: Anstelle der Beschreibung des Verhaltens einzelner Moleküle werden Mittelwerte beispielsweise für die Strömungsgeschwindigkeit des Fluids herangezogen. Dabei trifft man folgende Annahmen:

(i) Es herrscht elektrische Neutralität vor.
Dies eliminiert die Ladungsdichte als physikalische Größe aus den mathematischen Gleichungen.

(ii) Die Gültigkeit des OHMschen Gesetzes ist gegeben.

(iii) Das System befindet sich im Quasigleichgewicht;
Zustandsänderungen erfolgen so langsam, dass stets ein Gleichgewicht vorliegt.

Zur Vereinfachung wird der Druck p als skalare Größe behandelt anstelle der Verwendung eines richtungsabhängigen Tensors. Dies ist wegen des Quasigleichgewichtszustands aus Annahme (iii) zulässig. Die grundlegenden Gleichungen der MHD umfassen die Kontinuitätsgleichung (1), die Bewegungsgleichung (2), den Durchflutungssatz (3), das Induktionsgesetz (4) und das GAUßsche (5) sowie das OHMsche Gesetz (6). Bei den Gleichungen (3-5) handelt es sich um drei der vier MAXWELL-Gleichungen. Die vierte MAXWELL-Gleichung ist das GAUßsche Gesetz für elektrische Felder. Es ist nicht aufgeführt, da es in der MHD keine Rolle spielt. Ferner ist im Durchflutungssatz (3) der Verschiebungsstrom $\partial_t \mathrm{E}$ vernachlässigt.

$$\partial_t \rho + \nabla \cdot (\rho \mathbf{v}) = 0 \quad (1) \quad \text{Kontinuitätsgleichung}$$

$$\rho \partial_t \mathbf{v} + \rho(\mathbf{v} \cdot \nabla)\mathbf{v} + \nabla p = \frac{\mathbf{J} \times \mathbf{B}}{c} + \rho \mathbf{g} + \mathbf{F} \quad (2) \quad \text{Bewegungsgleichung}$$

$$\nabla \times \mathbf{B} = \frac{4\pi}{c} \mathbf{J} \quad (3) \quad \text{Durchflutungssatz}$$

$$\nabla \times \mathbf{E} = -\frac{1}{c} \partial_t \mathbf{B} \quad (4) \quad \text{Induktionsgesetz}$$

$$\nabla \cdot \mathbf{B} = 0 \quad (5) \quad \text{GAUßsches Gesetz}$$

$$\mathbf{J} = \sigma \left(\mathbf{E} + \frac{\mathbf{v} \times \mathbf{B}}{c} \right) \quad (6) \quad \text{OHMsches Gesetz}$$

Quelle: [DAV06]; Angabe in cgs-Einheiten

In diesen Gleichungen bezeichnen ρ die Massendichte, **v** die Strömungsgeschwindigkeit des Fluids, p den Druck, **J** die elektrische Stromdichte, **B** die magnetische Induktion (oder Flussdichte), **E** das elektrische Feld und **g** die Gravitationsbeschleunigung. In der Größe **F** sind weitere Kräfte (z. B. Reibungskräfte) zusammengefasst.
Analog zur Dielektrophorese bzw. Elektrophorese kann ein Partikel mit induzierter oder permanenter Magnetisierung **M** durch ein inhomogenes Magnetfeld **H** manipuliert werden. Die Wanderung im Magnetfeld wird als Magnetophorese bezeichnet. Man definiert ein magnetisches Dipolmoment **m** analog zum elektrischen Dipolmoment **p**. Für die Magnetisierung **M** und die elektrische Stromdichte **J** gilt der Zusammenhang **J** = ∇ x **M**. Die Analogie zwischen der Magnetisierung **M** und der elektrischen Polarisation **P** ist aber nicht perfekt, da der Ursprung von **M** der Vektor **J** ist, während **P** auf eine skalare Größe, die Ladungsdichte ρ zurückzuführen ist. Während die elektrische Suszeptibilität χ_e, die in Abschnitt 3.3 eingeführt ist, die Fähigkeit zur elektrischen Polarisierung von Materie in einem elektrischen Feld beschreibt, charakterisiert die magnetische Suszeptibilität χ_m die Magnetisierbarkeit von Materie in einem Magnetfeld. In hysteresefreien isotropen Materialien sind die

Magnetisierung **M** und das Magnetfeld **H** parallel zueinander ausgerichtet, und die magnetische Suszeptibilität ist ein skalarer Proportionalitätsfaktor gemäß $\mathbf{M} = \chi_m \mathbf{H}$. Unter der Berücksichtigung, dass die Magnetisierung und das Magnetfeld unterschiedliche räumliche Ausrichtungen haben können, erfordert die allgemeine Darstellung der magnetischen Suszeptibilität die Einführung der tensoriellen Größe $\chi_{ij} \equiv \partial M_i/\partial H_j$ mit den kartesischen Koordinaten i, j.
Es gilt: $\chi_m = \mu_r - 1$ und $\mathbf{B} = \mu_0(\mathbf{H} + \mathbf{M}) = \mu_0(1 + \chi_e)\mathbf{H} \equiv \mu_0\,\mu_r\,\mathbf{H} \equiv \mu\mathbf{H}$
mit der relativen Permeabilität μ_r und der magnetischen Feldkonstanten, der Vakuumpermeabilität μ_0.
Ein Unterschied zwischen Magnetophorese und Dielektrophorese besteht darin, dass nahezu alle Materialien eine dielektrische Antwort zeigen. Sie sind daher durch ein inhomogenes elektrisches Feld manipulierbar. Die magnetische Antwort ist jedoch meistens sehr schwach. Nur wenige Proben sind daher direkt durch Magnetfelder manipulierbar. Eine Möglichkeit, sie dennoch magnetisch manipulierbar zu machen, ist das selektive und spezifische Anbinden mikroskopisch kleiner Magnetpartikel, sogenannter *Magnetic beads*, an die Probe. Die magnetische Manipulation mit solchen Beads wird im folgenden Abschnitt näher betrachtet.

4.2 Magnetische Manipulation, *Magnetic beads*

Die magnetische Manipulation einer Probe hat einige entscheidende Vorteile gegenüber der elektrischen Probenmanipulation (siehe auch Einleitung dieses Kapitels):

- Das Magnetfeld wird extern angelegt, d. h. es besteht keine Notwendigkeit für einen physischen Kontakt zwischen dem Magnetsystem und der Probe im Kanal.
- Im Gegensatz zu elektrisch induzierten Kräften werden Magnetkräfte nicht durch den pH-Wert, die Ionenstärke oder Oberflächenladungen beeinflusst.
- Magnetische Manipulationsmethoden sind in der Regel nicht Probe schädigend oder verändernd und eignen sich daher für biologische Moleküle.

Diesen Vorteilen steht zumeist die Notwendigkeit des Anbringens eines magnetischen Labels oder Markers gegenüber, da vor allem biologische Proben mit Ausnahme sauerstoffarmer roter Blutzellen [GIJ11, HAN06, ZBO03] und Bakterien mit magnetotaktischen Eigenschaften [SCH99] von sich aus nicht magnetisch manipulierbar sind. Ein eigener Übersichtsartikel aus dem Jahr 2016 illustriert die Bedeutung und das Potenzial von *Magnetic beads* vor allem in den Einsatzgebieten Bioanalytik und Medizintechnik, in denen Herausforderungen in den Bereichen Diagnostik und Therapie zu lösen sind. Wesentliche Aspekte des Stands der Technik greift jener Beitrag auf. Dabei werden Grundlagen der Herstellung magnetischer Nanopartikel und Anforderungen an die physikalischen Eigenschaften von nanometergroßen Magnetpartikeln behandelt [RUF16b].

4.3 Magnetische Trennverfahren in der Mikrofluidik

An der englischen Universität in Hull in der Arbeitsgruppe von Pamme und an der Schweizer *École Polytechnique Fédérale de Lausanne* (EPFL) in der Gruppe von Gijs bildet die Kombination aus Magnetismus und Mikrofluidik einen Schwerpunkt der Forschungsarbeiten. Ein Fokus der Arbeiten der Gruppe um Pamme liegt auf der Partikelseparation im Durchströmverfahren im Hinblick auf bioanalytische Anwendungen [PAM06b, PAM07]. Im *Laboratory of Microsystems* an der EPFL befassen sich die Wissenschaftler schwerpunktmäßig mit der Manipulation magnetischer Partikel und deren Einsatz in mikrofluidischen Immunassays für Bioanalysen. In zwei Übersichtsartikeln aus den Jahren 2004 und 2010 beschreibt Gijs die Grundlagen der magnetischen Manipulation für den Einsatz in der Bioanalytik und gibt Hinweise zur Handhabung und zur Nutzung von Magnetpartikeln [GIJ04, GIJ10]. Lehmann befasste sich mit der Handhabung von *Magnetic beads* in *Lab-on-a-Chip*-Systemen durch Einstellung der Benetzungseigenschaften der beteiligten Oberflächen [LEH08].
Superparamagnetische Mikro- oder Nanopartikel, *Magnetic beads* genannt, sind kugelförmige Magnetpartikel (engl. *bead* = Perle, Kügelchen; *Magnetic bead* im Folgenden als Fachterminus in dieser Form verwendet) mit einem Durchmesser im Mikrometerbereich. Eine typische Größe ist 1 µm, aber auch größere oder kleinere Beads werden verwendet. Durch ihr großes Verhältnis von Oberfläche zu Volumen (im Vergleich zu größeren Kugeln) eignen sich diese Kügelchen zur spezifischen Bindung von Proben, die durch eine spezielle Oberflächenbeschichtung erzielt wird. *Magnetic beads* werden häufig zur Immobilisierung und zum Handling von Biomolekülen wie Zellen oder Viren eingesetzt, die selbst nur schwach magnetisch wechselwirken und daher bis auf wenige Ausnahmen mit Magnetfeldern nicht direkt manipulierbar sind [GIJ04, RID04]. Der einzigartige Vorteil besteht darin, dass an *Magnetic beads* gebundene Proben unabhängig von mikrofluidischen, biologischen oder chemischen Prozessen manipulierbar sind. Mittlerweile können *Magnetic beads* als Standardwerkzeug für die Separation von Biomolekülen betrachtet werden, wo man sie als „mobiles Substrat“ einsetzt [GIJ04, HIC08, PAM07, TEK13a, RUF16a]. Kommerziell ist eine Vielfalt von Beads für verschiedene Anwendungen erhältlich.

Vom grundlegenden Aufbau her ähneln die *Magnetic beads* einander: In ihrem Inneren befinden sich scheibenförmige Nanomagnete aus Magnetit oder einem oxidischen Ferritmaterial wie Fe_3O_4 oder γ-Fe_2O_3 mit Abmessungen von etwa 100 nm bis 300 nm. Diese Nanomagnete sind in einer Matrix aus einem Polymermaterial wie Polystyrol oder Quarz (SiO_2) dispergiert. Da Magnetkräfte mit der dritten Potenz des Partikelradius skalieren, wird eine große Anzahl von Nanopartikeln benötigt, um eine nennenswerte Kraft zu erzielen. Abbildung 4.1 skizziert den Aufbau eines *Magnetic bead* mit spezifischer Oberflächenfunktionalisierung zur selektiven Bildung eines Antigens.

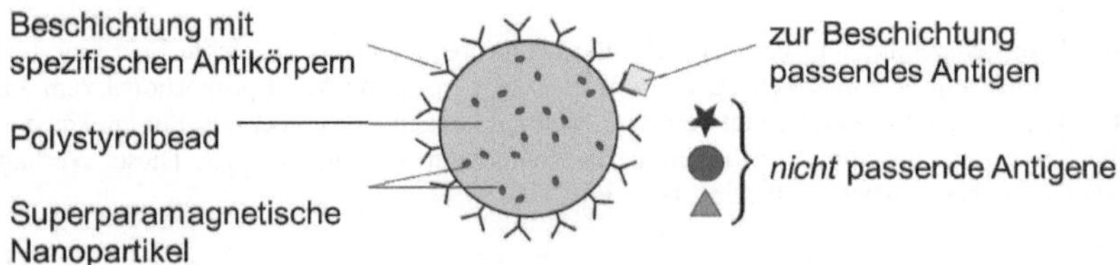

Abbildung 4.1: Schematischer Aufbau eines *Magnetic bead*, nach [BRU08]

Aufgrund ihrer Geometrie haben *Magnetic beads* superparamagnetische Eigenschaften, d. h. die atomaren magnetischen Momente der eingebetteten hartmagnetischen Nanopartikel sind zwar ausgerichtet, aber die Richtung des magnetischen Moments ist frei rotierbar und ändert sich laufend. Diese Eigenschaft nennt man Superparamagnetismus. Sie tritt sowohl bei ferromagnetischen als auch bei ferrimagnetischen Nanopartikeln unterhalb einer stoffspezifischen Partikelgröße auf, bei der jedes Partikel nur eine einzige magnetische Domäne ausbildet. Normalerweise erfährt ferromagnetisches oder ferrimagnetisches Volumenmaterial einen Übergang zu einem paramagnetischen Zustand oberhalb seiner CURIE-Temperatur. (Die CURIE-Temperatur kennzeichnet die Temperatur, bei der ein reversibler Phasenübergang ferromagnetischer oder ferrimagnetischer Materialien in ihre paramagnetische Hochtemperaturform stattfindet.) Paramagnetismus beschreibt das Phänomen, wenn ein internes Magnetfeld in der Probe durch ein äußeres Magnetfeld induziert wird. Das in der Probe induzierte Magnetfeld ist entlang der Richtung des angelegten äußeren Feldes ausgerichtet. Die Probe wird in diesem Fall vom äußeren Feld magnetisch angezogen.

Superparamagnetismus verhält sich unterschiedlich im Vergleich zum Phasenübergang bei ferro- und ferrimagnetischem Material (mit einem Volumen größer als eine Domäne) in Bezug auf die Übergangstemperatur: Denn Superparamagnetismus tritt unterhalb der CURIE-Temperatur des Materials auf. Ferromagnetische oder ferrimagnetische Nanopartikel können durch ein externes Magnetfeld ähnlich einem herkömmlichen Paramagneten magnetisiert werden. Nach dem Entfernen des externen Magnetfeldes bleibt bei superparamagnetischem Material jedoch auch unterhalb der CURIE-Temperatur keine permanente Magnetisierung zurück. Ohne anliegendes äußeres Magnetfeld weisen superparamagnetische Partikel somit kein mittleres magnetisches Moment auf, die mittlere Magnetisierung ist Null, und der Hystereseeffekt ist vernachlässigbar klein. Dies erweist sich als ideal für die Probenmanipulation, weil die magnetische Wechselwirkung nach Bedarf ein- und ausgeschaltet werden kann.

Über superparamagnetische Eigenschaften hinaus unterliegen magnetische Nanopartikel einer magnetischen Anisotropie: Die magnetischen Eigenschaften sind richtungsabhängig. Das bedeutet, dass sich das magnetische Moment bevorzugt entlang der sogenannten leichten Achse (in der Regel die Längsachse) des Materials ausrichtet. Im Fall eines isotropen Materials existiert ohne äußeres Feld keine Vorzugsrichtung für die Ausrichtung des magnetischen Moments. Bedingt durch die magnetische Anisotropie des Nanopartikels besitzt das magnetische Moment in der Regel zwei Orientierungen, die antiparallel zueinander längs der Richtung der leichten Achse angeordnet sind. Diese beiden Orientierungen sind durch eine Energiebarriere getrennt. Bei endlicher Temperatur besteht eine gewisse Wahrscheinlichkeit für die Magnetisierung, ihre Richtung umzukehren. Die Richtung der Magnetisierung wechselt zufällig zwischen diesen beiden Zuständen mit einer typischen Relaxationszeit, genannt NÉEL-Relaxation τ_N. Diese charakteristische Zeit hängt exponentiell vom Term (KV/k_BT) ab, wie durch die NÉEL-ARRHENIUS-Gleichung gegebenen ist [KUR88]:

$$\tau_N = \tau_0 \cdot \exp(KV / k_B T) \tag{4.1}$$

Hierbei bezeichnet τ_0 eine materialspezifische Zeit, die typischerweise in der Größenordnung von 1-100 ps (10^{-12} s) liegt, K den magnetischen Anisotropiefaktor, V das Probevolumen, k_B die BOLTZMANN-Konstante und T die absolute Temperatur. Beim Produkt KV handelt es sich um die oben genannte Energiebarriere, die zur Rich-

tungsumkehr des magnetischen Moments zu überwinden ist. Der Term k_BT beschreibt die thermische Energie der Probe.
Aus einer einzigen Domäne bestehende Magnetpartikel werden superparamagnetisch, wenn ihre magnetische Energie kleiner als etwa das Zehnfache der thermischen Energie k_BT ist. Die magnetische Energie ist beschrieben durch das aus Gleichung (4.1) bekannte Produkt aus dem magnetischen Anisotropiefaktor K und dem Partikelvolumen V. Die Bedingung für das Vorliegen von Superparamagnetismus lautet somit: $KV \leq 10\, k_BT$. Bei Raumtemperatur beträgt der maximale Radius für ein superparamagnetisches kugelförmiges Partikel aus Eisen etwa 6 nm [GIJ04]. Für andere Magnetmaterialien liegt die obere Grenze für superparamagnetisches Verhalten im Bereich von 3-50 nm.
Neben der Umgebungstemperatur und der Partikelgröße der Probe spielt das angelegte Feld eine Rolle beim magnetischen Verhalten von Nanopartikeln. Die Größe der Magnetisierung **M** ist proportional zum angelegten Magnetfeld $\mathbf{H} = \mathbf{B} / \mu_0$. Diese Proportionalität verringert sich mit steigender Temperatur. Für ein konstantes Feld verhält sich die Magnetisierung annähernd reziprok zur Temperatur, es gilt: $\mathbf{M} \sim T^{-1}$. Dieses Verhalten wird durch das CURIE-Gesetz beschrieben (siehe z. B. [KIT06]):

$$\mathbf{M} = C \cdot \mathbf{B} / T \tag{4.2}$$

mit der Magnetisierung **M**, der magnetischen Induktion **B**, der Temperatur T und der stoffspezifischen CURIE-Konstante C. Eine Temperaturerhöhung führt zu einer Erhöhung der thermischen Bewegung der Atome. Dies zerstört die Ausrichtung der Atome entlang des angelegten Magnetfelds und verringert die Magnetisierung des magnetischen Materials.
Von der magnetfeldtheorischen Seite betrachtet erlaubt die Austauschenergie keine räumliche Änderung der magnetischen Orientierung unterhalb bestimmter Grenzen. Das System besteht nur aus einer einzelnen Domäne. In diesem Fall wird das Verhalten des Systems von drei partikelgrößenabhängigen Beiträgen beherrscht: Wechselwirkung des entmagnetisierenden Feldes, magnetokristalline Anisotropie und externe Störungen [WED09]. Wie oben beschrieben, kann die thermische Energie k_BT unterhalb einer kritischen Partikelgröße zur Änderung der magnetischen Konfiguration, d. h. dem Umschalten zwischen den beiden Orientierungen der Magnetisierung, ausreichen. Weddemann betrachtet ein sphärisches Partikel mit kubischer Anisotropie und führt ein superparamagnetisches Grenzmaß ein, unterhalb dem die thermische Energie die Energiebarriere KV überwinden kann. Dieses superparamagnetische Grenzmaß D_{sp} ist durch die folgende Gleichung mit der ersten Anisotropiekonstanten K_1 definiert [WED09]:

$$\frac{4}{3}\pi\left(\frac{D_{sp}}{2}\right)^3 = \frac{25 k_B T}{K_1} \tag{4.3}$$

Höhere Ordnungen sind in dieser Formel nicht berücksichtigt, da es sich um einen thermischen Effekt handelt, für den die erste Ordnung eine gute Näherung ist. Das ursprünglich ferro- oder ferrimagnetische Material verliert sein Gedächtnis: Objekte unterhalb der kritischen Größe D_{sp} zeigen keine Hysterese, aber ein paramagnetisches Verhalten. Nur in einem Magnetfeld richten sich die magnetischen Momente aus und nehmen andernfalls eine regellose, ständig wechselnde Verteilung ein. Ein typischer Wert für das kritische Grenzmaß D_{sp} bei Magnetit (Fe_3O_4) ist 28 nm, für Hämatit (Fe_2O_3) liegt der Grenzwert zwischen ferromagnetischem und paramagnetischem Verhalten bei 34,9 nm [HÜT04].
Abhängig von ihrer Größe und dem Magnetanteil, der meistens aus Fe_3O_4- oder γ-Fe_2O_3-Partikeln besteht, zeigen magnetische Nanopartikel ein superpara- oder ferromagnetisches Verhalten [GIJ04]: Bild a) in der oberen Zeile von Abbildung 4.2 zeigt ein sphärisches Nanopartikel mit dem inneren Kerndurchmesser s in einer nichtmagnetischen Hülle. Die zugehörige Magnetisierungskurve in Abbildung 4.2b) rechts daneben ist charakteristisch für ein Ensemble superparamagnetischer Partikel. Abbildung 4.2c) illustriert das Verhalten einer Überstruktur aus Nanopartikeln im Magnetfeld H. Beim Abschalten des Feldes zerfällt die Überstruktur in einzelne Partikel. Die untere Zeile in Abbildung 4.2 stellt die Magnetisierungsschleife und das Verhalten eines sphärischen Mikropartikels mit einem Kern aus magnetischem Volumenmaterial oder vielen einzelnen nanometergroßen Kernen mit bzw. ohne äußeres Magnetfeld dar. Das Partikel mit Einzelmagnetkern zeigt eine leichte Hysterese. Die nach Abschalten des Feldes remanente Magnetisierung M_{rem} führt dazu, dass im Fall eines Kerns aus magnetischem Volumenmaterial eine kettenförmige Überstruktur auch nach Abschalten des Magnetfelds bestehen bleibt, wie Abbildung 4.2c) unten rechts skizziert.

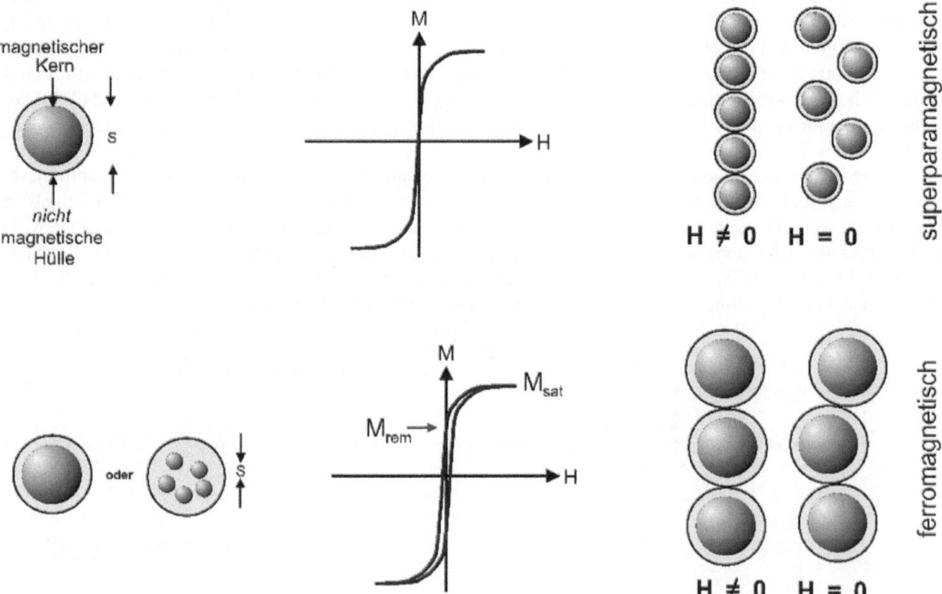

Abbildung 4.2: Superparamagnetisches bzw. ferromagnetisches Verhalten magnetischer Partikel in Abhängigkeit von Größe und Magnetgehalt (Fe_3O_4 oder γ-Fe_2O_3), nach [GIJ04]

Pamme vermittelt einen umfassenden Überblick über Entwicklungen in der Mikrofluidik speziell unter Nutzung magnetischer Effekte und geht in diesem Zusammenhang detailliert auf den Einsatz magnetischer Nanopartikel ein [PAM07]. Sie beschreibt, wie eine Separation magnetisch manipulierbarer Proben im Durchströmverfahren durch Anlegen eines inhomogenen Magnetfeldes senkrecht zur Flussrichtung erfolgen kann (Abbildung 4.3).

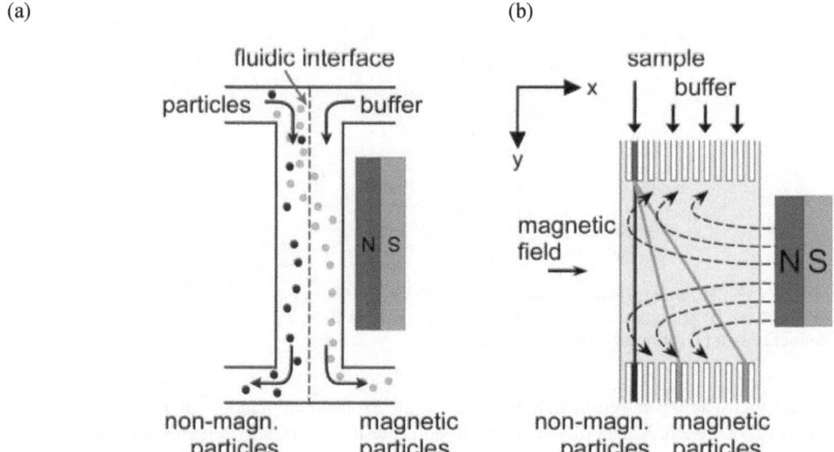

Abbildung 4.3: Magnetische Separation im Durchströmverfahren: Anlegen eines inhomogenen Magnetfelds senkrecht zum Fluss, Ablenkung der Magnetpartikel oder mit Magnetpartikeln gelabelter Proben

a) Trennung nichtmagnetischer Partikel von Magnetpartikeln via zwei Auslässen,
b) in strömungsfreier Magnetophorese häufig Einsatz von Mehrfachauslässen [PAM07]

Die Probe wird in den Bereich größter Feldstärke gezogen. Die ausgeübte Kraft hängt einerseits vom Feldgradienten und andererseits vom Volumen und der Magnetisierbarkeit bzw. der Suszeptibilität der Probe ab. Infolgedessen können Partikel mit unterschiedlicher Magnetisierung voneinander getrennt werden. Die Partikeltrajektorie setzt sich aus folgenden zwei Flussvektoren zusammen: der hydrodynamischen Geschwindigkeit durch den Pumpantrieb des mikrofluidischen Systems und der magnetisch induzierten Geschwindigkeit [PAM07]. Das in Abbildung 4.3a) dargestellte Design mit zwei Auslässen wird auch *split flow thin fractionation* genannt, während man das Design in Abbildung 4.3b) mit mehreren Auslässen als strömungsfreie Magnetophorese in Anlehnung an strömungsfreie Elektrophorese bezeichnet. Mit solchen Designs können nicht nur magnetisch manipulierbare von magnetisch nicht manipulierbaren Partikeln separiert werden, sondern auch unterschiedliche Partikelsorten bezüglich des Materials und der Größe. Dies wurde mithilfe eines Permanentmagneten für magnetische Mikropartikel [PAM04, PAM06b] sowie für an einen magnetischen Marker gebundene Zellen gezeigt [PAM06c]. Abbildung 4.4 illustriert Anordnungen von Goldstrukturen, die zur Erzeugung elektromagnetischer Felder für den Transport von Magnetpartikeln mit einer Wechselspannung beaufschlagt werden.

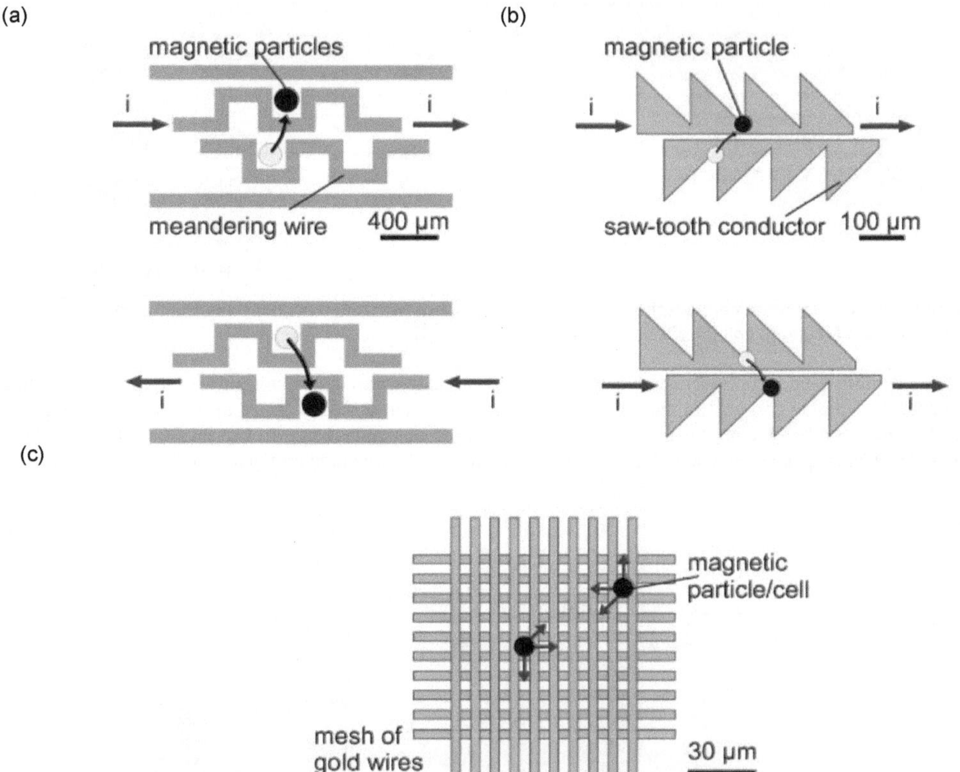

Abbildung 4.4: Transport von Magnetpartikeln mit elektromagnetischen Wechselfeldern durch a) mäanderförmige [DEN01], b) sägezahnförmige [WIR04], c) netzartige [LEE04] Goldstrukturen; aus [PAM06a] © (2006) Royal Chemical Society, reprinted with permission

Superparamagnetische Eigenschaften erweisen sich als ideal für die Probenmanipulation, da eine Fixierung und ein gezielter Transport durch äußere Magnetfelder möglich sind und die an *Magnetic beads* gebundene Probe durch Abschalten des Magnetfeldes wieder freigesetzt wird. Zudem agglomerieren die *Magnetic beads* nicht nach Abschalten des Magnetfeldes. Abbildung 4.5 illustriert schematisch den Einsatz magnetischer Beads am Beispiel der Quantifizierung von Antigenen, die an auf einem Substrat immobilisierte Antikörper gebunden sind. Die Beads binden an die Antigen-Antikörper-Komplexe, während nicht gebundene Beads mit einem Magnetfeld aus der Probe separiert werden. Der in das Substrat integrierte HALL-Sensor detektiert nur die immobilisierten Beads und damit die gebundenen Antigene, die auf diese Weise über die Stärke des Detektionssignals quantitativ erfasst werden können.

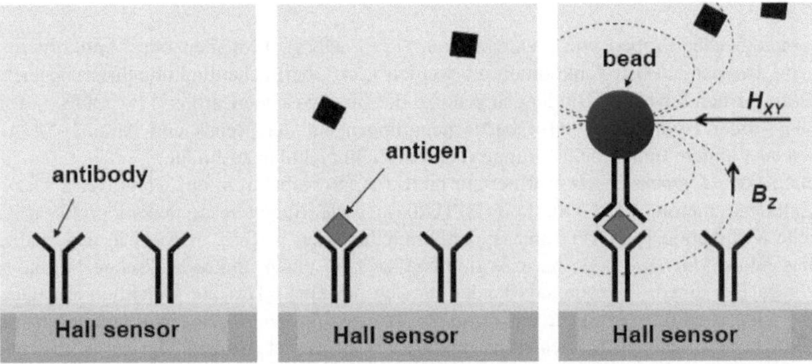

Abbildung 4.5: Magnetische Detektion mit *Magnetic beads* [BOS13] © JMEMS, reprinted with permission

Das umgekehrte Prinzip wird ebenso eingesetzt, bei dem zuerst die *Magnetic beads* auf einem Substrat mit integrierten Magnetstrukturen immobilisiert werden und anschließend die Zielantigene durch an die *Magnetic beads* gebundene Antikörper gebunden werden. Abbildung 4.6 zeigt den Ablauf, der aus den folgenden Einzelschritten besteht [BRU08]:

(a) Einlass eines Fluids, das mit Y-förmigen Antikörpern beschichtete *Magnetic beads* enthält, in einen Mikrokanal,

(b) Immobilisierung der *Magnetic beads* durch Magnetfeldaktivierung am Kanalboden,

(c) Einlass der Probe, die unterschiedliche Antigene enthält; Zielantigen: Quadratform,

(d) binden / immobilisieren der Zielantigene durch die an *Magnetic beads* gebundenen Antikörper an der Oberfläche des Mikrokanals,

(e) waschen der Probe durch Spülen des Kanals mit einer Pufferlösung,

(f) freisetzen der Probe durch Abschalten des externen Magnetfeldes.

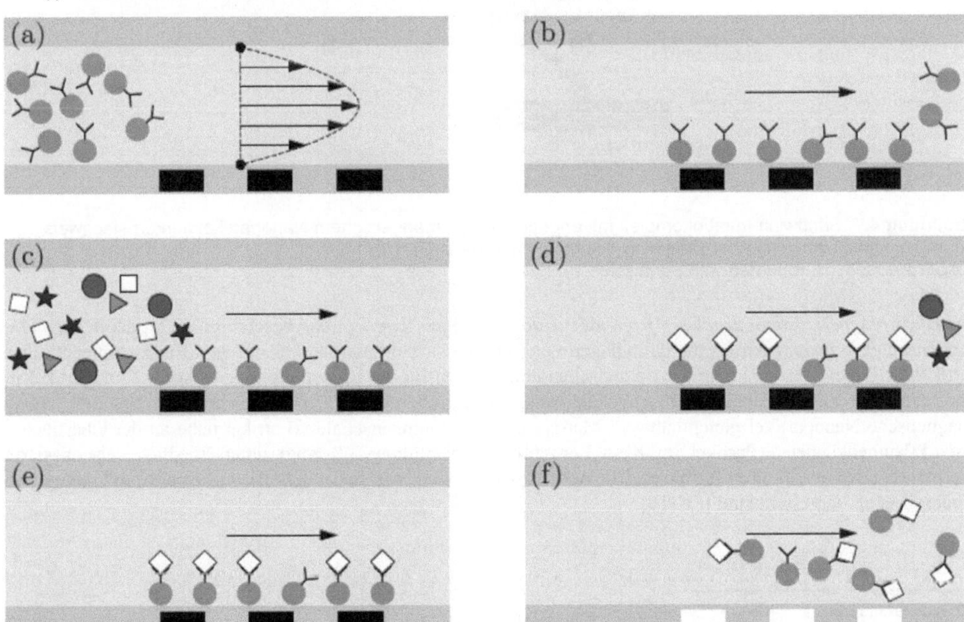

Abbildung 4.6: Prinzip der magnetischen Separation biologischer Proben mit *Magnetic beads* [BRU08] © (2008) Oxford University Press, reprinted with permission

Zur Bindung biologischer Proben wie Nukleinsäuren (RNS, DNS), Proteinen oder Antikörpern können die Oberflächen von *Magnetic beads* funktionalisiert werden (zur Oberflächenfunktionalisierung siehe auch Abschnitt 6.1). Dazu werden kovalente Bindungen genutzt, die sich zwischen Carboxyl (–COOH)-, Amin ($-NH_2$)-, Amid ($-CONH_2$)- oder Hydroxyl (–OH)-Oberflächengruppen auf den Beads und Amin ($-NH_2$)- oder Thiol (–SH)-Gruppen oder andere funktionelle Gruppen auf den Zielmolekülen ausbilden.
Der Verwendung von *Magnetic beads* eröffnet ein breites Analysespektrum auf Chipniveau. Dazu zählen Immunassays, Zellmanipulation, DNS-Extraktion [ZHA08] sowie Magnetresonanztomografie [FIG10, NA09, QIA09], gezielte Medikation [MAH11] und Hyperthermietherapien [FIG10, JOR01] in der Medizin [COR11, PAN03]. Insbesondere *Magnetic bead* basierte Immunassays[2] in einem mikrofluidischen Format haben große Bedeutung erlangt. Bei einem Immunassay handelt es sich um einen Test zur Detektion und Quantifizierung biochemischer Zielteilchen oder Antigene basierend auf der spezifischen Wechselwirkung und Komplexbildung zwischen Antikörper und Antigen. Je nach Konfiguration des Assays ist Antigen oder Antikörper nachzuweisen. Üblicherweise verwendet man einen Fluoreszenzmarker zur Erfassung des während des Assays gebildeten Komplexes [SIV10]. Die *Magnetic beads* werden in solch einem Immunassay als mobiles Substrat oder als Marker eingesetzt wie in Abbildung 4.7 schematisch skizziert ist: Zuerst wird die Oberfläche eines Biosensors selektiv mit einem c-Antikörper (c-Ab) beschichtet. Dann erfolgt der Einlass von t-Antigenen (t-Ag) in die Reaktionskammer zur Initiierung der Immunreaktion zwischen Antikörper c-Ab und Antigen t-Ag. Anschließend werden Magnetpartikel, an deren Oberfläche zu den t-Antigenen komplementäre d-Antikörper gebunden sind, zur Ausbildung einer Sandwichstruktur aus c-Ab, t-Ag und d-Ab in die Reaktionskammer eingeführt. Die Bildung des Immunkomplexes – und damit das Vorhandensein der t-Antigene – wird durch die *Magnetic beads* angezeigt und kann quantitativ optisch oder magnetisch bestimmt werden [GIJ10].

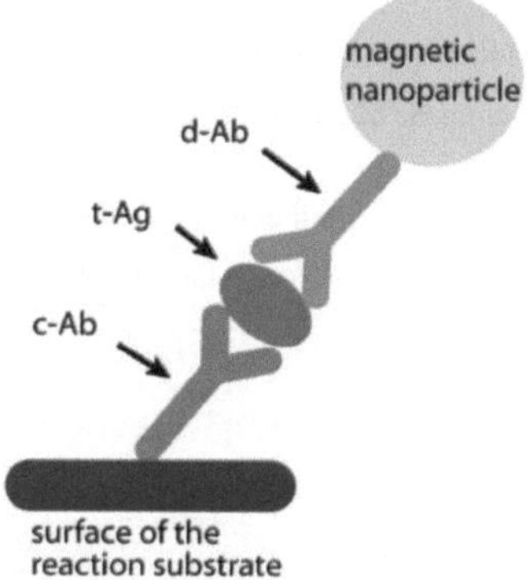

Abbildung 4.7: Sandwich-Immunkomplex mit angebundenem magnetischem Nanopartikelmarker; Nachweis der Immunkomplexbildung über Detektion des Magnetpartikels [GIJ10]

Das Buch *Magnetic Nanoparticles – from fabrication to clinical applications* beschreibt in Kapitel 9 *Magnetic nanoparticles in immunoassays* die Grundlagen von Immunassays mit dem Fokus auf dem Einsatz magnetischer Partikel als Label [THA12]. Darin wird zwischen drei Formen für die Einbettung magnetischer Nanopartikel in eine Matrix zur Bildung eines paramagnetischen mikrometergroßen Kügelchens unterschieden: „Früchtekuchen“ (magnetische Nanopartikel gleichmäßig in Matrix verteilt), „Orangenschale“ (Partikel nahe an der Oberfläche) und „Pflaumenkuchen“ (Partikel im Kern konzentriert). Abbildung 4.8 zeigt unterschiedliche eisenbasierte anorganische Nanostrukturen für biomedizinische Anwendungen, wie sie in der Übersichtsveröffentlichung von Figuerola et al. dargestellt sind [FIG10].

---

[2] Begriffserläuterungen:

Assay: standardisierter Reaktionsablauf zum Nachweis einer Substanz;

Antigen: Stoff, der im Körper eine Immunreaktion hervorruft;

Antikörper: vom Körper als Reaktion auf eindringende Antigene produzierter Stoff, bindet Antigene.

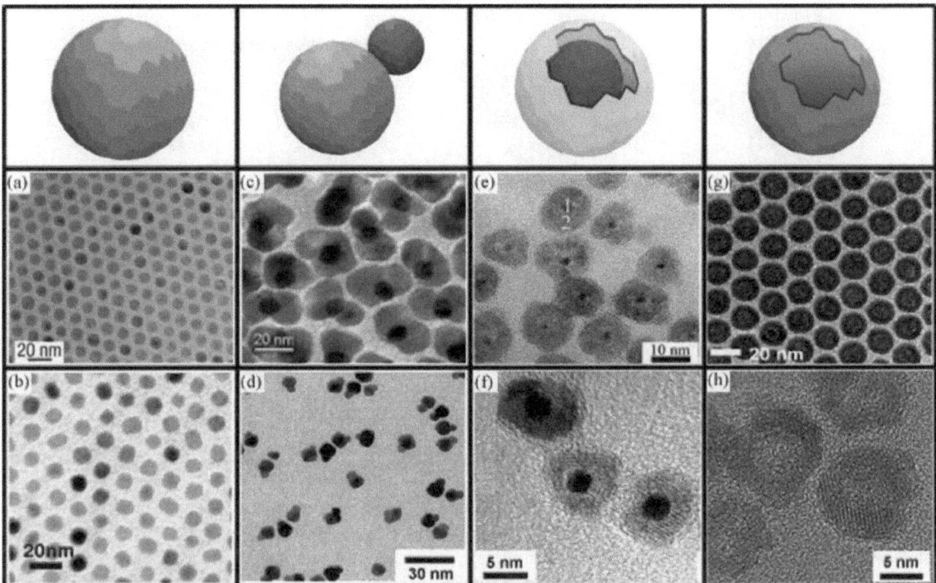

Abbildung 4.8: Eisenbasierte anorganische Nanostrukturen:
a) Fe_3O_4- und b) FePt-Nanopartikel; c) Fe_3O_4–Au- und d) FePt–Au-Heterodimere; FePt-Kern mit e) CoS_2- bzw. f) Pt–Fe_2O_3-Hülle, hohle Nanokristalle aus g) Fe_3O_4, h) γ-Fe_2O_3 [FIG10]

Das Werk von Varadan et al. umfasst eine Beschreibung der grundlegenden Verfahren zur Prävention, Diagnose und Behandlung durch Nanomedizin [VAR11]. Dieses Buch enthält eine Einführung in die physikalischen und chemischen Grundlagen magnetischer Nanomaterialien und gibt einen Überblick über biomedizinische Anwendungen funktioneller Magnetmaterialien. Eine kritische Abhandlung über einen Teilbereich der Nanomedizin, nämlich die Nutzung magnetischer Nanopartikel in biologischen Anwendungen verfassten Colombo et al. [COL12]. Die Autoren erläutern die Notwendigkeit und Herausforderung, einen Kompromiss zwischen großen magnetischen Momenten und Biokompatibilität zu finden. Die optimale Partikelgröße liege zwischen 10 nm – der superparamagnetischen Grenze bei Raumtemperatur – und etwa 70 nm, entsprechend der kritischen Domänengröße für ferritische Nanopartikel. Neben einem tabellarischen Vergleich der Eigenschaften magnetischer Nanopartikel werden Oberflächenfunktionalisierungsmethoden einschließlich der Biokonjugation bewertet. Colombo et al. beschreiben *In-vitro-* sowie *In-vivo*-Anwendungen magnetischer kolloidaler Nanopartikel unter Berücksichtigung potentieller Risiken für den menschlichen Organismus. Die zukünftige Rolle von magnetischen Nanopartikeln im Vergleich zu anderen (nichtmagnetischen) funktionellen Nanopartikeln sowie die mögliche Integration magnetischer Nanopartikel in bestehende biotechnologische Methoden werden diskutiert. Ferner werden Aspekte möglicher Auswirkungen und Gefahren bei einer Exposition des menschlichen Körpers mit Nanopartikeln betrachtet. Dies erfolgt im Hinblick auf Herausforderungen, denen es bei wachsendem Einsatz magnetischer Nanopartikel in der Biomedizin zu begegnen gilt. Die Nutzung von *Magnetic beads* in den verschiedenen Prozessschritten eines LoC-Diagnostikassays ist in Abbildung 4.9 schematisch dargestellt [REE14]. Die Beads können zum Mischen, zur Probenbindung, für den Analyttransfer, zur Detektion und zur Ausübung anisotroper Kräfte genutzt werden.

Das Ziel des im 7. Rahmenprogramm FP7-NMP von der EU mit einem Finanzvolumen von 7,4 Mio. € geförderten Projekts MagPro²Life – *Advanced magnetic nanoparticles deliver smart processes and products for life* war es, den Aufwand zur Abtrennung von Wertprodukten aus Biosuspensionen zu verringern. Der *Down-Stream*-Prozess, d. h. die Aufbereitung des Produkts nach der Herstellung, erfordert in der Regel zahlreiche einzelne Prozessschritte, bis die erforderliche Reinheit des Wertstoffs erreicht ist. Ein alternatives Verfahren ist die selektive Adsorption des Wertstoffs an einen Polymerträger. Zur Regeneration der Adsorbenspartikel nach der Beladung mit dem Wertstoff sind einerseits die Adsorptionseigenschaften und andererseits die Eigenschaften hinsichtlich der Abtrennung aus der Biosuspension relevant [MAG08]. Die Mikroorganismen sind für die Regeneration des Adsorbensträgers vollständig abzutrennen. Zu diesem Zweck wurden im Projekt MagPro²Life magnetisierbare Polymerkompositpartikel gefertigt und mit einem Magnetscheider für die Adsorbensregeneration kombiniert.

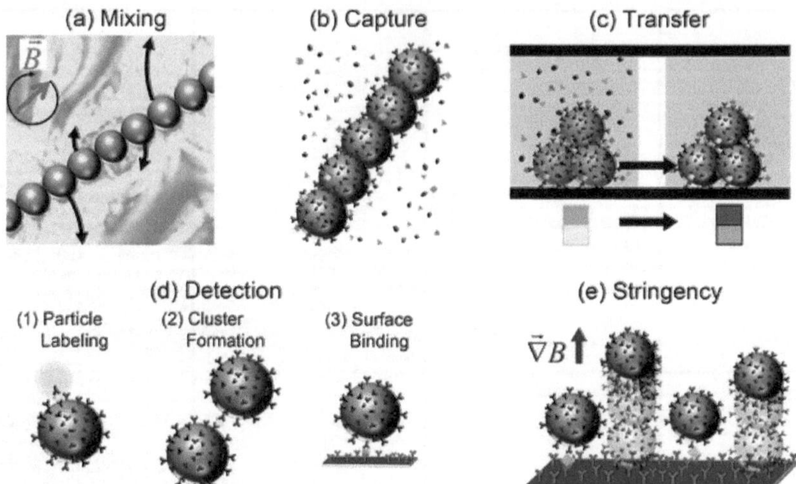

Abbildung 4.9: Einsatzbereiche für *Magnetic beads*: a) Mischen, b) Probenbindung, c) Analyttransfer, d) im Bereich der Detektion: d1) Markierung, d2) Clusterbildung oder d3) Oberflächenbindung, e) Ausübung gerichteter Kräfte [REE14] © (2014) Royal Chemical Society, reprinted with permission

Abbildung 4.10 skizziert die Prozesskette für die Herstellung der magnetisierbaren Polymerkompositpartikel: Magnetit wird über einen Fällungsprozess in einem Ultraschallreaktor hergestellt und funktionalisierbare Polymerpartikel (als Adsorbens) über Miniemulsionspolymerisation produziert. Das Matrixpolymer für die Komposite wird in einem organischen Lösungsmittel gelöst, in der die Adsorbenspartikel und die Magnetitpartikel anschließend suspendiert werden. Diese Suspension wird in einem Sprühtrockner versprüht, wodurch die gewünschten Komposite durch schockartige Trocknung entstehen. In diesen Kompositen sind Magnetit- und Adsorbenspartikel idealerweise homogen verteilt. Auf Basis dieser Prozesskette entsteht ein Baukastensystem, mit dem maßgeschneiderte *Magnetic beads* durch Austausch der Matrix- und Adsorbenspolymere herstellbar sind.

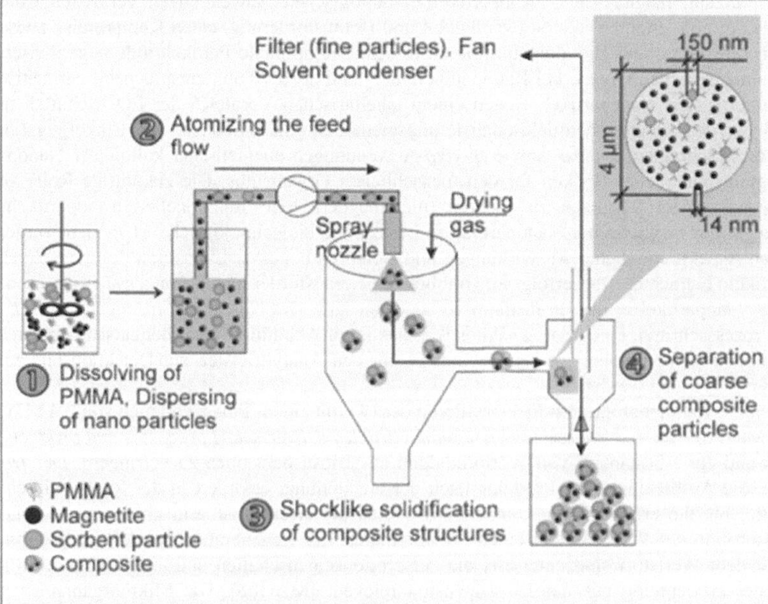

Abbildung 4.10: Prozesskette für die kostengünstige Produktion magnetisierbarer, biologisch aktiver Nanopartikel [MAG08], mit freundlicher Genehmigung des MVTAT der TU Freiberg

Kolloidale Nanokristalle werden in verschiedenen Bereichen der Wissenschaft eingesetzt. Diese umfassen Biologie, Medizin, die Entwicklung diagnostischer Methoden, Medikamentenverabreichung, Bildgebung und reichen bis zur Physik und Technik und die Fertigung neuartiger Geräte oder Anlagen für Energiewandlung und -speicherung. Die Kontrolle über die Eigenschaften dieser Nanokristalle erfolgt über die Einstellung ihrer Größe, Form und Zusammensetzung bei der chemischen Synthese sowie sorgfältige Wahl ihrer organischen Beschichtung [CHE09, COR11]. Wissenschaftliche Gruppen am *Institute Nanoscience* in Lecce, Italien, und dem *Italian Institute of Technology* in Genua, Italien, synthetisierten trifunktionale polymere Nanobeads aus einer Mischung von magnetischen Nanopartikeln, Quantenpunkten und einem amphiphilen[3] Polymer. Die Lumineszenz der Nanobeads stieg mit zunehmender Quantenpunktkonzentration. Dies ist für bildgebende Verfahren relevant. Die Verteilung der magnetischen Nanopartikel in den Beads und damit die Geschwindigkeit der magnetischen Antwort des Systems in einem Magnetfeld konnte über die Wahl des Destabilisierungsmittels (Wasser bzw. Acetonitril) eingestellt werden. Zusätzlich wurde eine erhöhte Aufnahme dieser Nanopartikel durch Krebszellen nachgewiesen, die durch eine Folsäurebeschichtung der Beads erzielt worden war und auf eine Überexpression von Folsäurerezeptoren zurückzuführen ist [COR11]. In einer Übersichtsveröffentlichung beschreiben Bigall et al. kolloidale Nanokristallsysteme mit hybriden Funktionen, die mindestens zwei der Eigenschaften fluoreszierend, magnetisch und plasmonisch miteinander kombinieren, wie Abbildung 4.11 grafisch veranschaulicht [BIG12]. Die Möglichkeit der Bereitstellung von Nanokristallen mit hybriden Funktionen eröffnet ein breites Anwendungsfeld in der Biotechnologie und Medizintechnik.

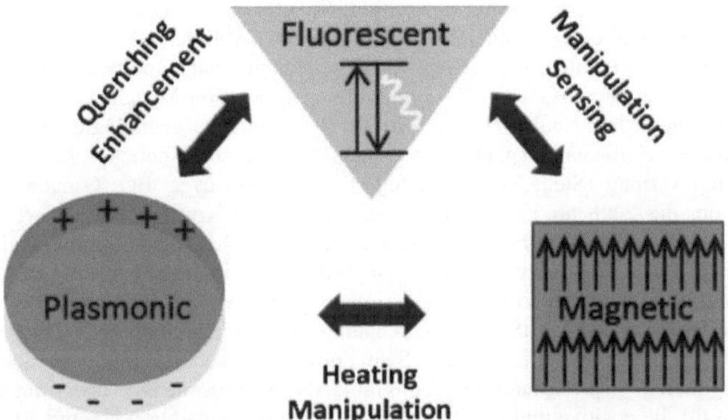

Abbildung 4.11: Eigenschaften zur Herstellung bi- bzw. trifunktionaler Nanoobjekte und ihr bilaterales Zusammenspiel [BIG12] © (2012) Elsevier, reprinted with permission

Gomez et al. befassten sich mit der großtechnischen Fertigung plasmonischer Nanopartikel in einem mikrofluidischen System [GOM14]. Ein Fokus der Arbeiten liegt auf der Funktionalisierung von Goldnanopartikeln mit Thiol-Polyethylenglykol (SH–PEG). Die Synthese von Kobaltstrukturen, die zur Erzielung starker Signale im Nahinfrarotbereich durch Gold ersetzt werden, die Oberflächenfunktionalisierung mit PEG und die Sterilisation sind in einem mikrofluidischen Reaktor kombiniert.

Eine Herausforderung bei der Synthese magnetischer Nanopartikel ist die Erzielung einer einheitlichen Form und Größe sowie Uniformität bezüglich ihrer magnetischen und chemischen Eigenschaften. Darüber hinaus sollten in medizinischen Anwendungen eingesetzte Magnetpartikel wasserlöslich und biokompatibel sein sowie eine zur Funktionalisierung geeignete Oberfläche aufweisen [JIN12]. Zur Charakterisierung werden vornehmlich SQUIDs (engl. *superconducting quantum interference devices*, supraleitende Quanteninterferenzeinheiten, eingesetzt für die hochpräzise Messung extrem geringer Magnetfeldänderungen) und magnetoresistive Sensoren oder HALL-Sonden eingesetzt. Ein tabellarischer Überblick über die eingesetzten Methoden ist bei Thanh zu finden [THA12]. Auf die zur Detektion magnetischer Nanopartikel eingesetzten Methoden geht Abschnitt 4.2.3 näher ein.

Die Oberfläche der *Magnetic beads* wird durch kovalente Bindung spezifischer Antikörper so funktionalisiert, dass sie das Zielteilchen binden und für dieses als mobiles Substrat fungieren [GIJ04]. Versehen mit geeigneten Fluoreszenzmarkern werden *Magnetic beads* neben der Probenseparation auch für die Detektion eingesetzt.

[3]Amphiphilie: griech. für „beide liebend“, chemische Eigenschaft einer Substanz, sowohl in polaren als auch unpolaren Lösungsmitteln löslich zu sein, Quelle: https://www.tu-chemnitz.de/physik/OSMP/Soft/V_09.pdf

Somit vereinen Magnetpartikel zwei hoch selektive / spezifische Prozesse der Bioanalytik miteinander:

- Bindung von Analyten an die Partikeloberfläche durch molekulare Selbstorganisation,
- Isolierung magnetischer Objekte aus komplexen Probegemischen [PAM12].

Kenntnisse der Wechselwirkung in Vielkörpersystemen aus *Magnetic beads* in Mikrofluidikkanälen sind beispielsweise aus Untersuchungen von Dietzel et al. verfügbar [DER10]. Die Vielfalt kommerziell verfügbarer *Magnetic beads* steigt zusehends. Die Firma Maxwell Sensors Inc. hält ein Patent für ein Verfahren zur Herstellung digitaler *Magnetic beads*: Fotolithografisch werden digitale optische Strichcodes auf die Magnetkügelchen aufgebracht, die Nukleinsäuren, Proteine oder andere Moleküle binden können. Verschiedene digitale *Magnetic beads* für die molekulare Diagnostik und Anwendungen der Lebenswissenschaften (*Life Sciences*) sind mittlerweile kommerziell erhältlich [APP11, HO08].
Biologische Zellen in einem flüssigen Trägermedium werden standardmäßig mit der *Magnetic activated cell sorting* (MACS®)-Technologie sortiert, die von der Firma Miltenyi Biotec mit Sitz in Bergisch Gladbach entwickelt wurde. Hierbei werden Zellen an spezifisch beschichtete, superparamagnetische Partikel gebunden und mithilfe eines Magnetfeldgradienten manipuliert [MIL90]. Konkurrenz zur MACS®-Technologie bietet die Firma Invitrogen mit dem Magnetic Particle Concentrator MPC® zur Bindung von *Magnetic beads* an die Zielmoleküle wie Zellen, Proteine oder Nukleinsäuren (Invitrogen™, Thermo Fisher Scientific Corp., Waltham, MA, USA). Das System MPC®-S wurde speziell für mikrobiologische Anwendungen designt und mit ausgesuchten Dynabeads® (ebenfalls Thermo Fisher Scientific Corp.) für die Anreicherung von Escherichia coli (E. coli) O157:H7, Salmonellen und einigen anderen Bakterienstämmen validiert. Das System kann für Nahrungs- und Wasseranalysen eingesetzt werden. Ein weiterer Anbieter für die magnetpartikelbasierte Zellseparation ist die Firma R&D Systems, die gemeinsam mit der Immunicon Corporation MagCellect™ Ferrofluid-Konjugate anbietet (R&D Systems Inc., Minneapolis, MN, USA) [R&D]. StemCell Technologies Inc. hat mit EasySep™ eine immunomagnetische Zellisolationsplattform geschaffen, die menschliche Zellpopulationen binnen 25 Minuten zu isolieren vermag (StemCell Technologies Inc., Vancouver, BC, Canada) [STE]. Die Firma Immunicon Corporation, die 2008 an Veridex LLC (zugehörig zum Konzern Johnson & Johnson) verkauft wurde, ist Spezialist für die zellbasierte Forschung sowie die Entwicklung und Kommerzialisierung diagnostischer Produkte mit dem Fokus auf Krebserkrankungen. Mit den bei Immunicon entwickelten Technologien können im Blutkreislauf eines Patienten zirkulierende Tumorzellen bereits in geringen Konzentrationen nachgewiesen und quantifiziert werden. Das CellSearch® Circulating Tumor Cell Kit (Janssen Diagnostics LCC, South Raritan, NJ, USA) erlaubt die immunomagnetische Selektion, Identifikation und Quantifizierung der zirkulierenden Tumorzellen epithelen Ursprungs aus dem Vollblut [JAN]. BD Biosciences bietet mit dem Cell Separation Magnet ein System für die positive und negative Selektion und die Separation von mit BD IMag™-Partikeln markierten Leukozyten (Becton Dickinson, Franklin Lakes, NJ, USA) [BDB]. Einen umfassenden Überblick über kommerzielle magnetische Zellseparationsgeräte enthält das Buch *Magnetic cell separation* von Zborowski und Chalmes [ZBO08]. Die Vielfalt kommerzieller Produkte ist evident.
Zur magnetischen Manipulation von Partikeln werden Magnetfelder benötigt. Diese können von Mikrospulensystemen generiert oder von dünnfilmtechnisch eingebrachten bzw. hybrid montierten Permanentmagneten bereitgestellt werden. Zur optimalen Flussführung dienen weichmagnetische Strukturen, die in die Mikrospulensysteme integriert werden [GAT07, GAT09]. Forschungsarbeiten zur dafür notwendigen Technologie- und Materialentwicklung erfolgte im von 1998 bis 2010 von der Deutschen Forschungsgemeinschaft geförderten Sonderforschungsbereich (SFB) 516 „Konstruktion und Fertigung aktiver Mikrosysteme". Im Teilprojekt (TP) B1 „Fertigung magnetischer Schichten" dieses SFB wurden Abscheidungs- und Strukturierungsverfahren für hart- sowie weichmagnetische Werkstoffe untersucht [BED08, CHE11]. Im TP B7 „Fertigung von Funktionskomponenten" wurden Spiral-, Mäander- und Helixspulen realisiert [RUF06a, RUF06b, RUF07a, RUF07b, RUF7c, RUF08, SEI04].
Das hybride Mikrosystem in Abbildung 4.12 ist ein Demonstrator aus dem SFB 516 und besteht aus einem Mikromotor (mittig), einer elektromagnetischen Führung (rechts und links neben dem Motor) und einem kapazitiven Abstandsmesssystem (rechts und links außen angeordnet) in aufgeklappter Darstellung und ohne Stromanschlüsse. Auf dem Läufer im oberen Teil befinden sich hartmagnetische Strukturen. Die Magnetführung im Stator unten enthält vierlagige Spiralspulen, die ein elektromagnetisches Feld für die Levitation des Läufers erzeugen. Die Spulen werden so bestromt, dass sich jeweils gleichnamige magnetische Pole im Stator und Läufer gegenüberstehen und abstoßende Kräfte generiert werden.

Abbildung 4.12: Hybrides Mikrosystem: Mikromotor flankiert von einer elektromagnetischen Führung und einem kapazitiven Abstandmesssystem [RUF07a]

Im SFB Transregio 37 „Mikro- und Nanosysteme zur Rekonstruktion biologischer Funktionen" wurde eine magnetbasierte Methode zur Transfektion einzelner Stammzellen geschaffen [FLI09, KAI11]. Die Bewegung von Genen und ihr Einbringen in die Stammzelle erfolgten magnetisch. Dazu wurden Komplexe aus magnetischen Nanopartikeln, einem Polymer und DNS-Proben gebildet und entlang einer Zeile aus magnetischen Polstrukturen mit dem Fluidstrom transportiert. Die Möglichkeit zur Manipulierung von Nanopartikeln konnte mit diesem Ansatz erfolgreich nachgewiesen werden. Ein zweites Konzept sieht die Manipulation der Stammzellen mit elektrischen Feldern vor.

Beim von Dietzel et al. vorgestellten System werden in Mikrokanäle eingebettete weichmagnetische Strukturen, die ein externes Feld magnetisiert, für die Manipulation von superparamagnetischen Beads genutzt und so ein kompaktes Mikrofluidiksystem realisiert [MAT10].

Das Vorhandensein eines Magnetfeldgradienten ist wesentlich für die Manipulation von Magnetpartikeln in einem Mikrofluidiksystem, da ein Gradient zur Erzeugung translatorischen Bewegungen erforderlich ist, während ein konstantes Feld lediglich zu Torsionsbewegungen führt [GIJ04]. Ein Magnetfeldgradient lässt sich durch eine Permanentmagnetanordnung entsprechender Geometrie oder durch integrierte Mikroelektromagnete bzw. integrierte weichmagnetische Flussführungen, die ein externes Magnetfeld magnetisiert, erzeugen. Während Spulen eine größere Flexibilität bei der Gestaltung des Gesamtsystems und Durchführung der Experimente ermöglichen, werden im Vergleich zu Permanentmagneten deutlich geringere Kräfte erzeugt (siehe Zahlenbeispiel in Abschnitt 4.2.2). In Kombination mit einer weichmagnetischen Flussführung, die als Joch ausgeführt ist, kann die Kraft jedoch mindestens verdoppelt werden. Der Schlüssel zur Generierung großer Kräfte kombiniert mit einem moderaten Einstellbereich liegt darin, ein elektromagnetisches Feld einem von Permanentmagneten erzeugten Feld zu überlagern. – Der Einsatz von *Magnetic beads* erfordert in der Regel ohnehin ein Permanentmagnetfeld, um die superparamagnetischen Beads zu magnetisieren. Für ein Mikrofluidiksystem ausgelegte Elektromagnete können nur eine magnetische Flussdichte im Milliteslabereich erzeugen, während Permanentmagnete in systemkompatibler Größe im Teslabereich einzuordnen sind und damit eine um drei Größenordnungen höhere Flussdichte verfügbar machen. Man kombiniert also eine bestromte Spule oder Leiterbahn zur Bereitstellung eines lokalen Magnetfeldgradienten mit einem homogenen Magnetfeld [DEN01, PEK05, TON01]. Solch ein hybrider Aufbau erlaubt die Anwendung von Kräften im Piconewtonbereich (10^{-12} N), die im Vergleich zur Spule allein etwa 100-fach erhöht sind. Die Kräfte wirken in einem Raumbereich, der der mikrofluidischen Kanalbreite entspricht [GIJ10].

Mikrotechnisch gefertigte Spulensysteme können integriert in Kanalnähe eines mikrofluidischen Systems unter Umständen auch hohe Feldgradienten erzeugen, haben wegen ihrer Größe jedoch eine sehr begrenzte Reichweite. Zudem können Elektromagnete zur Entwicklung von JOULEscher Wärme in hohem Ausmaß führen und damit biologische Proben beschädigen. Die mit Elektromagneten generierte JOULEsche Wärme kann zwar Probleme verursachen und eine aktive Kühlung erfordern. In speziellen Anwendungen kann sie jedoch sogar zur Temperierung des Fluids im Kanal auf eine biologisch verträgliche Temperatur von 37° C für Zellchips wie Mikrostammzellkulturen oder Zellsortierer genutzt werden [SON09].

Die Separation von Magnetpartikeln aus einer Probelösung in einem mikrofluidischen System mit zwei Auslässen wurde in der Praxis in ersten Ansätzen mit kleinen Permanentmagneten erzielt [BLA98, CHR01]. Kim und Park entwickelten einen ähnlichen Aufbau für ein Immunassay, das sich magnetischer Nanopartikel als Label bedient [KIM05]. Der Magnetfeldgradient betrug in diesem Aufbau 0,35 T/mm. In anderen Arbeiten wurden bis zu einige 100 T/mm mit Mikroelektromagneten und durch ein spezielles Design sogar magnetische Feldgradienten im Bereich von 10^3 T/mm bis 10^4 T/mm erzielt [LOV03]. Pamme kombinierte einen großen externen Magneten mit einem kleinen magnetisierbaren Element eng am Kanal [PAM07]. Mit einer mikrotechnisch aus einer Nickeleisenlegierung gefertigten Kammstruktur und einem externen Magnet wurde ein dreifach höherer Feldgradient erzielt als mit dem externen Magnet allein. Dadurch konnte die Flussrate für die Separation magnetischer Mikropartikel und magnetisch markierter *E. coli*-Bakterien verdreifacht werden [XIA06]. In einem anderen Ansatz wurden mikrotechnisch gefertigte streifenförmige Nickelstrukturen auf dem Boden der Separationskammer in einem bestimmten Winkel zur Flussrichtung eingebettet. Mithilfe dieser Streifen wurden magnetisch markierte (gelabelte) Zellen von der Flussrichtung abgelenkt [ING04]. In einem System wurden Nickeldrähte nahe am mikrofluidischen Kanal mit einem externen Permanentmagnet magnetisiert und ermöglichten die Separation roter Blutzellen aus dem kontinuierlichen Fluss [HAN06]. Methoden magnetischer Trennverfahren in der Mikrofluidik auf Basis von Mikroelektromagneten und weichmagnetischen Elementen untersuchten Smistrup et al. [SMI05, SMI06]. Abbildung 4.13 zeigt einen Chip mit drei mikrotechnisch gefertigten Elektromagneten, die jeweils aus einer Kupferspule mit 12 Windungen bestehen, die halb in einer dielektrischen Schicht mit einem weichmagnetischen Joch aus Nickel eingekapselt sind.

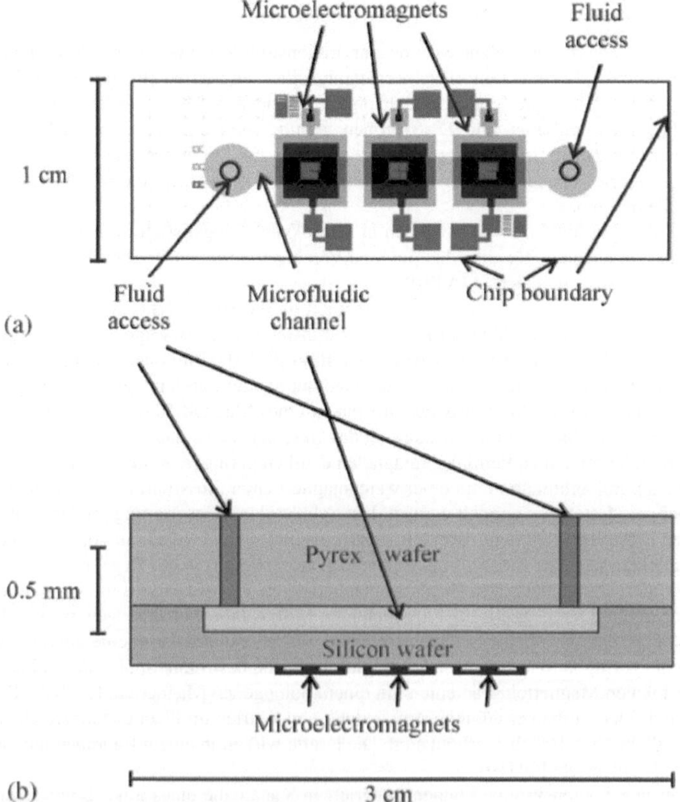

Abbildung 4.13: Chipdesign mit drei dünnfilmtechnisch gefertigten Elektromagneten, bestehend aus Kupferspule mit Nickeljoch a) Aufsicht, b) Seitenansicht [SMI05] © (2005) Elsevier, reprinted with permission

Drei Planarspulen mit einem weichmagnetischen Joch aus einer Nickeleisenlegierung (Permalloy NiFe81/19) wurden für das System aus Abbildung 4.14 mit Fotolithografie und galvanischer Abscheidung unter dem Fluid führenden Mikrokanal strukturiert. Die Spulenbreite beträgt 50 µm und die Dicke 25 µm. Jede Spule besteht aus 12 Windungen mit einem lateralen Abstand von 30 µm zwischen den einzelnen Leiterbahnen. Der Mikrokanal wird durch einen anisotrop geätzten Siliziumwafer geformt, der auf einen optisch transparenten Pyrexglaswafer anodisch gebondet ist. Der magnetische Flusspfad entlang dem Kanalboden stellt den für die Separation benötigten Feldgradienten bereit. Bei der Bestromung mit 0,3 A wurde eine Trennung von 1 µm großen paramagnetischen Beads aus einem Fluidstrom im Kanal erzielt. Bei den Untersuchungen von Siegel et al. führt ein Kanal neben dem mit Fluid gefüllten Kanal flüssiges Lötzinn, das nach seiner Verfestigung als Draht und in bestromtem Zustand als Elektromagnet für die Sortierung von Magnetpartikeln im Kanal fungiert [SIE06]. Die Manipulation von *Magnetic beads* mit stromführenden Leiterbahnen wurde auch theoretisch simuliert. Dies dient der Bestimmung optimaler Separationsbedingungen, die durch Parameter wie Kanaldimensionen, Magnetfeldstärke und Feldverteilung und die Strömungsgeschwindigkeit beeinflusst werden [FUR07, MIK05]. Dietzel et al. arrangierten vier Elektromagneten um ein Submikroliter-Flüssigkeitsvolumen herum als Voruntersuchung zur Entwicklung neuer Techniken für den beschleunigten Transport in *Lab-on-a-Chip*-Bioassays [DER07]. Godino et al. kombinierten die magnetische Erfassung mit elektrochemischer Detektion für ein Bioassay, das an der Oberfläche von *Magnetic beads* abläuft [GOD10]. Ein mikrofluidisches System mit integrierten Mikroelektromagneten wurde in der Gruppe von Ahn in Dünnfilmtechnik gefertigt [CHO01]. Abbildung 4.14 zeigt dieses System mit den magnetischen Elementen als Feldgradienten erzeugende Komponente unter dem Kanal.

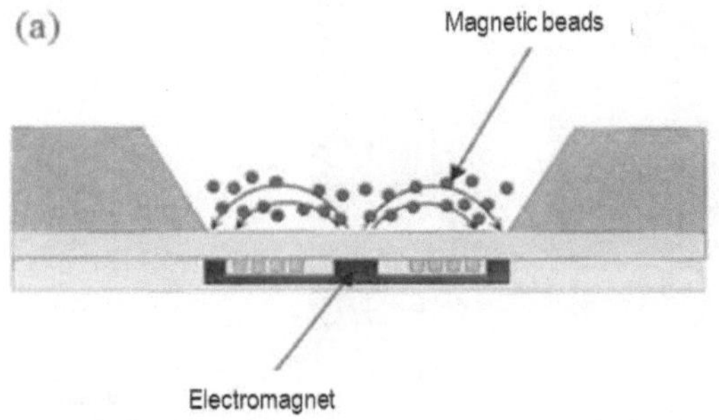

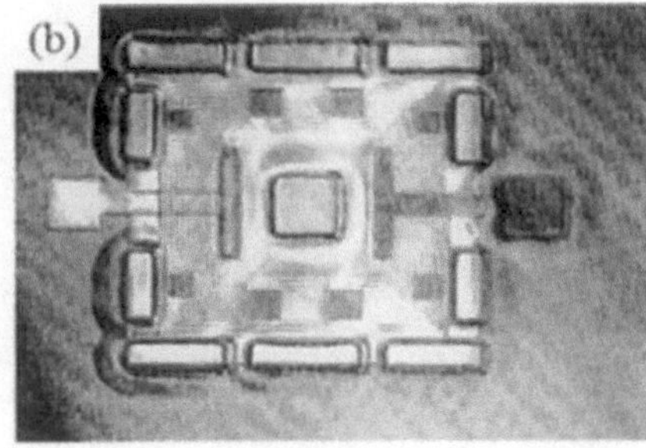

Abbildung 4.14: Einsatz von Mikroelektromagneten zur Beadmanipulation in mikrofluidischem Kanal [CHO01] © (2001) Elsevier, reprinted with permission

Das spiralfömige Leiterbahndesign hat sich im Vergleich zu anderen Geometrien bei Mikroelektromagneten als besonders geeignet für die Probenmanipulation von Biomolekülen erwiesen, da Spiralspulenanordnungen zu größeren Feldstärken und somit zu höheren Kräften führen als gerade Leiterbahnen [RAM04]. Arbeiten zur Separation von *Magnetic beads* mit Mikroelektromagneten aus spiralförmigen Kupferspulen und anderen Leiterbahngeometrien in Verbindung mit weichmagnetischem Jochstrukturen aus Nickel wie von Smistrup et al. [SMI05, SMI06] sowie Choi et al. [CHO01] wurden auch von Ramadan et al. durchgeführt [RAM06a, RAM06b]. Ramadan et al. evaluierten unterschiedliche Magnetanordnungen zur Manipulation von *Magnetic beads* in einem strömenden Fluid. Mit dem Ziel der Bereitstellung möglichst hoher Feldkräfte werden verschiedene Spulengeometrien und Magnetstrukturen untersucht. Als besonders vorteilhaft erweist sich die Integration einer Magnetplatte auf der Substratrückseite unterhalb der Spulen [RAM06a].

Eberhardt entwickelte ein mikrofluidisches System zur Magnetpartikelmanipulation auf Basis weichmagnetischer Mikrostrukturen und einer Spule. Er untersuchte das Transportverhalten verschiedener Magnetpartikel bei Variation der Geometrien von Kanal und weichmagnetischen Strukturen [EBE08]. Abbildung 4.15 zeigt die Aufnahme eines mikrofluidischen Glas-Chips zur Trennung einer Mischung aus Magnetpartikeln im Durchströmverfahren mit Einlassreservoirs für die Probe und eine Pufferlösung, einem Auslass sowie dem Pumpenanschluss. Zur Erzeugung eines Magnetfeldgradienten dient eine Anordnung von NdFeB-Permanentmagneten [PAM06b]. Neben nahe am Kanalboden direkt in mikrofluidische Chips integrierte Elektromagneten wurden „magnetische Pinzetten" zur Manipulation von *Magnetic beads* in einer Lösung vorgeschlagen. Die Pinzettengreifer bestanden aus 50 μm dicken Nadeln aus einem weichmagnetischen Material, umwickelt mit 25 μm dickem Kupferdraht [BAR01]. Mit dem mikrofluidischen magnetbasierten Blutreinigungssystem von Yung kann das Patientenblut im Fall einer Sepsis außerhalb des Körpers gereinigt werden: Die pathogenen Bakterien werden mit *Magnetic beads* aus dem kontaminierten Blut entfernt und das Anschlagen der antibiotischen Therapie erhöht. Bei einem Durchsatz von 20 mℓ/h wurde eine Reinigungseffizienz bis zu 80% erzielt [YUN09]. Ebenfalls mit *Magnetic beads* werden Pathogene aus Wasser im Durchströmverfahren entfernt [RAM10].

Abbildung 4.15: Mikrofluidischer Chip mit NdFeB-Permanentmagneten zur Trennung von Magnetpartikeln im Durchströmverfahren [PAM06b] © (2006) Elsevier, reprinted with permission

Abbildung 4.16 enthält zwei Beispiele für die magnetische Zellseparation mit schräg zur Flussrichtung verlaufenden Magnetstreifen, welche durch ein externes Magnetfeld magnetisiert werden [BER01]. Abbildung 4.16a) zeigt den mikrofluidischen Chip schematisch, Abbildung 4.16b) die vektorielle Addition von hydrodynamischer und magnetischer Kraft und die resultierende Geschwindigkeit für eine Zelle mit magnetischem Marker. Abbildung 4.16c) stellt ein ähnliches System dar, in dem ein magnetisch gelabeltes weißes Blutkörperchen entlang der Magnetstreifen geführt wird. Die Neigung der Magnetstreifen zur Flussrichtung beträgt 9,6°. Es handelt sich um eine Bildfolge mit drei Aufnahmen (Geschwindigkeit des Fluidstroms: 110 μm/s). Die Leukozytposition ist durch weiße Pfeile angedeutet. An der linken Seite ist eine Ansammlung von Erythrozyten zu erkennen, deren natürlicher Magnetgehalt zu einer Manipulation nicht ausreicht. Das Zellgemisch wurde etwa 1,5 mm oberhalb des Bildausschnitts in den Kanal injiziert.

Während ferro- oder paramagnetische Materialien vom Feld angezogen werden, erfahren diamagnetische Proben eine Abstoßung im Magnetfeld. Die Kräfte sind um einige Größenordnungen schwächer im Vergleich zu den anziehenden Kräften, die ferromagnetisches Material erfährt. Dennoch konnte die Ablenkung 6 μm großer Polystyrolpartikel aus dem strömenden Fluid mit Unterstützung eines von supraleitenden Magneten erzeugten Magnetfeldgradienten nachgewiesen werden [HIR07].

Supraleitende Magnete ermöglichen Materialstudien in starken Magnetfeldern und können beispielsweise in der Materialsynthese oder für Schwebeexperimente interessant sein. In der Medizintechnik können mithilfe von SQUIDs sehr schwache Magnetfelder von Hirn und Herz eines Lebewesens detektiert werden. Die Verwendung von SQUIDs zur Erfassung und Quantifizierung von *Magnetic beads* ist in Abschnitt 4.2.3 Detektionsverfahren integriert. Auch in der zerstörungsfreien Materialprüfung spielen supraleitende Messelemente eine wichtige Rolle. Eine Herausforderung beim Messaufbau ist häufig die räumliche Kontrolle des Versuchsobjekts. Die Mikrofluidik hingegen erlaubt eine genau definierte Manipulation des umgebenden Fluids. Vojtíšek et al. integrierten mikrofluidische Elemente in supraleitende Magnete, um kontrolliert Studien an Objekten in starken Magnetfeldern zu realisieren [VOJ12].

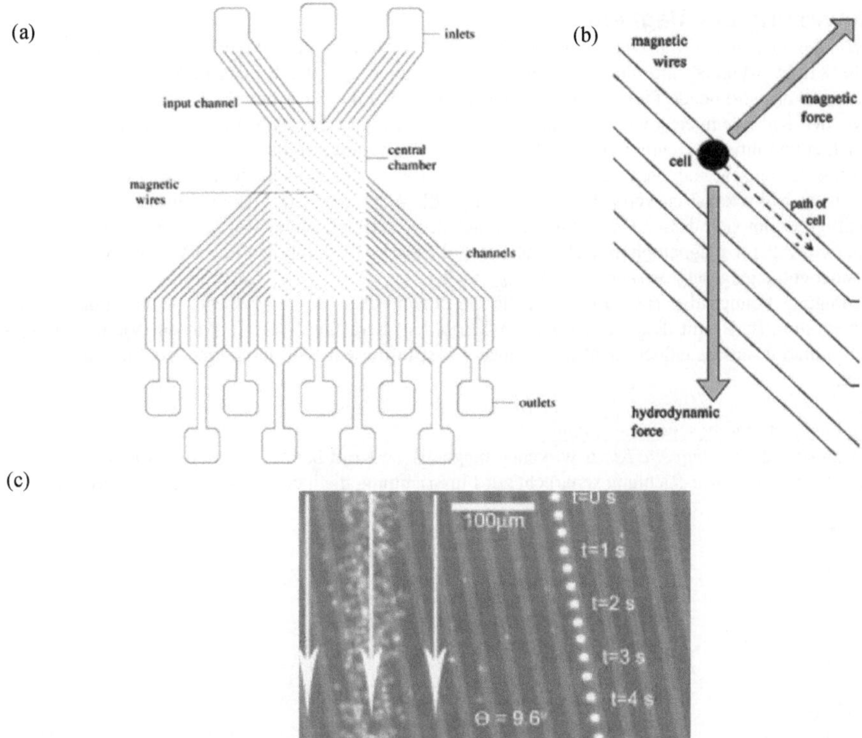

Abbildung 4.16: a) Schema eines mikrofluidischen Zellseparators mit Leiterbahnen schräg zur hydrodynamischen Flussrichtung; Ablenkung magnetisch gelabelter b) Zellen [BER01] und c) Leukozyten längs der Leiterbahnen [ING04] © (2004) John Wiley & Sons, reprinted with permission

Mikropartikel aus einem Polymermaterial mit einer Größe ähnlich der von biologischen Zellen wurden in einer wässrigen Lösung mit paramagnetischen Eigenschaften aus Mg(II)-chlorid suspendiert und in einen mikrofluidischen Chip gepumpt, wo sie in einem durch Supraleiter erzeugten Magnetfeld diamagnetische abstoßende Kräfte erfuhren. Das Ausmaß der Ablenkung wurde in Abhängigkeit von der Partikelgröße, der Konzentration des paramagnetischen Salzes und der Magnetfeldstärke untersucht. Durch Optimierung dieser drei Parameter können zwei Partikelsorten diamagnetophoretisch im freien Fluss auf dem Chip voneinander getrennt werden. Abbildung 4.17 zeigt den dazugehörigen Aufbau schematisch. Angedeutet sind die Geschwindigkeitsvektoren durch das Magnetfeld (u_{mag}), die hydrodynamischen Kräfte (u_{hyd}) und die resultierende Ablenkung (u_{defl}). Der Unterschied zu vorangegangenen Arbeiten von Pamme et al. [PAM04, PAM06b, PAM06c] besteht darin, dass die Basis bei diesen Untersuchungen die diamagnetische Repulsion ist [PEY09], während zuvor magnetische Anziehungskräfte zum Einsatz kamen.

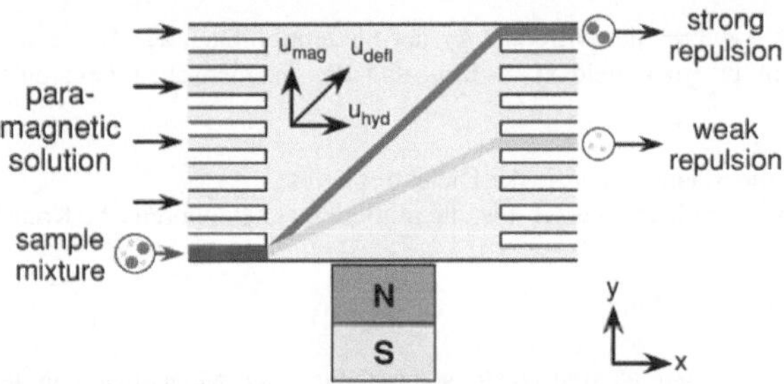

Abbildung 4.17: Freifluss-Diamagnetophorese: Diamagnetische Partikel in einem paramagnetischen Medium erfahren Abstoßung im Magnetfeld, die von den Partikeleigenschaften abhängt [VOJ12]
© (2012) Springer, reprinted with permission

4.4 Kräftewirkung auf *Magnetic beads*

Magnetic beads, die in einem Fluid einen Mikrokanal mit überlagertem Magnetfeld durchströmen, erfahren unterschiedliche Kräfte: Magnetkräfte durch das äußere Feld (sowie ggf. durch benachbarte Magnetpartikel), viskose Kräfte durch das strömende Fluid, VAN-DER-WAALS-Kräfte und elektrostatische Kräfte in der Nähe von Oberflächen wie den Kanalwänden sowie Gravitationskräfte. Diese unterschiedlichen Kräfte werden im Folgenden näher betrachtet und ihre Gewichtung bei der Berechnung der Gesamtkraft diskutiert.
Die Beeinflussung der Geschwindigkeit des Fluidstroms und des externen Magnetfeldes durch einzelne *Magnetic beads* in einem Mikrokanal ist vernachlässigbar [BRU08]. Wenn man die Trägheit eines Beads ebenfalls nicht berücksichtigt, ergibt sich dessen Geschwindigkeit aus dem Kräftegleichgewicht der magnetophoretischen Kraft $\mathbf{F}_{MAP}$ (Index MAP für magnetophoretisch) und der viskosen Kraft durch das Fluid $\mathbf{F}_R$ (Index R für Reibung), die einander entgegengesetzt wirken. Es gilt: $\mathbf{F}_{MAP} = -\mathbf{F}_R$.
Aus dieser Bedingung können die Trajektorie und die Geschwindigkeit des Einzelbeads unter Zuhilfenahme numerischer Integration (z. B. mit dem RUNGE-KUTTA-Verfahren) berechnet werden. Auf ein Vielteilchensystem ist dieser Simulationsansatz jedoch nicht anwendbar. Er ist in diesem Fall durch eine Kontinuumsbetrachtung zu ersetzen.

Magnetkraft und magnetophoretische Kraft $\mathbf{F}mag$:
Die in einem Magnetfeld auf *Magnetic beads* wirkende magnetische Kraft beträgt im eindimensionalen Fall bei Ausrichtung des Magnetfelds in z-Richtung senkrecht zur Flussrichtung, die hier in x-Richtung verläuft [GIJ11]:

$$\mathbf{F}_{mag,x} = \mathbf{m} \cdot \frac{\partial \mathbf{B}}{\partial \mathrm{x}} \tag{4.4}$$

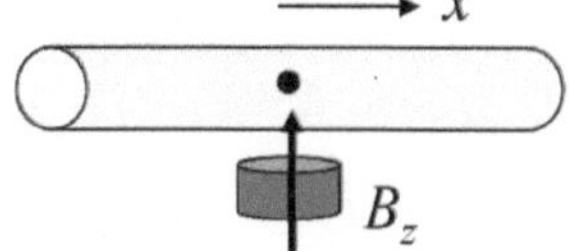

für superparamagnetische Partikel im Bereich linearer Suszeptibilitäten χ, d. h. für $\mathbf{B} = \mu_0\mathbf{H}$.
Allgemein ist die Kraft auf einen punktförmigen magnetischen Dipol oder ein magnetisches Moment $\mathbf{m}$ wie folgt definiert [GIJ04, ZBO99]:

$$\mathbf{F}_{mag} = \frac{1}{\mu_0}\nabla(\mathbf{m}\cdot\mathbf{B}) \approx \frac{1}{\mu_0}(\mathbf{m}\cdot\nabla)\mathbf{B} \tag{4.5}$$

Die angenommene Näherung gilt nur bei räumlich unverändertem magnetischen Moment des Partikels, also für $\nabla\cdot\mathbf{m} = 0$ [ZBO99]. Diese Näherung ist zulässig, solange es sich um ein permanentmagnetisches Moment handelt oder sich das Partikel in einem starken Feld befindet, das die Magnetisierung des Partikels sättigt [GIJ04]. Das induzierte magnetische Moment $\mathbf{m}$ beträgt

$$\mathbf{m} = V \cdot \Delta\chi \cdot \mathbf{H} \tag{4.6}$$

mit dem Beadvolumen $V = 4/3\pi r^3$, der Differenz $\Delta\chi$ der Suszeptibilitäten des *Magnetic bead* χ_p und des fluidischen Mediums χ_m, dem externen Feld $\mathbf{H} = \mathbf{B}/\mu_0$ und der magnetischen Feldkonstante $\mu_0 = 4\pi\cdot 10^{-7}$ H/m [GIJ11].

Im statischen Fall ähnelt die Magnetophorese der Dielektrophorese.
Für sphärische Partikel mit dem Durchmesser a ist die mittlere magnetophoretische Kraft $\mathbf{F}_{MAP}$ [BRU08, KIR]:

$$\mathbf{F}_{MAP} = 2\pi\mu_m K(\mu_m, \mu_p) a^3 \nabla \mathbf{H}_{ext}{}^2 \tag{4.7}$$

Dabei bezeichnet $K(\mu_m, \mu_p)$ den CLAUSIUS-MOSSOTTI-Faktor der Magnetisierung analog zum CLAUSIUS-MOSSOTTI-Faktor der Dielektrophorese. Er ist wie folgt definiert [SAJ14]:

$$K(\mu_m, \mu_p) = \frac{\mu_p - \mu_m}{\mu_p + 2\mu_m} \tag{4.8}$$

Dabei steht μ_m für die magnetische Permeabilität des Mediums und μ_p für die magnetische Permeabilität des Partikels [KIR]. Die magnetophoretische Kraft ist nach Gleichung (4.7) direkt proportional zum Gradienten des Quadrats des Magnetfelds: $\mathbf{F}_{MAP} \sim \nabla\mathbf{H}^2$, analog zum Zusammenhang zwischen dielektrophoretischer Kraft und dem elektrischen Feld $\mathbf{F}_{DEP} \sim \nabla\mathbf{E}^2$ (siehe Gleichung 3.5) [BRU08]. MAP- und DEP-Kräfte können zwar sehr ähnlich sein, durch intrinsische Nichtlinearitäten in den Stoffeigenschaften des magnetischen Materials jedoch auch sehr unterschiedlich.

Für ein magnetisches Partikel ($\chi_p > 0$) in einem diamagnetischen Medium wie Wasser ($\chi_m < 0$), ergibt sich für die Differenz der Suszeptibilitäten $\chi_p - \chi_m = \Delta\chi > 0$. Das Partikel wird ins Magnetfeld hineingezogen. Befindet sich ein diamagnetisches Partikel ($\chi_p < 0$) in einem paramagnetischen Medium wie einer Mg(II)-chloridlösung mit $\chi_m > 0$, folgt: $\chi_p - \chi_m < 0$. Das Partikel wird in diesem Fall aus dem Feld verdrängt. Ein Zahlenbeispiel für wirkende Kräfte, berechnet mit Gleichung (4.6) unter Einsetzen von $\mathbf{H} = \mathbf{B}/\mu_0$ für die zwei unterschiedlichen Magnetsysteme Permanentmagnet und Elektromagnet gibt Gijs für ein *Magnetic bead* mit dem Radius r = 0,5 µm und der Differenz der Suszeptibilitäten $\Delta\chi = 1$ [GIJ10, GIJ11]:

Permanentmagnet (∅ 5 mm): $B = 0{,}5\ \mathrm{T} \Rightarrow m = 2\cdot10^{-13}\ \mathrm{Am^2}$, $F_m = 4\cdot10^{-11}\ \mathrm{N} = 40\ \mathrm{pN}$

Planarspule (∅ 5 mm): $B = 5\ \mathrm{mT} \Rightarrow m = 2\cdot10^{-15}\ \mathrm{Am^2}$, $F_m = 4\cdot10^{-15}\ \mathrm{N} = 4\ \mathrm{fN}$

Spulen und Elektromagnete bieten demzufolge zwar eine höhere Flexibilität, da das Magnetfeld über den Spulenstrom einstellbar ist, zugleich aber eine deutlich kleinere Magnetkraft im Vergleich zu Permanentmagneten. Eine Möglichkeit einer Kombination von Flexibilität und hohen Kräften ist der Aufbau eines hybriden Systems, bestehend aus Spule und Permanentmagneten. Dies wurde experimentell nachvollzogen und bestätigt (s. Abschnitt 4.2.1).

Zuletzt soll noch ein Blick auf die NAVIER-STOKES-Gleichung für inkompressible Strömungen im Hinblick auf das Vorhandensein von *Magnetic beads* geworfen werden. Die NSG lautete als Dichtegleichung für inkompressible Fluide (Kapitel 2, Gleichung 2.2)

$$\rho\left(\frac{\partial}{\partial t}\mathbf{v} + (\mathbf{v}\cdot\nabla)\mathbf{v}\right) = -\nabla p + \eta\nabla^2\mathbf{v} + \mathbf{f}_{vol} \tag{4.9}$$

Unter Einbeziehung der *Magnetic beads* nimmt der letzte Term dieser Gleichung, die Volumenkraftdichte $\mathbf{f}_{vol}$, die Form $c\cdot\mathbf{F}_{MAP}$ an. Dabei bezeichnet c die Teilchendichte. Ergebnisse numerischer Simulationen unter Berücksichtigung der magnetophoretischen Kraft $\mathbf{F}_{MAP}$ lassen schlussfolgern, dass $\mathbf{F}_{MAP}$ nur bei so hohen Teilchenkonzentrationen von Bedeutung ist, bei denen der mittlere Abstand zwischen den *Magnetic beads* kleiner als 10 µm ist. Anschaulich betrachtet führt die Bewegung einzelner Beads in Proben mit hoher Teilchenkonzentration zur Ausbildung einer viskosen hydrodynamischen Kraft, die benachbarte Beads beeinflusst und mitreißt.

Viskose Kraft $\mathbf{F}_{vis}$:

Ein Partikel, das in einem Medium einen Mikrokanal durchströmt, erfährt eine viskose Kraft. Diese Kraft ist gleich dem Produkt aus STOKESscher Reibungskraft und einem Faktor als Maß für den Strömungswiderstand, den das Fluid dem Partikel entgegensetzt. Somit hängt die viskose Kraft von der dynamischen Viskosität η des Mediums, dem Partikelradius r, der durch das Magnetfeld verursachten Geschwindigkeit $\mathbf{v}_{mag}$ und dem Strömungswiderstandskoeffizienten c_w ab:

$$\mathbf{F}_{vis} = 6\pi\eta r\cdot\mathbf{v}_{\mathrm{mag}}\cdot c_w \tag{4.10}$$

Die Kraft $\mathbf{F}_{vis}$ ist der Magnetkraft $\mathbf{F}_{mag}$ entgegengesetzt, sodass auf ein einzelnes Bead in eindimensionaler Betrachtung in Strömungsrichtung folgende Kraft wirkt [GIJ11]:

$$\mathbf{F}_{x,vis} = -6\pi\eta r\cdot\Delta\mathbf{v}_x\cdot c_w \tag{4.11}$$

Für das *Magnetic bead* lässt sich nun durch Gleichsetzen von magnetischer Kraft aus Gleichung (4.4) und viskoser Kraft eine Grenzgeschwindigkeit definieren:

$$\mathbf{m}\frac{\partial \mathbf{B}}{\partial x} \stackrel{!}{=} -\mathbf{F}_{x,vis}$$

Bei Einsatz eines Permanentmagneten mit dem Durchmesser 5 mm aus obigem Zahlenbeispiel beträgt die Grenzgeschwindigkeit $\Delta v_x = 4{,}7$ mm/s. Bei einer Magnetfelderzeugung durch eine Planarspule mit dem Durchmesser 5 mm ergibt sich als Grenzgeschwindigkeit $\Delta v_x = 0{,}47$ µm/s. Die Transportgeschwindigkeit eines *Magnetic bead* ist in einem von Spulen erzeugten Magnetfeld in diesem Beispiel vier Größenordnungen kleiner und somit offensichtlich sehr gering im Vergleich zum Transport im vom Permanentmagneten generierten Feld.
Durch Gleichsetzen der Magnetkraft $\mathbf{F}_{mag}$ und der viskosen Kraft $\mathbf{F}_{vis}$, Einsetzen des Beadvolumens und Auflösen nach der Geschwindigkeit ergibt sich analog zu den Betrachtungen zur Elektrophorese in Abschnitt 3.2 die magnetophoretische Geschwindigkeit als Geschwindigkeitsdifferenz zum umgebenden Fluid [GIJ04, GIJ10]

$$\Delta \mathbf{v} = \frac{2r^2 \Delta\chi(\mathbf{B}\cdot\Delta)\mathbf{B}}{9\mu_0 \eta c_w} \equiv \frac{1}{\mu_0 c_w}\xi(\mathbf{B}\cdot\Delta)\mathbf{B} \tag{4.12}$$

mit der magnetophoretischen Mobilität

$$\xi \equiv \frac{2r^2\Delta\chi}{9\eta} = \frac{V\Delta\chi}{6\pi r\eta} \tag{4.13}$$

definiert in Analogie zur elektrophoretischen Mobilität (Gleichung 3.4).
Die Größe ξ beschreibt, in welchem Ausmaß ein Partikel in einem Fluid mit der Viskosität η magnetisch manipulierbar ist. Parameter, die ξ beeinflussen, sind Art, Menge und die interne Verteilung des magnetischen Materials im *Magnetic bead*, Eigenschaften des umgebenden Fluids sowie weitere, allgemein nicht näher spezifizierbare Faktoren [GIJ04, GIJ10].

VAN-DER-WAALS-Kraft $\mathbf{F}_{vdW}$:
Durch elektromagnetische Wechselwirkungen zwischen zwei permanenten Dipolen oder permanentem und induziertem Dipol entstehen anziehende Kräfte, die von dem niederländischen Physiker Johannes Diderik VAN DER WAALS entdeckt wurden und in seiner Dissertation aus dem Jahr 1873 beschrieben sind [WAL73]. Zwischen einem sphärischen Körper und einer ebenen Oberfläche beträgt die VAN-DER-WAALS-Kraft F_{vdW}

$$F_{vdW} = -\frac{A_{123}r}{6z^2}\left[\frac{1}{1+14z/\lambda_{ret}}\right] \tag{4.14}$$

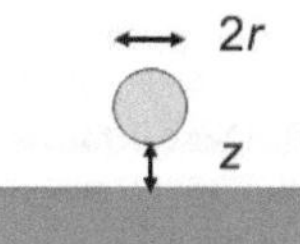

mit der HAMAKER-Konstanten A_{123} für ein Partikel (Material 1) auf einem Substrat (Material 2) in einem fluidischen Medium (Material 3). Der Wert dieser Konstanten liegt in der Größenordnung von 10^{-21} J, entsprechend 0,01 eV. Mit der charakteristischen Wechselwirkungslänge λ_{ret} von etwa 100 nm folgt als Zahlenwert für die VAN-DER-WAALS-Kraft [GRE81]: $F_{vdW} \approx (10^{-17} - 10^{-15})$ N = (0,01 - 1) fN.

Elektrostatische Kräfte:
Auf ein im Fluid befindliches Partikel wirken elektrostatische Kräfte, die durch Oberflächenladungen infolge von Ionenadsorption oder der Dissoziation von funktionellen Gruppen an der Oberfläche entstehen. Durch Anlagerung entgegengesetzt geladener Ionen aus dem Fluid können Ladungen an der Partikeloberfläche neutralisiert werden. Bei Überlappung der Doppelschichten zweier Oberflächen kommt es dann zu anziehenden oder abstoßenden elektrostatischen Kräften, die Partikel im Fluid beeinflussen.

Gravitationskraft *Fgrav:*

Die Gravitationskraft lässt sich durch den Ausdruck $\mathbf{F}_{grav} = -m_{\mathrm{Bead}} \cdot \mathbf{g}$ beschreiben mit der Gravitationsbeschleunigung **g**, die den Zahlenwert 9,81 m/s² hat, und der „Schwimmmasse" des *Magnetic bead* $m_{\mathrm{Bead}} = V(\rho - \rho_{\mathrm{fl}})$ unter Berücksichtigung der mittleren Dichte ρ des Beads und des umgebenden Fluids ρ_{fl}. Ein Zahlenbeispiel für MyOne™Dynabeads® (typischer Durchmesser: 1 μm) gibt ein Gefühl für die Größenordnung der Gravitationskraft: Diese ergibt für 1 μm große Magnetpartikel den Wert F_{grav} von $4 \cdot 10^{-15}$ N = 4 fN und eine Sinkgeschwindigkeit von 0,5 μm/s [GIJ10].

Abbildung 4.18 skizziert die Hauptrichtungen der auf ein *Magnetic bead* im Fluid wirkenden Kräfte: Magnetkraft $\mathbf{F}_{mag}$ und viskose Kraft $\mathbf{F}_{vis}$ sind einander entgegengesetzt ebenso wie dazu senkrecht wirkende elektrostatische Kräfte $\mathbf{F}_{el}$ und die Gravitationskraft $\mathbf{F}_{grav}$.

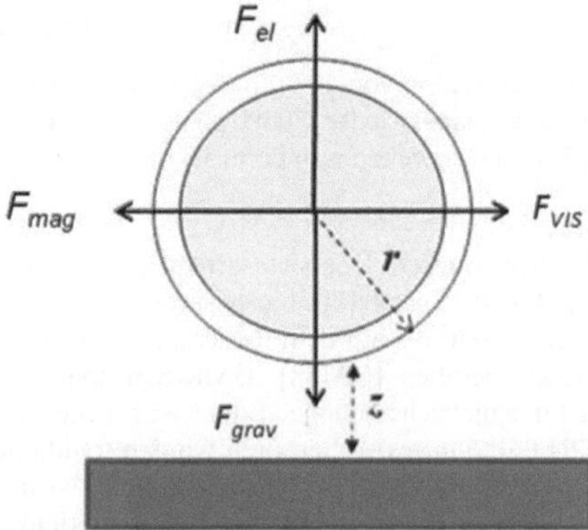

Abbildung 4.18: Hauptrichtungen der auf ein Magnetpartikel mit Radius *r* wirkenden Kräfte im Abstand *z* über einer Oberfläche in einem Fluid [GIJ10] © (2010) Springer, reprinted with permission

Zur Untersuchung der Diamagnetophorese im freien Fluss werden in einem paramagnetischen Medium dispergierte diamagnetische Partikel in einen mikrofluidischen Chip injiziert, die dem hydrodynamischen Fluss mit der Geschwindigkeit $\mathbf{v}_{hyd}$ folgen. Ein Magnetfeldgradient wird senkrecht zur Flussrichtung angelegt und bewirkt eine laterale Partikelabstoßung mit der Geschwindigkeit $\mathbf{v}_{mag}$. Die resultierende Ablenkgeschwindigkeit der Partikel $\mathbf{v}_{defl}$ ergibt sich aus der Summe dieser beiden Beiträge zu $\mathbf{v}_{defl} = \mathbf{v}_{hyd} + \mathbf{v}_{mag}$. Bei konstanter Flussrate $\mathbf{v}_{hyd}$ ist das Ausmaß der Ablenkung $\mathbf{v}_{defl}$ nur von der durch das Magnetfeld verursachten Geschwindigkeit $\mathbf{v}_{mag}$ abhängig, die wiederum von den auf die Partikel wirkenden magnetischen und viskosen Kräften $\mathbf{F}_{mag}$ und $\mathbf{F}_{vis}$ (Gleichungen 4.5, 4.6 und 4.10) abhängt:

$$\mathbf{v}_{mag} = \mathbf{F}_{\mathrm{mag}}/6\pi\eta r \cdot c_w = (\chi_{\mathrm{p}} - \chi_{\mathrm{m}})V(\mathbf{B}\cdot\Delta)\mathbf{B}/\mu_0 6\pi\eta r \cdot c_w \qquad (4.15)$$

Folglich wird $\mathbf{v}_{mag}$ bei konstantem angelegtem Magnetfeld und unveränderten Suszeptibilitäten des Partikels χ_p bzw. des Mediums nur durch den Partikelradius eingestellt. Dies erlaubt eine größenselektive Trennung der Partikel eines Gemischs.

Abbildung 4.19 zeigt das Ergebnis einer Berechnung, wie sich 10.000 *Magnetic beads* in einem Kanal relativ zu Mikroelektromagneten anordnen würden, wenn die Beads in äquidistanten Abständen in den mikrofluidischen Kanal bei einer Flussrate von 1 μℓ/min eingelassen werden. Abbildung 4.19a) ist zu entnehmen, dass sich viele Beads nahe dem Kanaleinlass absetzen würden. Dies ist auf die geringe Geschwindigkeit der Beads in Kanalbodennähe zurückzuführen. Über kurze Distanzen hat so die Gravitation einen maßgeblichen Einfluss. Bei einer druckgetriebenen Strömung, deren parabolisches HAGEN-POISEUILLE-Profil die Beadverteilung widerspiegelt, ist die Geschwindigkeit in der Kanalmitte am größten. Die Besetzungsdichte entlang des mikrofluidischen Kanals veranschaulicht Abbildung 4.19b). Jeder Besetzungspunkt ist maßstabsgetreu mit der Fluideintrittsgeschwindigkeit am Eintrittspunkt eines jeden Beads in den Kanal dargestellt. Dies ist zulässig, da die Einströmgeschwindigkeit der Beads proportional zur Fluideintrittsgeschwindigkeit ist, wenn man eine konstante Beadkonzentration voraussetzt. Da der Beadzustrom am Kanaleingang in Bodennähe gering ist, wird dort eine geringere reale Besetzungsdichte erwartet als man aus Abbildung 4.19a) ableiten könnte. Abbildung 4.19b) gibt eine realistischere Darstellung der experimentell zu erwartenden Beadverteilung im Kanal mit drei Mikroelektromagneten. Deutlich zu erkennen ist die Beadagglomeration an den inneren Polen der Elektromagnete – dort, wo das Magnetfeld am stärksten ist [SMI05].

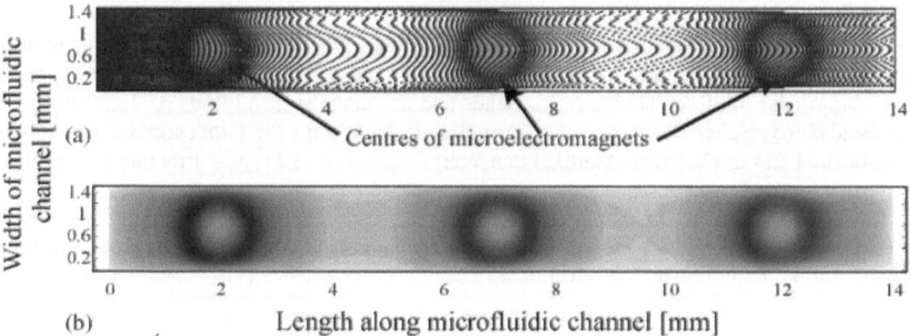

Abbildung 4.19: a) Berechnung der Trajektorien von 10.000 *Magnetic beads* mit gleichverteilten Ausgangspositionen bezüglich des linken Kanaleinlasses; jeder Punkt entspricht einem Bead, b) Besetzungsdichte abgeleitet aus a) [SMI05] © (2005) Elsevier, reprinted with permission

4.5 Detektionsverfahren

Llandro et al. erläutern und vergleichen in ihrem Übersichtsartikel die physikalischen Konzepte unterschiedlicher magnetischer Biosensortypen [LLA10]. Speziell für biosensortechnische Anwendungen wurden einige hoch empfindliche Magnetfeldsensoren entwickelt, die auf dem Riesenmagnetowiderstandseffekt (engl. *giant magneto-resistive effect,* kurz: GMR-Effekt) beruhen [BAI88]. GMR-Sensoren bestehen aus einer alternierenden Schichtfolge magnetischer und nichtmagnetischer dünner Filme, von denen ein mögliches Schichtsystem das Spinventil (engl. *spin-valve*) ist [FRE00]. *Spin-valve*-Sensoren wurden traditionell als Leseköpfe in Festplattenspeichern eingesetzt. Der elektrische Widerstand des Schichtstapels ändert sich in Abhängigkeit vom angelegten Magnetfeld. Ein Magnetpartikel in Sensornähe ändert somit das Magnetfeld, dem der Sensor ausgesetzt ist. Dieses wiederum verändert den Widerstand und kann über den Widerstand messtechnisch erfasst werden.

Beim Nachweis einer Feldstärke nahe Null sind die Möglichkeiten zur Sicherstellung der Erfassung aller Teilchen in einer Probe jedoch rasch erschöpft. Unterschiedliche Ansätze zur Lösung dieser Aufgabenstellung wurden vorgeschlagen. Eickenberg et al. geben eine detaillierte Beschreibung zu diesen Ansätzen, die von stehenden Ultraschallwellen bis hin zur Nutzung hydrodynamischer Effekte reichen und stellen ein eigenes, neuartiges Sensorkonzept basierend auf dem granularen GMR-Effekt in einem Gel vor. Das Prinzip ist wie folgt: Antikörper auf der Gel-Oberfläche binden an Antigene auf der Oberfläche der *Magnetic beads* in der fluidischen Probe. Das magnetische Streufeld der Beads verändert den Widerstand des Gels durch den granularen GMR-Effekt. Über die Messung dieser Widerstandsänderung erfolgen der Nachweis und die Quantifizierung der an die Gel-Oberfläche gebundenen Beads [EIC13]. Mit der magnetoresistiven Messung mikroskopisch kleiner Magnetpartikel befasste sich auch Weddemann in seiner Dissertation [WED11]. Die hauptsächliche Herausforderung liegt nach ihm in der Bereitstellung von Magnetfeldsensoren mit ausreichend hoher Empfindlichkeit.

Miniaturisierte GMR-Sensoren wurden in mehreren Forschergruppen zur Detektion von DNS-Hybridisierungsvorgängen verwendet [GRA04]. Dazu ist zunächst eine Immobilisierung der DNS-Proben erforderlich, die auf einer isolierenden Schicht über dem Sensor fixiert werden. Darüberströmende DNS-Moleküle hybridisieren mit den komplementären DNS-Strängen auf dem Sensor. Die hybridisierten Doppelstränge waren zuvor mit Dynabeads®-Magnetpartikeln vom Durchmesser 2,8 μm markiert worden und konnten so mit miniaturisierten GMR-Sensoren detektiert werden. In einer Versuchsanordnung wurde die Probe über einem Array aus 64 GMR-Sensoren angeordnet, die in acht Untergruppen für die Detektion von bis zu acht DNS-Sequenzen unterteilt war [MIL01].

Eine Forschergruppe des Naval Research Laboratory in Washington DC, USA, entwickelte einen "Bead Array Counter" (BARC)-Chip zur Immobilisierung und Detektion paramagnetischer Mikrobeads mit einem GMR-Sensorarray, die Rückschlüsse auf an der Substratoberfläche immobilisierte biologische Kampfwaffen erlauben [EDE00, RIF03]. Eine Erfassung bis zu einer Anzahl von zehn Magnetpartikeln pro Sensor wurde bewerkstelligt. Das Prinzip dieses Sensorchips basiert auf einer sandwichartigen Anordnung, in der das Zielmolekül – ähnlich wie im Sandwich-Immunkomplex aus Abbildung 4.7 – an einer Seite an die auf dem GMR-Sensor immobilisierte Probe und an der anderen Seite über spezifische Rezeptoren an ein *Magnetic bead* gebunden ist. Abbildung 4.20 zeigt schematisch einen BARC-Chip mit dem Sandwichsystem. Dieses Sandwichsystem besteht aus dem GMR-Sensorarray, dessen Oberfläche mit Polyethylenglykol (PEG) funktionalisiert ist, woran wiederum die DNS-Probe gebunden ist. Mit Streptavidin beschichtete *Magnetic beads*, die an die DNS-Moleküle binden, werden durch die darunter angeordneten GMR-Sensoren detektiert. (Ungebundene Moleküle und Beads werden vor der Messung durch Spülen entfernt, sodass dadurch keine Messergebnisse verfälscht werden können.) – Nebenbei bemerkt spielt Streptavidin neben Avidin in vielen mikrofluidischen Separationsprozessen eine bedeutende Rolle und wird näher in den Kapiteln 6 und 8 betrachtet.

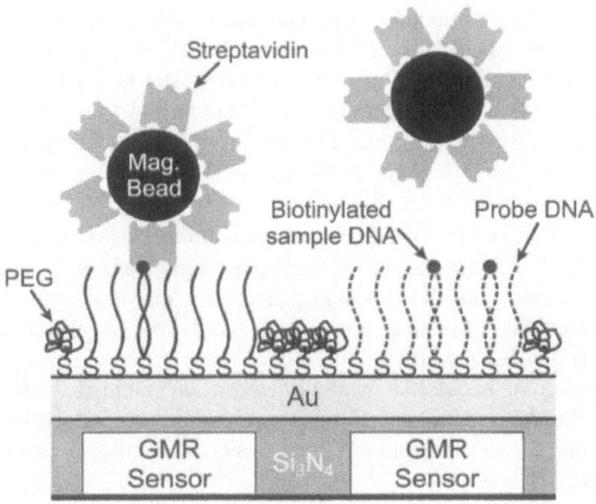

Abbildung 4.20: Schematische Darstellung der auf der Oberfläche des BARC-Chips ablaufenden Prozesse [EDE00] © (2000) Elsevier, reprinted with permission

Für die hochpräzise Messung der von magnetischen Nanopartikeln erzeugten, extrem kleinen Magnetfeldänderungen werden neben magnetoresistiven Sensoren SQUIDs verwendet. SQUID-Magnetometer können Oberflächen abrastern und ein magnetisches Mapping mit einer Messauflösung im Nanoteslabereich mit einer räumlichen Auflösung bis hinunter zu etwa 10 µm durchführen. Allerdings sind magnetisch abgeschirmte Räumlichkeiten und eine Kühlung für die Supraleiter erforderlich, da die Basiseinheit eines SQUID aus einem supraleitenden Ring besteht. Dies bringt einen zusätzlichen Aufwand in der Infrastruktur mit sich. Katsura et al. pumpten einen 8 mm langen Ferrofluidstopfen durch einen Schlauch mit einer Flussrate zwischen 0,3 mm/s und 1,1 mm/s und detektierten die Stopfenpropagation mit einem SQUID [KAT01]. Die Partikelgröße betrug 11 nm und die minimale Partikelzahl 100 Millionen. Die Autoren führten ebenfalls eine DNS-Hybridisierung durch und nutzten Magnetpartikel als Label. Nach dem Fortwaschen der ungebundenen magnetischen Label konnte die Hybridisierung mit dem SQUID-Scanner nachgewiesen werden.
Neben magnetoresistiven Verfahren und SQUID-Magnetometern kommen HALL-Sensoren für die Magnetfelddetektion in Frage und wurden für die Nanopartikelerfassung untersucht. Der nach dem US-amerikanischen Physiker nach Edwin Hall benannte HALL-Effekt tritt auf, wenn ein elektrischer Strom und ein Magnetfeld senkrecht zueinander über ein leitendes Material geleitet werden. Senkrecht zu beiden Feldern kann eine Änderung der elektrischen Spannung abgegriffen werden, die proportional zur Magnetfeldstärke ist. Miniaturisierte HALL-Sensoren mit einer Grundfläche von einigen zehn bis 100 µm² wurden aus Nickel oder Nickeleisenlegierungen (wie Permalloy) gefertigt und mit Drähten aus Aluminium verbunden. Nanopartikelcluster mit einer Partikelgröße von 250 nm und einzelne 2 µm große *Magnetic beads* konnten mit miniaturisierten HALL-Sensoren detektiert werden [EJS04, EJS05, VOL12]. Die Autoren heben das geringe Rauschen von HALL-Sensoren im Vergleich zu GMR-Sensoren oder einem SQUID hervor und fassen das von ihnen vorgeschlagene Sensorarray für eine Kartierung beispielsweise in Kombination mit der DNS-Hybridisierung ins Auge. Takamura et al. beschreiben nicht nur den Einsatz von HALL-Sensoren zum Nachweis nanometergroßer Magnetpartikel, sondern zeigen als Alternative eine Methode auf, die auf optischer Mikroskopie beruht und sub-200 nm große Magnetpartikel via kolumnarer Anordnungen erfasst [TAK15].
Abschließend soll die Methode der Kernspinresonanzspektroskopie (kurz NMR-Spektroskopie für engl. *nuclear magnetic resonance*) in Verbindung mit Mikro-Chips erwähnt werden. Die NMR-Spektroskopie ist eine der am häufigsten vertretenen spektroskopischen Methoden für die strukturelle Bestimmung und die dynamische Untersuchung von Molekülen. Darüber hinaus erlaubt diese Methode Konzentrationsbestimmungen mit hoher Auflösung. Mikrofluidik kombiniert mit NMR-Verfahren könnte Pamme zufolge die Messung kleinster Probevolumina ermöglichen [PAM06a]. Kakuta et al. nutzten zeitaufgelöste NMR-Spektroskopie in Kombination mit einem Mikromischer, um Änderungen der räumlichen Ausrichtung (der Konformation) von Proteinen in Abhängigkeit von der Lösungsmittelzusammensetzung einer Proteinlösung zu untersuchen [KAT03].

Verschiedene Gruppen haben Versuche unternommen, um die für die Erregung des Magnetfelds und die Detektion des NMR-Signals nötige Spule zu miniaturisieren und sie so dicht wie möglich am mikrofluidischen Kanal zu platzieren [GOL05]. Eine besondere Herausforderung ist dabei die Bereitstellung eines ausreichend starken und zugleich uniformen Magnetfelds, um einerseits eine ausreichende Sensitivität und andererseits eine hohe Auflösung zu erzielen. Dies erlegt dem Spulendesign sowie dem Design der mikrofluidischen Komponenten mit unterschiedlichen Herausforderungen verbundene Beschränkungen auf. Trumbull et al. beschrieben das erste Beispiel für NMR-Experimente auf einem Mikrofluidikchip [TRU00]: Eine planare einwindige Spule wurde dazu auf der Rückseite eines mikrofluidischen Glas-Chips integriert, der in der Bohrung eines 5,9 Tesla erzeugenden supraleitenden Magneten saß. Die Mikrospule wurde für die Pulstransmission und zur Detektion des Signals verwendet. Üblicherweise detektiert man das FID-Signal. FID steht für engl. *free induction decay* und bezeichnet die freie Relaxation nach der Anregung. Protonenspektren einer 30 nℓ umfassenden Probe aus einem Wasser-Ethanolgemisch konnte mit einer Linienbreite von 1,39 Hz gemessen werden. Massin et al. führten NMR-spektroskopische Untersuchungen mit einer dreiwindigen Kupfermikrospule durch, die auf Glas-Chips mit einer Volumenkapazität von 30 nℓ, 120 nℓ und 470 nℓ integriert waren [MAS02, MAS03]. Die Spulen hatten einen Durchmesser von bis zu 2 mm, und der Abstand zwischen Kanal und Spulen betrug 65 µm. In einem modifizierten NMR-Gerät konnten damit Spektren von 160 µg Saccharose in schwerem Wasser (D_2O) mit einer Linienbreite von größer als 1 Hz gemessen werden.

Die magnetische Partikeldetektion ist ersichtlich weit fortgeschritten, können doch *Magnetic beads* bis zum Einpartikelniveau hinunter detektiert werden. Eine Herausforderung besteht jedoch fortwährend in der Partikeldetektion bei Anwendungen, die auf Durchströmverfahren basieren, wenn die Beads nicht immobilisiert auf einem Träger eingesetzt werden.

Literatur zu Kapitel 4

[APP11] Applied BioCode Granted 2 Patents for its Barcoded Magnetic Beads Used in Highly Multiplexed MDx Testing. US-Patente 7,858,307 (2010) und 7,871,770 (2011). www.businesswire.com/news/home/20110125005821/en/Applied-BioCodeGranted-2-Patents-Barcoded-Magnetic-Beads

[BAI88] M. N. Baibich, J. M. Broto, A. Fert, F. Nguyen Van Dau, F. Petroff: Giant magnetoresistance of (001)Fe/(001) Cr magnetic superlattices. Physical Review Letters Vol. 61, no. 21, pp. 2472–2475, 1988

[BAR01] M. Barbic, J. J. Mock, A. P. Gray, S. Schultz: Scanning probe electromagnetic tweezers. Applied Physics Letters Vol. 79, pp. 1897-1899, 2001

[BDB] Datenblatt Cell Separation Magnet, (letzter Zugriff 20.11.2017) www.bdbiosciences.com/external_files/pm/doc/tds/cell_sep/live/web_enabled/552311.pdf

[BED08] M. Bedenbecker, R. Bandorf, G. Bräuer, H. Lüthje, H.H. Gatzen: Hard and Soft Magnetic Materials for Electromagnetic Microactuators. Microsystem Technologies Vol. 14, pp. 1949-1954, 2008

[BER01] M. Berger, J. Castelino, R. Huang, M. Shah, R. H. Austin: Design of a microfabricated magnetic cell separator. Electrophoresis Vol. 22, pp. 3883-3892, 2001

[BIG12] N. C. Bigall, W. J. Parak, D. Dorfs: Fluorescent, magnetic and plasmonic – Hybrid multifunctional colloidal nano objects. Nano Today Vol. 7, pp. 282-296, 2012

[BLA98] G. Blankenstein, U. D. Larsen: Modular concept of a laboratory on a chip for chemical and biochemical analysis. Biosensors & Bioelectronics Vol. 13, pp. 427-438, 1998

[BOS13] K. Skucha, S. Gambini, P. Liu, M. Megens, J. Kim, B. E. Boser Fellow, IEEE: Design Considerations for CMOS-Integrated Hall-Effect Magnetic Bead Detectors for Biosensor Applications. J. Microelectromechanical Systems Vol. 22, no. 6, pp. 1327-1338, 2013

[BRU08] H. Bruus: Theoretical Microfluidics. Oxford University Press 2008

[CHE09] J. Chen, B. Lim, E. P. Lee, Y. Xia: Shape-controlled synthesis of platinum nanocrystals for catalytic and electrocatalytic applications. Nano Today Vol. 4, pp. 81-95, 2009

[CHE11] J. Chen, L. Rissing: Electroplating Hard Magnetic SmCo for Magnetic Microactuators Applications. J. of Applied Physics Vol. 109, No. 7, 07A766, 2011

[CHO01] J.-W. Choi, T. M. Liakopoulos, Ch. H. Ahn: An on-chip magnetic bead separator using spiral electromagnets with semi-encapsulated permalloy. Biosensors and Bioelectronics Vol. 16, pp. 409-416, 2001

[CHR01] N. Chronis, W. Lam, L. Lee, in Micro Total Analysis Systems 2001, edited by. J. M. Ramsey, A. v. d. Berg, Kluwer Academic Publishers, Monerey, USA, 2001, pp. 497

[COL12] M. Colombo, S. C. Romero, M. F. Casula, L. Gutiérrez, M. P. Morales, I. B. Böhm, J. T. Heverhagen, D. Prosperi, W. J. Parak: Biological applications of magnetic nanoparticles. Chemical Society Reviews Vol. 41, pp. 4306-4334, 2012

[COR11] R. Di Corato, N. C. Bigall, A. Ragusa, D. Dorfs, A. Genovese, R. Marotta, L. Manna, T. Pellegrino: Multifunctional Nanobeads Based on Quantum Dots and Magnetic Nanoparticles: Synthesis and Cancer Cell Targeting and Sorting. ACS Nano Vol. 5, pp. 1109-1121, 2011

[DAV06] P. A. Davidson: An introduction to magnetohydrodynamics. Cambridge University Press, Cambridge 2006, ISBN 978-0-521-79487-9

[DEN01] T. Deng, G. M. Whitesides, M. Radhakrishnan, G. Zabow, M. Prentiss: Manipulation of magnetic microbeads in suspension using micromagnetic systems fabricated with soft lithography. Applied Physics Letters Vol. 78, pp. 1775-1777, 2001

[DER07] R. J. S. Derks, A. Dietzel, R. Wimberger-Friedl, M. W. J. Prins: Magnetic bead manipulation in a sub-microliter fluid volume applicable for biosensing. Microfluidics Nanofluidics Vol. 3, pp. 141-149, 2007

[DER10] R. J. S. Derks, A. J. H. Frijns, M. W. J. Prins, A. Dietzel: Multibody interactions of actuated magnetic particles used as fluid drivers in microchannels. Microfluidics Nanofluidics Vol. 9, pp. 357-364, 2010

[EBE08] P. Eberhardt: Entwicklung eines mikrofluidischen Systems zur Handhabung von Magnetpartikeln. Dissertation Universität Karlsruhe (TH), Fakultät für Maschinenbau, KIT Scientific Publishing, 2008, ISBN: 978-3-86644-290-0

[EDE00] R. L. Edelstein, C. R. Tamanaha, P. E. Sheehan, M. M. Miller, D. R. Baselt, L. J. Whitman, R. J. Colton: The BARC biosensor applied to the detection of biological warfare agents. Biosensors and Bioelectronics Vol. 14, pp. 805-813, 2000

[EIC13] B. Eickenberg, J. Meyer, L. Helmich, D. Kappe, A. Auge, A. Weddemann, F. Wittbracht, A. Hütten: Review: Lab-on-a-Chip Magneto-Immunoassays: How to Ensure Contact between Superparamagnetic Beads and the Sensor Surface. Biosensors Vol. 3, pp. 327-340, 2013

[EJS04] L. Ejsing, M. F. Hansen, A. K. Menon, H. A. Ferreira, D. L. Graham, P. P. Freitas: Planar Hall effect sensor for magnetic micro- and nanobead detection. Applied Physics Letters Vol. 84, no. 23, pp. 4729-4731, 2004

[EJS05] L. Ejsing, M. F. Hansen, A. K. Menon, H. A. Ferreira, D. L. Graham, P. P. Freitas: Magnetic microbead detection using the planar Hall effect. J. of Magnetism and Magnetic Materials Vol. 293, pp. 677-684, 2005

[FIG10] A. Figuerola, R. Di Corato, L. Manna, T. Pellegrino: From iron oxide nanoparticles towards advanced iron-based inorganic materials designed for biomedical applications. Pharmacological Research Vol. 62, pp. 126-142, 2010

[FLI09] E. Flick, A. Belski, W. Li, G. Steinhoff, H. H. Gatzen: Magnetic Microactuator for Controlling Nanoparticles in Gene Delivery Applications. IEEE Transactions on Magnetics Vol. 45, No. 10, pp. 4869-4872, 2009

[FRE00] P. P. Freitas, F. Silva, N. J. Oliveira, L. V. Melo, L. Costa, N. Almeida: Spin valve sensors. Sensors and Actuators A Phys. Vol. 81, pp. 2-8, 2000

[FUR07] E. P. Furlani, Y. Sahoo, K. C. Ng, J. C. Wortman, T. E. Monk: A model for predicting magnetic particle capture in a microfluidic bioseparator. Biomedical Microdevices Vol. 9, pp. 451-463, 2007

[GAT07] H. H. Gatzen, C. Ruffert: Advances in Magnetic Micro Thin-film Transducers. ECS Transactions Vol. 3, Issue 25, pp. 203-221, 2007

[GAT09] H. H. Gatzen, C. Ruffert, M. C. Wurz, E. Flick: Magnetische Mikrosysteme für Wandleranwendungen. Magnetic Micro Electro-mechanical Systems (MEMS) for Transducer Applications. Proc. Mikrosystemtechnik-Kongress 2009, Berlin, Deutschland, S. 425-428, 2009

[GIJ04] M. A. M. Gijs: Magnetic bead handling on-chip: new opportunities for analytical applications. Microfluidics and Nanofluidics Vol. 1, pp. 22-40, 2004

[GIJ10] M. A. M. Gijs, F. Lacharme, U. Lehmann: Microfluidic Applications of Magnetic Particles for Biological Analysis and Catalysis. Chemical Review Vol. 110, pp. 1518-1563, 2010

[GIJ11] H. Bruus, M. A. M. Gijs, Th. Lehnert:
Vorlesungsskript "Basics of microfluidics (MICRO-714)", 2011, EPFL Lausanne, Schweiz

[GOD10] N. Godino, D. Snakenborg, J. P. Kutter, et al.: Construction and characterisation of a modular microfluidic system: coupling magnetic capture and electrochemical detection.
Microfluidics and Nanofluidics Vol. 8, p. 393-402, 2010

[GOL05] A. G. Goloshevsky, J. H. Walton, M. V. Shutov, J. S. de Ropp, S. D. Collins, M. J. McCarthy: Development of low field nuclear magnetic resonance microcoils.
Review of Scientific Instruments Vol. 76, 024101 (7p.), 2005

[GOM14] L. Gomez, V. Sebastian, S. Irusta, A. Ibarra, M. Arruebo, J. Santamaria:
Scaled-up production of plasmonic nanoparticles using microfluidics: from metal precursors to functionalized and sterilized nanoparticles. Lab Chip Vol. 14, pp. 325-332, 2014

[GRA04] D. L. Graham, H. A. Ferreira, N. Feliciano, P. P. Freitas, L. A. Clarke, M. D. Amaral:
Magnetic field-assisted DNA hybridisation and simultaneous detection using micron-sized spin-valve sensors and magnetic nanoparticles.
Sensors and Actuators B: Chemical Vol. 107, pp. 936-944, 2005

[GRE81] J. Gregory: Approximate expressions for retarded van der waals interaction.
J. of Colloid Interface Science Vol. 83, pp. 138-145, 1981

[HAN06] K.-H. Han, A. B. Frazier: Paramagnetic capture mode magnetophoretic microseparator for high efficiency blood cell separations. Lab Chip Vol. 6, pp. 265-273, 2006

[HIC08] B. Hickstein, U. A. Peuker: Characterization of protein capacity of nanocation exchanger particles as filling material for functional magnetic beads for bioseparation purposes.
Biotechnology Progress Vol. 24, pp. 409-416, 2008

[HIR07] N. Hirota, A. Iles, N. Pamme, in Proc. of microTAS 2007 Conf., ed. J.-L. Viovy, p. 212, 2007

[HO08] W. Z. Ho, J. Collins: Apparatus and method for digital magnetic beads analysis.
Patent application number: 20080234144, 2008

[HÜT04] A. Hütten, D. Sudfeld, I. Ennen, G. Reiss, W. Hachmann, U. Heinzmann, K. Wojczykowski, P. Jutzi, W. Saikaly, G. Thomas:
New magnetic nanoparticles for biotechnology. J. of Biotechnology Vol. 112, pp. 47-63, 2004

[ING04] D. W. Inglis, R. Riehn, R. H. Austin, J. C. Sturm:
Continuous microfluidic immunomagnetic cell separation.
Applied Physics Letters Vol. 85, pp. 5093-5095, 2004

[JAN] Jansson Diagnostics LLC, South Raritan, NJ, USA: Cell Search®.
https://www.cellsearchctc.com/product-systems-overview/cellsearch-ctc-kit
(letzter Zugriff 20.11.2017)

[JIN12] J. Jing, Y. Zhang, J. Liang, Q, Zhang, E. Bryant, C. Avendano, V. L. Colvin, Y. Wang, W. Li, W. W. Yu: One-step reverse precipitation synthesis of water-dispersible superparamagnetic magnetite nanoparticles. J. of Nanoparticle Research Vol. 14, pp. 827-837, 2012

[JOR01] A. Jordan, R. Scholz, K. Maier-Hauff, M. Johannsen, P. Wust, J. Nadobny, H. Schirra, H. K. Schmidt, S. Deger, S. Loening, W. Lanksch, R. Felix:
Presentation of a new magnetic field therapy system for the treatment of human solid tumors with magnetic fluid hyperthermia.
J. of Magnetism and Magnetic Materials Vol. 225, pp. 118-126, 2001

[KAI11] M. Kaiser, E. Flick, L. Rissing:
Mikroaktor zur Manipulation von Nanopartikeln zum Gentransfer.
Proceedings Mikrosystemtechnik-Kongress 2011, Darmstadt, Deutschland, VDE Verlag GmbH, ISBN 978-3-8007-3367-5, S. 677-680, 2011

[KAT01] Sh. Katsura, T. Yasuda, K. Hirano, A. Mizuno, S. Tanaka:
Development of a new detection method for DNA molecules.
Superconductor Science and Technology Vol. 14, pp. 1131-1134, 2001

[KAT03] M. Kakuta, D. A. Jayawickrama A. M. Wolter, A. Manz, J. V. Sweedler:
Micromixer-Based Time-Resolved NMR: Applications to Ubiquitin Protein Conformation.
Analytical Chemistry Vol. 75, pp. 956-960, 2003

[KIM05] K. S. Kim, J.-K. Park:
Magnetic force-based multiplexed immunoassay using superparamagnetic nanoparticles in microfluidic channel. Lab Chip Vol. 5, pp. 657-664, 2005

[KIR] B. J. Kirny, Nanofluidics Laboratory, Cornell University, NY, USA
http://www.kirbyresearch.com/index.cfm/wrap/textbook/microfluidicsnanofluidicsse112.html

[KIT06] Ch. Kittel: Einführung in die Festkörperphysik. Oldenburg Verlag, 2006

[KUR88] N. Kurti: Selected Works of Louis Néel.
Gordon and Breach Science Publishers, London, UK, pp. 405-427, 1988

[LEE04] H. Lee, A. M. Purdon, V. Chu, R. M. Westervelt;
Controlled assembly of magnetic nanoparticles from magnetotactic bacteria using microelectromagnets arrays. Nano Letters Vol. 4, pp. 995-998, 2004

[LEH08] U. Lehmann: Manipulation of magnetic microparticles in liquid phases for on-chip biomedical analysis methods.
Dissertation, EPFL, Institute for Microsystems LMIS2, Lausanne, Schweiz, 2008

[LLA10] J. Llandro, J. J. Palfreyman, A. Ionescu, C. H. W. Barnes:
Magnetic biosensor technologies for medical applications: a review.
Medical & Biological Engineering & Computing Vol. 48, pp. 977-998, 2010

[LOV03] J. C. Love, A. R. Urbach, M. G. Prentiss, G. M. Whitesides: Three-Dimensional Self-Assembly of Metallic Rods with Sub-Micron Diameters Using Magnetic Interactions.
J. of the American Chemical Society Vol. 125, pp. 12704-12705, 2003

[MAG08] MagPro²Life, Projekt im 7. EU-Rahmenprogram FP7-NMP
http://tu-freiberg.de/fakult4/mvtat/pdf/funktionspartikel.pdf

[MAH11] M. Mahmoudi, S. Sant, B. Wang, S. Laurent, T. Sen:
Superparamagnetic iron oxide nanoparticles (SPIONs):
Development, surface modification and applications in chemotherapy.
Advanced Drug Delivery Reviews Vol. 63, pp. 24-46, 2011

[MAS02] C. Massin, G. Boero, F. Vincent, J. Abenhaim, P.-A. Besse, R. S. Popovic:
High-Q factor RF planar microcoils for micro-scale NMR spectroscopy.
Sensors and Actuators A: Physical Vol. 97-98, pp. 280-288, 2002

[MAS03] C. Massin, F. Vincent, A. Homsy, K. Ehrmann, G. Boero, P.-A. Besse,
A. Daridon, E. Verpoorte, N. F. de Rooij, R. S. Popovic: Planar microcoil-based microfluidic NMR probes. J. of Magnetic Resonance Vol. 164, pp. 242-255, 2003

[MAT10] M. Matteucci, F. G. H. Homburg, S. van Pelt, A. Dietzel:
A reconfigurable superparamagnetic bead filter for microfluidic detection of bio-material.
Microelectronic Engineering Vol. 87, pp. 742-746, 2010

[MIK05] Ch. Mikkelsen, H. Bruus: Microfluidic capturing-dynamics of paramagnetic bead suspensions.
Lab Chip Vol. 5, pp. 1293-1297, 2005

[MIL90] S. Miltenyi, W. Müller, W. Weichel, A. Radbruch: High gradient magnetic cell separation with MACS. Cytometry Vol. 11, pp. 231-238, 1990

[MIL01] M. M. Miller, P. E. Sheehan, R. L. Edelstein, C. R. Tamanaha, L. Zhong, S. Bounnak,
L. J. Whitman, R. J. Colton: A DNA array sensor utilizing magnetic microbeads and magnetoelectronic detection. J. of Magnetism and Magnetic Materials Vol. 225, pp. 138-144, 2001

[NA09] H. B. Na, I. Ch. Song, T. Hyeon: Inorganic Nanoparticles for MRI Contrast Agents.
Advanced Materials Vol. 21 pp. 2133-2148, 2009

[PAM04] N. Pamme, A. Manz: On-Chip Free-Flow Magnetophoresis:
Continuous Flow Separation of Magnetic Particles and Agglomerates.
Analytical Chemistry Vol. 76, pp. 7250-7256, 2004

[PAM06a] N. Pamme: Magnetism and Microfluidics. Lab Chip Vol. 6, pp. 24-38, 2006
http://pubs.rsc.org/en/content/articlelanding/2006/lc/b513005k#!divAbstract

[PAM06b] N. Pamme, J. C. T. Eijkel, A. Manz: On-chip free-flow magnetophoresis:
Separation and detection of mixtures of magnetic particles in continuous flow. J. of Magnetism and Magnetic Materials Vol. 307, pp. 237-244, 2006

[PAM06c] N. Pamme, C. Wilhelm: Continuous sorting of magnetic cells via on-chip free-flow magnetophoresis. Lab Chip Vol. 6, pp. 974-980, 2006

[PAM07] N. Pamme: Continuous flow separations in microfluidic devices.
Lab Chip Vol. 7, pp. 1644-1659, 2007
http://pubs.rsc.org/en/content/articlelanding/2007/lc/b712784g#!divAbstract

[PAM12] N. Pamme: On-chip bioanalysis with magnetic particles.
Current Opinion in Chemical Biology Vol. 16, pp. 243-246, 2012

[PAN03] Q. A. Pankhurst, J. Connolly, S. K. Jones, J. Dobson: Applications of magnetic nanoparticles in biomedicine. J. of Physics D: Applied Physics Vol. 36, R167-R181, 2003

[PEK05] N. Pekas, M. Granger, M. Tondra, A. Popple, M. D. J. Porter:
Magnetic particle diverter in an integrated microfluidic format.
J. of Magnetism and Magnetic Materials Vol. 293, pp. 584-588, 2005

[PEY09] S. A. Peyman, E. Y. Kwan, O. Margarson, A. Iles, N. Pamme: Diamagnetic repulsion – A versatile tool for label-free particle handling in microfluidic devices. J. of Chromatography A Vol. 1216, pp. 9055-9062, 2009

[QIA09] R. Qiao, Ch. Yanga, M. Gao: Superparamagnetic iron oxide nanoparticles: from preparations to in vivo MRI applications. J. of Materials Chemistry Vol. 19, pp. 6274-6293, 2009

[R&D] R&D Systems Inc., Minneapolis, MN, USA: MagCellect™ Cell Selection Kits www.rndsystems.com/product_detail_objectname_MagCellectKits.aspx (letzter Zugriff 21.11.2017)

[RAM04] Q. Ramadan, V. Samper, D. Poenar, Ch. Yu: On-chip micro-electromagnets for magnetic-based bio-molecules separation. J. of Magnetism and Magnetic Materials Vol. 281, pp. 150-172, 2004

[RAM06a] Q. Ramadan, V. Samper, D. Poenar, Ch. Yu: An integrated microfluidic platform for magnetic microbeads separation and confinement. Biosensors and Bioelectronics Vol. 21, pp. 1693-1702, 2006

[RAM06b] Q. Ramadan, Ch. Yu, V. Samper, D. Poenar: Microcoils for transport of magnetic beads. Applied Physics Letters Vol. 88, 032501, 2006; doi: 10.1063/1.2149150

[RAM10] Q. Ramadan, L. Christophe, W. Teo, L. ShuJun, F. H. Hua: Flow-through immunomagnetic separation system for waterborne pathogen isolation and detection: Application to Giardia and Cryptosporidium cell isolation. Analytica Chimica Acta Vol. 673, pp. 101-108, 2010

[REE14] A. van Reenen, A. M. de Jong, J. M. J. den Toonder, M. W. J. Prins: Integrated lab-on-chip biosensing systems based on magnetic particle actuation – a comprehensive review. Lab Chip Vol. 14, pp. 1966-1986, 2014 http://pubs.rsc.org/en/content/articlepdf/2014/lc/c3lc51454d

[RID04] A. Rida, M. A. M. Gijs: Manipulation of Self-Assembled Structures of Magnetic Beads for Microfluidic Mixing and Assaying. Analytical Chemistry Vol. 76, pp. 6239-6246, 2004

[RIF03] J. C. Rife, M. M. Miller, P. E. Sheehan, C. R. Tamanaha, M. Tondra, L. J. Whitman: Design and performance of GMR sensors for the detection of magnetic microbeads in biosensors. Sensors and Actuators A: Physical Vol. 107, pp. 209-218, 2003

[RUF06a] C. Ruffert, M. Feldmann, S. Büttgenbach, H.-H. Gatzen: Fabrication of functional components for electromagnetic microactuators. Microsystem Technologies Vol. 12, pp. 670-675, 2006

[RUF06b] C. Ruffert, R. Gehrking, B. Ponick, H.-H. Gatzen: Magnetic Levitation Assisted Guide for a Linear Microactuator. IEEE Transactions on Magnetics Vol. 42, No. 11, S. 3785-3787, 2006

[RUF07a] C. Ruffert: Entwicklung und Aufbau einer Magnetführung für einen Mikrolinearmotor. Dissertation, Leibniz Universität Hannover, Fakultät für Maschinenbau, 2007, ISBN 978-3-939026-55-6, ISSN 1861-2393, ISBN 978-3-939026-55-6

[RUF07b] C. Ruffert, J. Li, B. Denkena, H.-H. Gatzen: Development and Evaluation of an Active Magnetic Guide for Microsystems with an Integrated Air Gap Measurement System. IEEE Transactions on Magnetics Vol. 43, No. 6, pp. 2716-2718, 2007

[RUF07c] C. Ruffert, H.-H. Gatzen: Design and Technology of a Magnetic Levitation System for Linear Micro Actuators. Proc. ASME 2007, Las Vegas, Nevada, USA, DETC2007-34676, ISBN 0-7918-3806-4, 2007

[RUF08] C. Ruffert, H. H. Gatzen: Fabrication and Test of Multi Layer Micro Coils with a High Packaging Density. HARMST2007, Besançon, France, Microsystem Technologies Vol. 14, pp. 1589-1592, 2008

[RUF16a] C. Ruffert: Review: Magnetic bead – magic bullet. Micromachines, Vol. 7, p. 21 (17pp), 2016, doi: 10.3390/mi7020021

[RUF16b] C. Ruffert: Aus der (Hoch)schule. Papierbasierte mikrofluidische Systeme. CHEMKON, Vol. 23, pp. 181-187, 2016, Wiley, doi: 10.1002/ckon.201610286

[SAJ14] P. Sajeesh, A. K. Sen: Particle separation and sorting in microfluidic devices: a review. Microfluidics and Nanofluidics Vol. 17, pp. 1-52, 201, 2014

[SCH99] D. Schuler, R. B. Frankel: Bacterial magnetosomes: microbiology, biomineralization and biotechnological applications. Applied Microbiology and Biotechnology Vol. 52, pp. 464-473, 1999

[SEI04] S. Seidemann, T. Kohlmeier, M. Föhse, H. H. Gatzen, S. Büttgenbach:
High Aspect Ratio Spiral and Helical Micro Coils for Actuator Applications.
HARMST03, Monterey, CA, USA, Microsystem Technol. Vol. 9, pp. 542/0398, 2004

[SIE06] A. C. Siegel, S. S. Shevkoplyas, D. B. Weibel, D. A. Bruzewicz, A. W. Martinez, G. M. Whitesides:
Cofabrication of Electromagnets and Microfluidic Systems in Poly(dimethylsiloxane).
Angewandte Chemie International Edition Vol. 45, pp. 6877-6882, 2006

[SIV10] V. Sivagnanam: Microfluidic Immunoassays Based on Self-Assembled Magnetic Bead Patterns and Time-Resolved Luminescence Detection. Thèse EPFL, no. 4644, 2010

[SMI05] K. Smistrup, O. Hansen, H. Bruus, M. F. Hansen: Magnetic separation in microfluidic systems using microfabricated electromagnets – experiments and simulations.
J. of Magnetism and Magnetic Mat. Vol. 293, pp. 597-604, 2005

[SMI06] K. Smistrup, T. Lund-Olesen, M. F. Hansen, P. T. Tang:
Microfluidic magnetic separator using an array of soft magnetic elements.
J. of Applied Physics Vol. 99, 08P102, 2006

[SON09] S.-H. Song, S.-H. Song, B.-S. Kwak, J.-S. Park, W. Kim, H.-I. Jung:
Novel application of Joule heating to maintain biocompatible temperatures in a fully integrated electromagnetic cell sorting system.
Sensors and Actuators A: Physical Vol. 151, pp. 64-70, 2009

[STE] StemCell Technologies Inc., Vancouver, BC, Canada:
https://www.stemcell.com/products/brands/easysep.html (letzter Zugriff 21.11.2017)

[TAK15] T. Takamura, P. J. Ko, J. Sharma, R. Yukino, Sh. Ishizawa, A. Sandhu:
Review: Magnetic-Particle-Sensing Based Diagnostic Protocols and Applications.
Sensors Vol. 15, pp. 12983-12998, 2015

[TEK13a] C. Tekin, M. A. M. Gijs:
Ultrasensitive protein detection: a case for microfluidic magnetic bead-based assays.
Lab Chip Vol. 13, p. 4711-4759, 2013

[THA12] N. T. K. Thanh: Magnetic Nanoparticles – From Fabrication to Clinical Applications.
CRC Press 2012, Print ISBN: 978-1-4398-6932-1, eBook ISBN: 978-1-4398-6933-8

[TON01] M. Tondra, M. Granger, R. Fuerst, M. Porter, C. Nordman, J. Taylor, S. Akou:
Design of integrated microfluidic device for sorting magnetic beads in biological assays.
Transactions on Magnetics Vol. 37, No. 4, pp. 2621-2623, 2001

[TRU00] J. D. Trumbull, I. K. Glasgow, D. J. Beebe, R. L. Magin:
Integrating microfabricated fluidic systems and NMR spectroscopy.
IEEE Transactions on Biomedical Engineering Vol. 47, pp. 3-7, 2000

[VAR11] V. K. Varadan, L. F. Chen, J. Xie:
Nanomedicine design and applications of magnetic nanomaterials, nanosensors and nanosystems. John Wiley & Sons, 1st Edition, ISBN 978-0-470-03351-7, 2008

[VOJ12] M. Vojtisek, M. Tarn, N. Hirota, N. Pamme:
Microfluidic devices in superconducting magnets: on-chip free-flow diamagnetophoresis of polymer particles and bubbles. Microfluidics and Nanofluidics Vol. 13, pp. 625-635, 2012

[VOL12] M. Volmer, M. Avram:
Microbeads detection using spin-valve planar Hall effect sensors.
J. of Nanoscience and Nanotechnology Vol. 12, pp. 7456-7459, 2012

[WAL73] J. D. van der Waals: Over de Continuiteit van den Gas- en Vloeistoftoestand.
(Die Kontinuität des gasförmigen und des flüssigen Zustands.)
Dissertation, Leiden, Niederlande, 1873

[WED09] A. Weddemann: A finite element analysis of a microfluidic lab-on-a-chip system employing magnetic carriers for biomedical applications.
Dissertation Universität Bielefeld, 2009

[WED11] A. Weddemann: Magnetic beads for microfluidic lab-on-a-chip devices:
A finite element model of a total analysis system: from transport and separation to positioning and magnetoresistive detection. Südwestdeutscher Verlag für Hochschulschriften,
ISBN-10: 3838118677, ISBN-13: 978-3838118673, 2011

[WIR04] R. Wirix-Speetjens, J. de Boeck:
On-chip magnetic particle transport by alternating magnetic field gradients.
IEEE Transactions on Magnetics Vol. 40, pp. 1944-1946, 2004

[XIA06] N. Xia, T. P. Hunt, B. T. Mayers, E. Alsberg, G. M. Whitesides, R. M. Westervelt, D. E. Ingber:
Combined microfluidic-micromagnetic separation of living cells in continuous flow.
Biomedical Microdevices Vol. 8, pp. 299-308, 2006

[YUN09] C. W. Yung, J. Fiering, A. J. Mueller, D. E. Ingber:
Micromagnetic–microfluidic blood cleansing device.
Lab Chip Vol. 9, pp. 1171-1177, 2009

[ZBO99] M. Zborowski, L. P. Sun, L. R. Moore, P. S. Williams, J. J. Chalmers:
Continuous cell separation using novel magnetic quadrupole flow sorter.
J. of Magnetism and Magnetic Materials Vol. 194, pp. 224-230, 1999

[ZBO03] M. Zborowski, G. R. Ostera, L. R. Moore, R. Lee, S. Milliron, J. J. Chalmers, A. N. Schechter: Red blood cell magnetophoresis.
Biophysical Journal Vol. 84, pp. 2638-2645, 2003

[ZBO08] M. Zborowski, J. J. Chalmes (Hrsg.): Magnetic cell separation.
Amsterdam [u.a.]: Elsevier, 2008

[ZHA08] L. Zhang, S. Qiao, Y. Jin, H. Yang, S. Budihartono, F. Stahr, Z. Yan, X. Wang, Z. Hao, G. Q. Lu: Fabrication and size-selective bioseparation of magnetic silica nanospheres with highly ordered periodic mesostructure.
Advanced Functional Materials Vol. 18, pp. 3203-3212, 2008

5 Technologien und Materialien für mikrofluidische Systeme

Bei der Erschließung neuer Gebiete greift man gern auf Bekanntes und Bewährtes zurück, und so wurden erste mikrofluidische Systeme in klassischer Dünnfilmtechnik mit Silizium und Glas als Materialien gefertigt [KOE99, KOV98, STJ98] – ähnlich wie beim Aufkommen der Mikrosystemtechnik Prozesse der Halbleitertechnologie adaptiert wurden [RAZ04, WAL04]. Dieser konventionelle dünnfilmtechnische Fertigungsansatz zeichnet sich durch eine hohe Präzision sowie eine exzellente Reproduzierbarkeit aus. Einen weiteren Vorteil bildet die gute Beständigkeit der eingesetzten Werkstoffe gegen Chemikalien. Mit Fotolithografie werden strukturierte Masken erzeugt, die beim Ätzen in Silizium oder Glas die gewünschten lateralen Geometrien vorgeben. Die Deckelung mit einem optisch transparenten Glas-Chip erlaubt die direkte Beobachtung der Vorgänge in den mikrofluidischen Kanalstrukturen.

Die Prozesse der Dünnfilmtechnik sollen hier nicht näher erläutert werden, da sie in der Mikrofluidik eine geringe Bedeutung haben und umfangreiche Fachliteratur dazu verfügbar ist [BÜT91, FRE87, HEU89, MEN93, OHR01, VOS78, VOS91]. Dünnfilmtechnische Prozesse werden allerdings fortwährend bei der Herstellung von Masterformen für die anschließende replikative Fertigung mikrofluidischer Systeme genutzt, wie aus Abbildung 5.1 links unten ersichtlich ist. Fertigungsverfahren mit dem Fokus auf mikrofluidischen Systemen beschreiben eingehend Herold und Nguyen [HER09, NGU04]. Sie werden im Folgenden näher betrachtet.

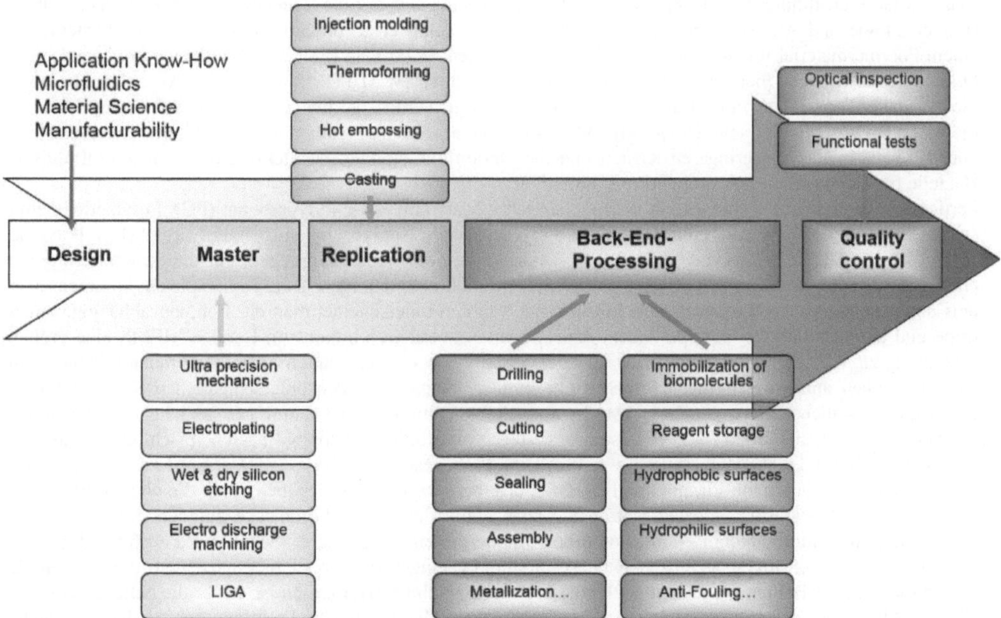

Abbildung 5.1: Übersicht über Polymerreplikationsverfahren – Ablauf und mögliche Varianten
Quelle: Vortrag H. Becker/microfluidic ChipShop, MicroTAS-Konferenz 2013,
mit freundlicher Genehmigung der microfluidic ChipShop GmbH

Technologien

Die in der Mikrofluidik genutzten Fertigungsverfahren fasst man unter dem Begriff Weichlithografie oder Softlithografie (von engl. *Soft Lithography*) zusammen, da man zur Herstellung von Replika der Ursprungsform elastomerartige Masterformen und Stempel in Verbindung mit entsprechenden Fotomasken wie bei der konventionellen Fotolithografie nutzt. Replikationsverfahren zur Herstellung fluidischer Mikrostrukturen umfassen Abformen, Heißprägen und Spritzgießen. Daneben sind verschiedene Drucktechniken verfügbar wie Mikrokontaktdrucken (engl. *Micro-contact Printing*, μCP) oder Nanoimprint und Schablonenlithografie (engl. *Stencil Lithography*). Bei der Schablonenlithografie wird unter Einsatz einer strukturierten dünnen Membran als Substratmaskierung eine lokale Materialabscheidung mit einem PVD-Verfahren erzielt. Typischerweise setzt man Kathodenzerstäubung ein [TAK06].

Die Vorteile dieser weichlithografischen Techniken im Vergleich zu konventionellen dünnfilmtechnischen Verfahren wie Fotolithografie und Beschichtung in einer Vakuumkammer liegen in geringeren Anlagen- und Fertigungskosten, einer kleineren Anzahl von Prozessschritten und der Möglichkeit zur Beschichtung flexibler Substrate. Von Nachteil ist das Zuwachsen der Maske mit zunehmender Beschichtungsdauer. Mit µCP können beispielsweise strukturierte selbstanordnende Monolagen (engl. *Self-assembling Monolayers*, SAM) aufgebracht werden, die lokal „zellfreundliche“ und zellabweisende Regionen auf Oberflächen schaffen [LOV05]. Eine Kombination aus Abformen und µCP bildet das *Microtransfer Molding* (µTM). Dabei wird ein Sol-Gel mit einem Kunststoffstempel, der die laterale Strukturgeometrie definiert, auf das Substrat übertragen. Ähnlich funktioniert das *Micromolding in Capillaries* (MIMIC), bei dem man zusätzlich eine Kapillarwirkung zur Aufnahme des Sol-Gels in die Kunststoffform nutzt. Die Auswahl des anwendungsspezifisch optimalen Verfahrens hängt einerseits von der Geometrie und der Grundfläche der zu erzeugenden Mikrostruktur und andererseits von den verwendeten Materialien sowie der vorgesehenen Verwendung ab. Einen Überblick über den Ablauf und Varianten der Polymerreplikation zeigt Abbildung 5.1.

Replikationsansätze erfordern eine Masterform, weshalb man sie als Zweischrittverfahren bezeichnen kann: Masterformfertigung und Replikation. Mittlerweile haben aber auch Einschrittverfahren wie maskenlose Lithografie, Stereolithografie und 3D-Drucktechniken ihren Einzug in die Mikrofluidik erhalten. Di Carlo et al. ziehen einen Vergleich mit einem Versandhandel und sprechen sogar von durch die 3D-Drucktechnik ermöglichte “Mail-order microfluidics” [TSE14]. Gross et al. konzentrieren sich auf die Bedeutung des 3D-Druckens für die Biotechnologie und Anwendungen der Chemie [GRO14]. Erkal et al. druckten mikrofluidische Systeme aus einem Polymermaterial mit wiederverwendbaren integrierten Elektroden [ERK14]. Waldbauer et al. setzen den Fokus ihres kritischen Übersichtsartikels auf Einschrittverfahren [WAL11]. Häufig sei die Anzahl der Bauteile, die von einem speziellen mikrofluidischen Design gefertigt werden, gering. Die Einschrittfertigung könne in diesen Fällen vorteilhafter sein, da Designmodifikationen einfach durch Anpassung der digitalen Daten erfolgen. Die damit verbundenen geringeren Kosten und die Option zur direkten Herstellung machten mikrofluidische Bauteile für einen breiteren Anwenderkreis attraktiver.

Fertigungsverfahren zur Verarbeitung thermoplastischer Materialien wie Polycarbonat (PC), Polymethylmethacrylat (PMMA), Polyethylenterephthalat (PET), Polyethylen (PE), Polypropylen (PP), Polystyrol (PS), Polyetheretherketon (PEEK) und Polyvinylchlorid (PVC) sind Spritzgießen und Heißprägen. Für die Strukturierung von Glas und Silizium, die wie oben erwähnt in der Mikrofluidik eine untergeordnete Rolle spielen, kommen meistens dünnfilmtechnische Verfahren zum Einsatz. Bei Silizium unterscheidet man das richtungsabhängige anisotrope und das ungerichtete isotrope Ätzen. Anisotropen Ätzverfahren kommt im Bereich MEMS eine größere Bedeutung zu, da es die Herstellung freitragender Strukturen wie Biegebalken oder Membranen erlaubt. Beim nasschemischen anisotropen Ätzen von Silizium sind die Ätzraten in den unterschiedlichen Raumrichtungen durch die Kristallebenen vorgegeben, können aber durch Dotierung und damit das gezielte Einbringen von Ätzstopps beeinflusst werden [BÜT91]. Isotropes Ätzen von Silizium ist sowohl nasschemisch oder elektrochemisch als auch mit Trockenätzverfahren wie dem BOSCH-Prozess (engl. *Deep Reactive Ion Etching*, DRIE) mit Ionenstrahlen oder durch ein Plasma möglich. Die Form der Ätzgrube, vorgegeben durch die obere Öffnung der Ätzgrube, wird bei anisotropen und isotropen Ätzverfahren durch eine Fotomaske auf dem Siliziumsubstrat vordefiniert, die dünnfilmtechnisch mit Fotolithografie hergestellt wird. Diese Technik wird auch bei der Strukturierung des fotosensitiven technischen Glases Foturan® eingesetzt, wobei hier nach dem Aufbringen der Fotomaske und der Belichtung jedoch noch eine Wärmebehandlung erforderlich ist, bevor die belichteten Bereiche mit Flusssäure geätzt werden können [BEC02]. Durch die Wärmezufuhr bildet sich in den belichteten Bereichen eine Glaskeramik im sonst amorphen Glas, die bei Raumtemperatur eine zwanzigfach höhere Ätzrate in 10%-iger Flusssäure aufweist und so die Fertigung von Mikrostrukturen mit Aspektverhältnissen bis zu 10 : 1 nach Angabe der Mikroglas Chemtech GmbH ermöglicht.

Zur Abformung von Mikrostrukturen in PDMS wird auf Siliziumsubstraten als Masterform fotolithografisch strukturierter SU-8™-Fotolack verwendet. Die Übertragung von SU-8™-Mikrostrukturen in den Kunststoff zeigt Abbildung 5.2. Dabei handelt es sich um eigene Untersuchungsergebnisse. Die Masterformen wurden im Reinraum des Instituts für Mikroproduktionstechnik der Leibniz Universität Hannover dünnfilmtechnisch gefertigt und in PDMS abgeformt. Links ist die SU-8™-Masterform gezeigt, die eine Kanalgeometrie von 327 µm x 177 µm (Breite x Höhe) aufweist. Die PDMS-Struktur rechts daneben hat eine Breite von 322,5 µm bei einer Höhe von 174 µm entsprechend 98,6% bzw. 98,3% der Masterformgeometrie.

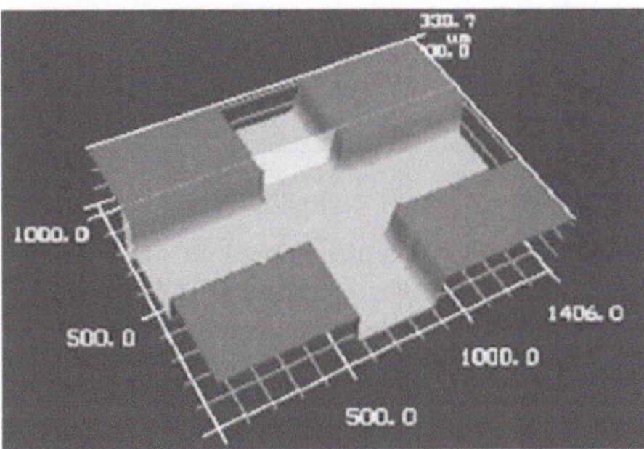

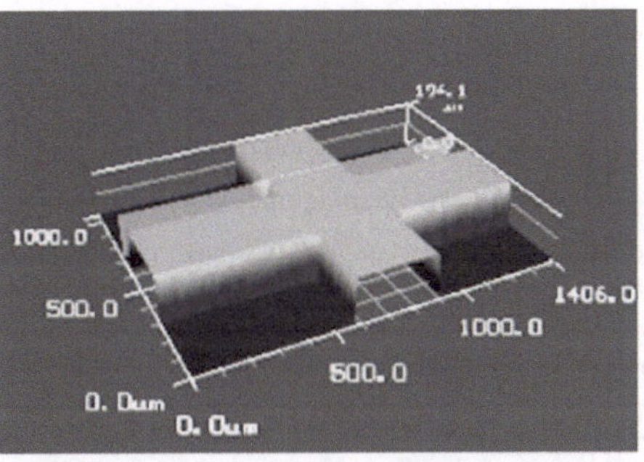

[µm]

Abbildung 5.2: Untersuchungen zur Strukturtreue beim Abformen in Kunststoff am Beispiel sich kreuzender Mikrokanäle; SU-8™-Masterform (links) und PDMS nach dem Entformen (rechts), Angaben in [µm]

Zu berücksichtigen ist, dass die SU-8™-Strukturen einen Flankenwinkel mit negativer Steigung zwischen 84° und 90° aufweisen, die sich in das PDMS-Replikat überträgt. Dieser Wert entspricht den Erfahrungen, die bei der SU-8™-Prozessierung im Sonderforschungsbereich (SFB) 516 „Konstruktion und Fertigung aktiver Mikrosysteme“ gesammelt wurden [SFB11]. Abbildung 5.3 demonstriert die Entformung der polymerisierten PDMS-Struktur vom Substrat.

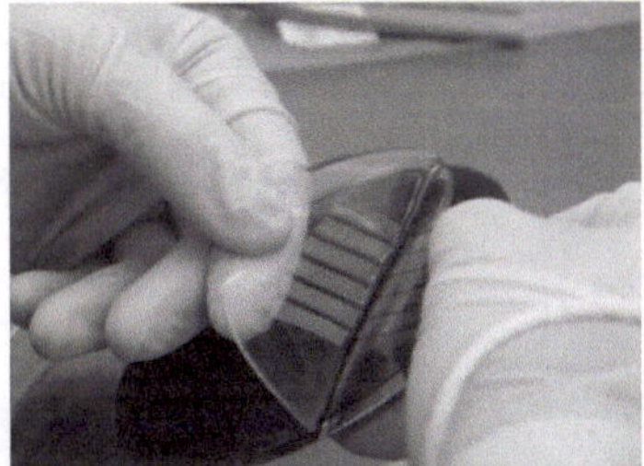

Abbildung 5.3: Abformen einer PDMS-Struktur von der SU-8™-Masterform auf einem Siliziumsubstrat

Zusätzlich zu Abformversuchen erfolgten Untersuchungen zur Minimierung der Oberflächenadhäsion zwischen der SU-8™-Masterform und PDMS, obwohl ein Entformen in der Regel rückstandsfrei verläuft. Dazu wird eine Passivierschicht auf die Masterform vor dem Abformen unter Nutzung der Anlage für das Si-Ionentiefenätzen aufgebracht. Eine Alternative dazu ist die Verwendung von Trimethylchlorosilan, das als flüssige Lösung angeboten wird und keine Vakuumbeschichtungsanlage für den Auftrag erfordert (allerdings toxisch ist). Die bei DRIE-Prozessen zur Seitenwandpassivierung genutzte Polymerschicht aus Octafluorcyclobutan (C_4F_8) wird auf die SU-8™-Masterform abgeschieden und diese dann in PDMS abgeformt. Die geometrische Abbildung der Strukturen hatte keine qualitativen oder hinsichtlich eines Materialverlusts quantitativen Einbußen im Vergleich zu Prozessen ohne C_4F_8-Schicht zu verzeichnen. Das Entformen der polymerisierten PDMS-Struktur wird durch die Passivierschicht merklich erleichtert. In Abbildung 5.4 ist ein Siliziumsubstrat mit Durchmesser vier Zoll mit zugehöriger SU-8™-Masterform ohne und mit Passivierschicht dargestellt.

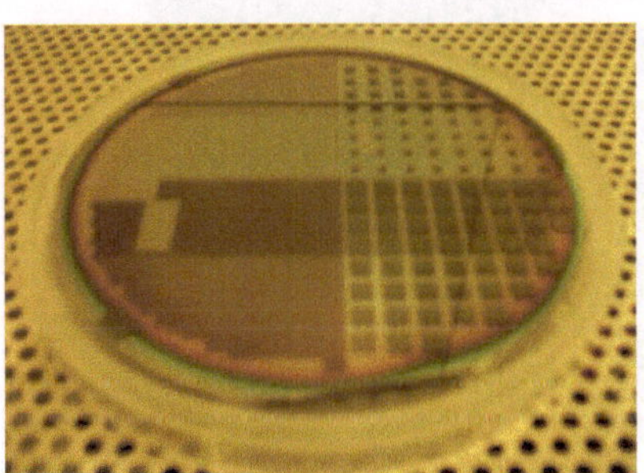

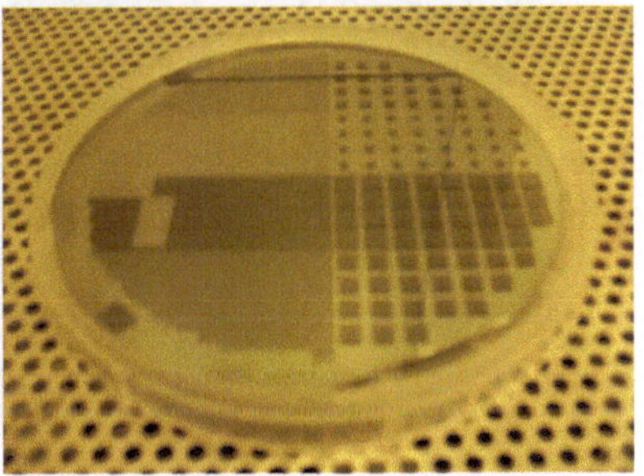

Abbildung 5.4: SU-8™-Masterform auf Si-Substrat ohne (links) und mit C_4F_8-Schicht (rechts)

Zusammenfassung der wesentlichen Ergebnisse der PDMS-Abformversuche:

1. PDMS-Strukturdicke > 100 µm und hohe Aspektverhältnisse (ca. 1 : 10) realisierbar,
2. SU-8™ als Masterformmaterial geeignet, führt zum formgetreuen Strukturübertrag,
3. Oberflächenpassivierung mit C_4F_8 verringert Oberflächenadhäsion, die ohnehin gering ist.

Daraus wurde folgender Handlungsleitfaden abgeleitet: Mikrofluidische Chips werden von durch Abformen von SU-8™-Masterformen in PDMS gefertigt. Eine Oberflächenpassivierung zur Verringerung der Oberflächenadhäsion wird als nicht erforderlich erachtet, da sich das polymerisierte PDMS bedingt durch seine geringe Oberflächenenergie problemlos und rückstandsfrei von der Masterform entformen lässt.

Maskentechnologie

Einfache mikrofluidische Systeme können mit geringem Aufwand und kostengünstig mit einer Kopierfolie aus dem Bürobedarf gefertigt werden, die als Maske zur Strukturierung einer Fotolackschicht auf Siliziumsubstraten dient. Abbildung 5.5 zeigt exemplarisch Strukturen auf einer solchen Folienmaske, die für grundlegende Untersuchungen zum Strömungsverhalten entworfen und am Institut für Mikroproduktionstechnik eingesetzt wurden. Der Strukturübertrag in das Siliziumsubstrat erfolgt in diesem Fall dünnfilmtechnisch mit dem Ionentiefenätzverfahren, bei dem iterativ eine Polymerschutzschicht zur Seitenwandpassivierung aufgebracht wird und anschließend mit einem gerichteten Ionenstrahl anisotrop geätzt wird [FRA10]. Nach dem Entfernen der für den Ätzschritt benötigten Fotolackmaske und der Vereinzelung wurden die Kanalstrukturen aus Abbildung 5.5 mit einem Glasobjektträger durch anodisches Bonden verschlossen. Für die Ein- und Auslässe wurden Löcher mit einem Durchmesser von 1/16 Zoll (entsprechend 1,5875 mm) mit einem CO_2-Hochleistungslaserstrahl am Laser Zentrum Hannover e. V. gebohrt. Folienmasken eignen sich bis zu einer minimalen Strukturbreite von etwa 50 µm auch zur Strukturierung von Masterformen beispielsweise aus SU-8™ für die Abformung von Mikrostrukturen in Kunststoff.

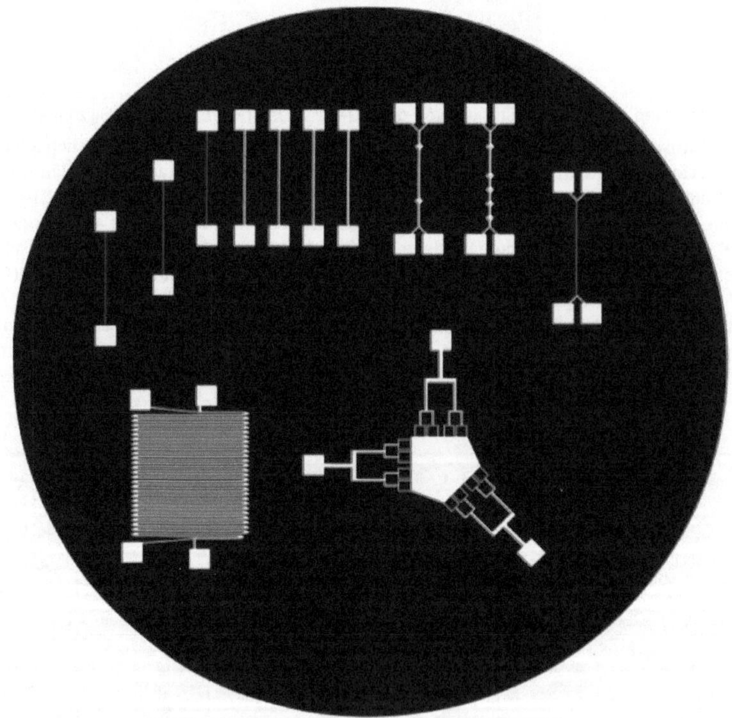

Abbildung 5.5: Strukturen auf der Folienmaske, Durchmesser: 4 Zoll (10,16 cm)

Tabelle 1 stellt die Eigenschaften der Verfahren zur Fertigung von Mikrostrukturen in Dünnfilmtechnik mit konventionellen Verfahren denen der Polymerreplikation gegenüber.

Tabelle 1: Vergleich und Bewertung der Verfahren zur Fertigung von Mikrostrukturen
Quelle: H. Becker, microfluidic ChipShop

Technology	Choice of Geometry	Minimum Feature Size	Height	Total Surface Area	Aspect Ratio	Lifetime	Cost	Availability
Wet Silicon Etching	--	+	0	+ +	-	+	+	+ +
Dry Silicon Etching	+	+ +	+	+ +	+	-	0	+ +
Optical Lithography & Electroforming	+	+ +	+	+ +	0	+	0	0
Laser Ablation & Electroforming	+ +	+	+	-	+	+	-	-
LIGA	+	+ +	+ +	-	+ +	+	--	-
Mechanical Micromachining	+	0	+	+	0	+ +	-	0
µ-EDM	-	0	+	-	+	+ +	-	-
Soft Tooling (Polymers)	+	0	0	+ +	0	--	+	-

Von oben nach unten enthält Tabelle 1 Nass- und Trockenätzverfahren für die Strukturierung von Silizium, geht weiter über Fotolithografie in Verbindung mit Galvanik (dem klassischen dünnfilmtechnischen Ansatz) hin zur Laserablation über LIGA, der mechanischen Mikrobearbeitung weiter zur Mikrofunkenerosion (engl. *Micro Electro Discharge Machining*, µEDM) und endet mit den Polymertechniken (Abformen, Spritzgießen, Heißprägen). – LIGA umfasst die Prozessschritte Lithografie, die mit einer Röntgenstrahlenquelle meistens von einem Synchrotronteilchenbeschleuniger durchgeführt wird und das Verfahren so teuer macht, Galvanik und Abformung. Das Verfahren wurde Anfang der 1980er Jahre am damaligen Kernforschungszentrum in Karlsruhe entwickelt, um besonders kleine Trenndüsen für die Urananreicherung mit sehr hohen Aspektverhältnissen herstellen zu können [BEC82].

Qin beschreibt und vergleicht bewertend Druck-, Abform- und Heißprägeverfahren [QIN10]. Die Grafik in Abbildung 5.6 vergleicht das Heißprägeverfahren mit dem Spritzguss bei der replikativen Fertigung von Polymerstrukturen. Spritzguss ist eine etablierte Technologie mit einem großen Parameterspielraum sowie der Möglichkeit zur Fertigung dreidimensionaler Strukturen und läuft voll automatisiert ab. Heißprägen ist eine günstigere Form der Fertigung von Mikrostrukturen, weist jedoch eine geringere Flexibilität im Vergleich zum Spritzgussverfahren auf. Mit dem Heißprägen können planare Mikrostrukturen über große Flächen mit hohen Aspektverhältnissen gefertigt werden.

Mit dem Heißprägeverfahren sind ein beidseitiges Abformen von Strukturen und ein positioniertes Prägen auf vorstrukturierten Substraten möglich. Dadurch eröffnet sich ein breites Anwendungsspektrum. Als Prägematerial werden in der Regel Thermoplaste eingesetzt, deren Schmelztemperatur stark materialabhängig ist und einen mehrere 100 K umfassenden Temperaturbereich abdeckt. Bei geringeren Umformgeschwindigkeiten können Mikrostrukturen mit sehr hohen Aspektverhältnissen mit Heißprägen erzielt werden. Mit diesem Verfahren sind verhältnismäßig einfach und schnell Muster der gewünschten Bauteile realisierbar, und die Materialpalette für die mit Spritzguss abformbaren Strukturen ist breit. In Abbildung 5.7 sind exemplarisch Mikrotiterplatten auf einem Kunststoffsubstrat gezeigt, die durch beidseitiges Heißprägen hergestellt wurden.

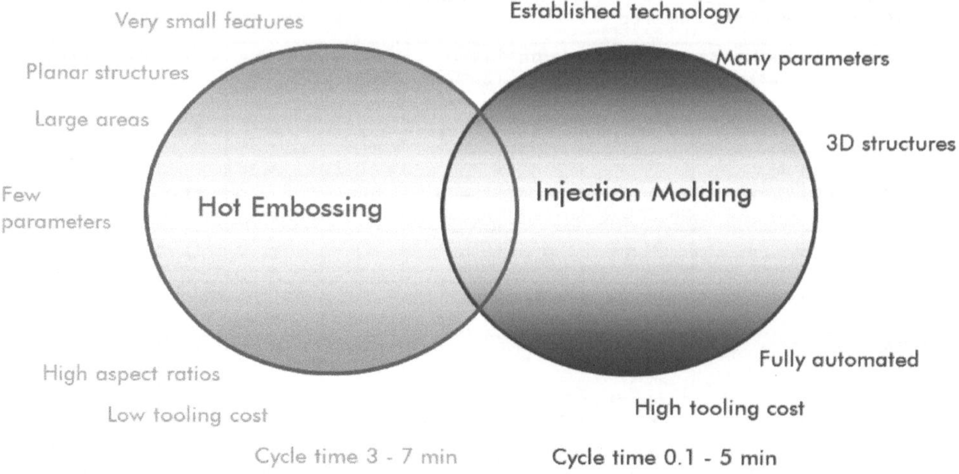

Abbildung 5.6: Vergleich von Heißpräge- und Spritzgussverfahren bei der Polymerreplikation, Quelle: Vortrag H. Becker/microfluidic ChipShop, MicroTAS-Konferenz 2013, mit freundlicher Genehmigung der microfluidic ChipShop GmbH

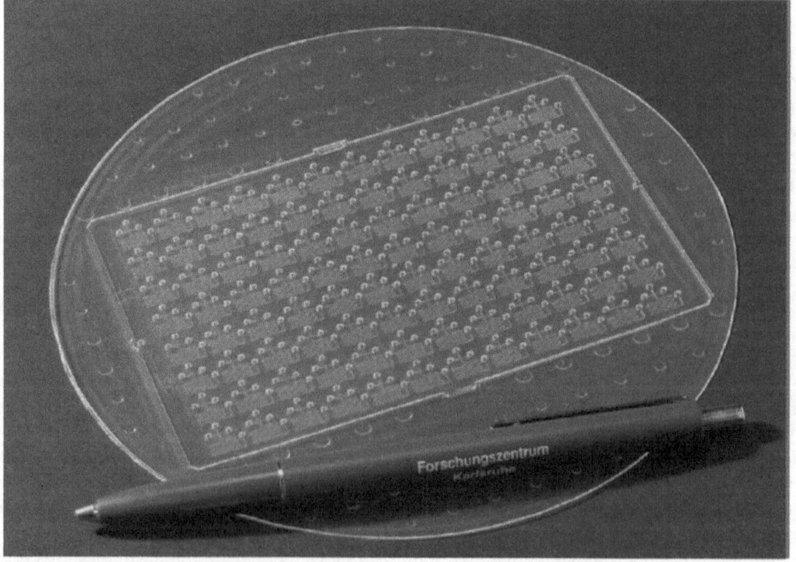

Abbildung 5.7: Im beidseitigen Heißprägeverfahren strukturiertes Kunststoffsubstrat mit Mikrotiterplatten [FZKA7058]

Stereolithografie ist eine alternative Fertigungsmethode zur Abformung in Kunststoff und wird auch für mikrofluidische Systeme eingesetzt. Die grundlegende Idee besteht in einer lokal begrenzten, photoneninduzierten Polymerisation eines fotostrukturierbaren Materials durch einen Laserstrahl. Abbildung 5.8 zeigt den prinzipiellen Aufbau zur Durchführung eines Mikrostereolithografieprozesses [ROS09]. Dieses Verfahren eignet sich wie das Heißprägen zur raschen Prototypenfertigung.

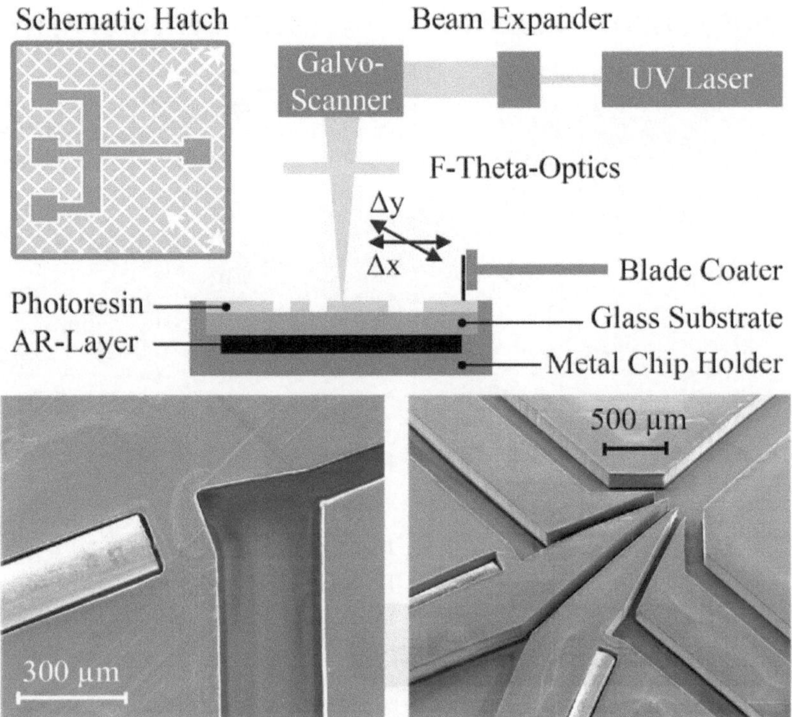

Abbildung 5.8: Schematische Darstellung der Mikrostereolithografie (oben); REM-Aufnahmen gefertigter Fluidikstrukturen mit eingesetzten Glasfasern (unten) [ROS09]

Im Vergleich zur Weichlithografie sei Au et al. zufolge die Stereolithografie komfortabler, schneller, kosteneffizienter und gestatte auch die Fertigung dreidimensionaler Strukturen, die über die Grenzen der PDMS-Abformung hinausgingen. Auf der anderen Seite verfügten kommerzielle Stereolithografiesysteme über Laserstrahlen mit einem Durchmesser von etwa 100 µm. Dies stelle eine untere Grenze für die minimale Auflösung dar. Ein Vergleich der Durchsatzraten lasse die Stereolithografie der Abformung in PDMS/Kunststoff gegenüber attraktiver erscheinen. Mit den Durchsatzraten von Spritzgussverfahren könne die stereolithografische Fertigung jedoch nicht mithalten. Als Vorteil der Stereolithografie wird angeführt, dass sie auch für Personal mit biologischem oder medizinischem und weniger ingenieurtechnisch geprägtem Ausbildungshintergrund (wie es im Bereich mikrofluidischer Anwendungen häufig gegeben ist) gut zugänglich und anwendbar sei [AU14]. Einen Vergleich der PDMS- bzw. Kunststoffabformung mit der Stereolithografie mit Illustration der geometrischen Einschränkungen und möglichen Kommerzialisierungspfaden zeigt Abbildung 5.9.

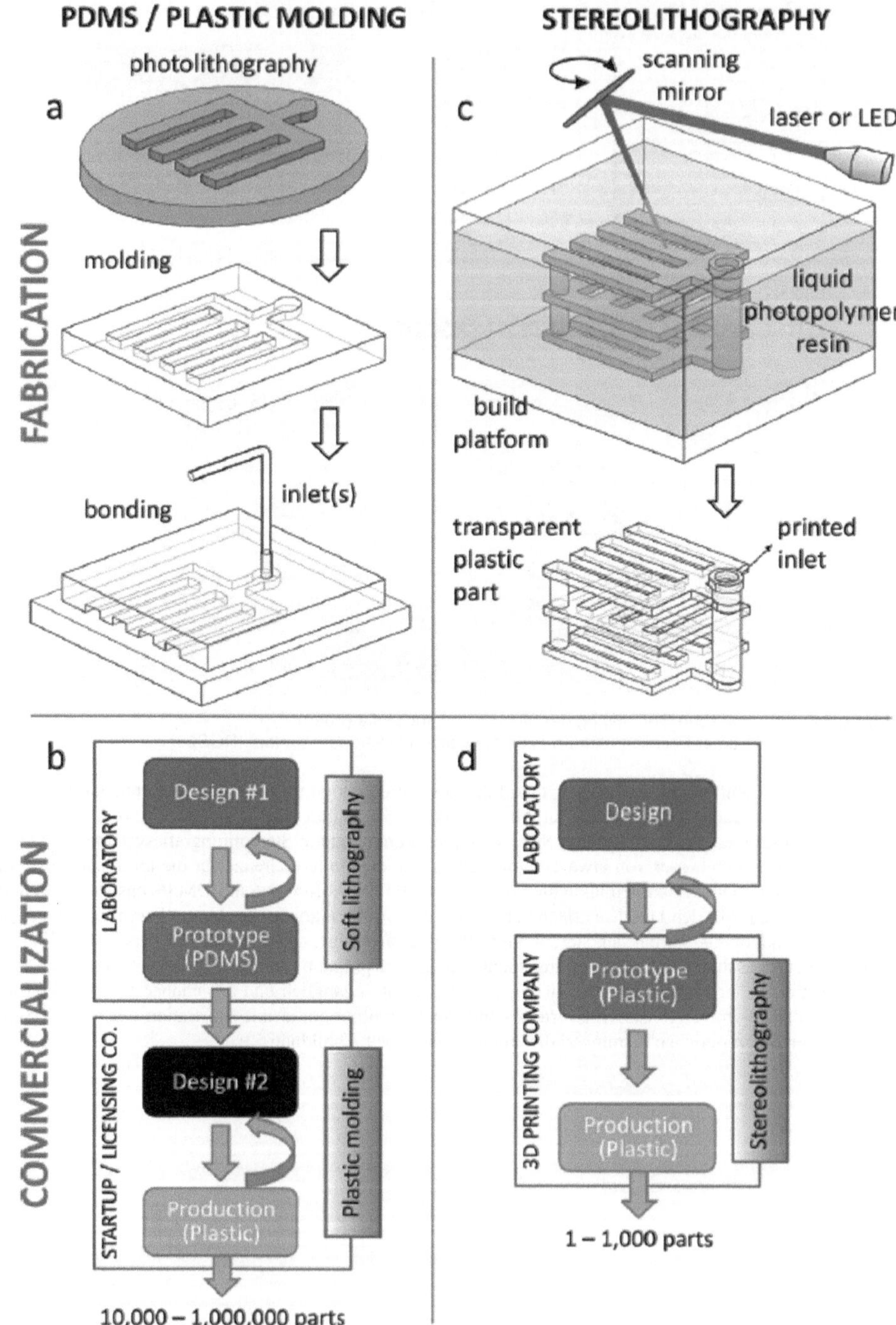

Abbildung 5.9: Vergleich von (a, b) Abformung in PDMS/Kunststoff mit (c, d) Stereolithografie; Illustration geometrischer Einschränkungen und möglicher Kommerzialisierungspfade [AU14]
© (2014) Royal Chemical Society, reprinted with permission

Materialien

Neben einer geeigneten Prozesstechnologie spielen die Materialien eine Hauptrolle bei der Etablierung neuartiger Fertigungsverfahren. Die Fertigung mikrostrukturierter Teile aus Kunststoff bringt nicht nur eine große Materialvielfalt mit sich; sie ist wegen ihres replikativen Ansatzes zudem kostengünstig, weil mit einem einzigen Formeinsatz bis zu einigen 1.000 mikrostrukturierte Kunststoffprodukte gefertigt werden können [FZKA7058, WAG06]. Häufig werden für die Mikrostrukturierung durch Heißprägen amorphe Thermoplaste auf Basis von Polystyrol (PS), Polymethylmethacrylat (PMMA) oder Polycarbonat (PC) verwendet. Edward et al. fertigten Mikrokanalstrukturen aus PC und Polypropylen (PP) und nutzten SU-8™ als Masterformmaterial [EDW00]. Cycloolefin-Copolymer (COC) weist eine sehr gute optische Transparenz auf, die für den Einsatz in der Mikrofluidik vorteilhaft ist. Von den teilkristallinen Thermoplasten werden gern Materialien basierend auf PP oder Polyethylen (PE) verwendet. Bei hohen Anforderungen an die Temperatur- und Chemikalienbeständigkeit bietet sich auch Polyethyletherketon (PEEK) an, das allerdings optisch nicht transparent ist [GOT04, WER09]. Einen Mikrofluidikchip aus Kunststoff für die Zelluntersuchung mit Fluoreszenzspektroskopie zeigt Abbildung 5.10.

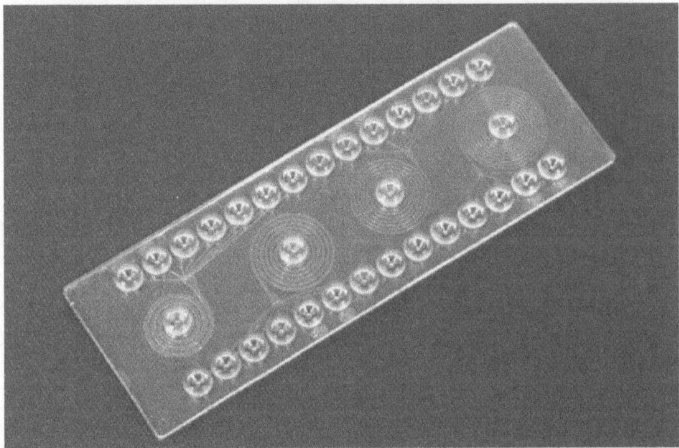

Abbildung 5.10: Mikrofluidischer Chip aus Kunststoff für die Zelluntersuchung, mit freundlicher Genehmigung der microfluidic ChipShop GmbH

Das Standardmaterial zur Abformung mikrofluidischer Strukturen ist PDMS [DON02, DUF98], das in unterschiedlichen Zusammensetzungen für verschiedene Anwendungen kommerziell erhältlich ist. Meistens wird das zweikomponentige Materialsystem Sylgard® verwendet, das vom Weltmarktführer für Silikonprodukte, Dow Corning Inc., vertrieben wird. Typischerweise wird das monomere oder oligomere Ausgangsmaterial mit dem Vernetzer im Verhältnis 10 : 1 gemischt, im Desiccator ausgegast und anschließend über das Negativ der abzuformenden Struktur, der Masterform, manuell vergossen. Nach einer vierstündigen Wärmebehandlung bei 70° C (oder wahlweise zwei Stunden bei 80° C) im Ofen ist das Material auspolymerisiert und kann von der Masterform entformt werden. Im Wellenlängenbereich hinunter bis zu etwa 300 nm ist PDMS optisch transparent, wodurch die direkte Beobachtung der Vorgänge auf mikrofluidischen Chips aus PDMS gewährleistet ist. Eine weitere typische physikalische Eigenschaft neben der optischen Transparenz ist die Hydrophobizität der PDMS-Oberflächen, die einerseits zwar ein Festkleben von in Mikrokanalstrukturen transportierten Partikeln verhindert, andererseits aber die Benetzung mit wässrigen Medien erschwert. Die hohe mechanische Flexibilität dieses Materials erlaubt die Gestaltung aktiver mikrofluidischer Elemente wie Ventile. Durch seine Biokompatibilität ist PDMS als Material für die Bioanalytik und BioMEMS-Produkte geeignet. Speziell seine Gasdurchlässigkeit erlaubt den Einsatz für Zellanwendungen, da die Zellen durch das PDMS hindurch mit Sauerstoff versorgt werden.

Zur Abformung von PDMS-Strukturen erfolgten auch Untersuchungen unter Nutzung von Leiterplatten (engl. *Printed Circuit Boards*, PCB) als Masterform (siehe Abbildung 5.11). Leiterplatten bieten sich als Masterform an, da man darauf mit den Lithografie- und Ätzverfahren der Dünnfilmtechnik die gewünschten Strukturen erzeugen kann und die Materialkosten relativ gering sind. Bedingt durch die Oberflächenrauigkeit der faserverstärkten PCB-Oberfläche wurde jedoch kein zufriedenstellendes Ergebnis erzielt: Die Rauigkeit übertrug sich in das PDMS, das bei Verbindung mit einer Glasplatte zur Deckelung der Kanalstrukturen nicht abdichtete [DUS10].

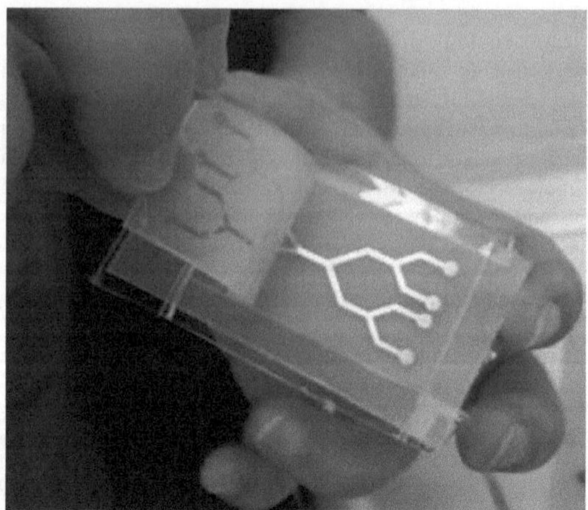

Abbildung 5.11: Kunststoffstrukturabformung von Leiterplattenmasterform [DUS10], mit freundlicher Genehmigung von M. Dusseiller / ETH Zürich © creative commons

Abbildung 5.12 bietet eine tabellarische Übersicht über Materialien, die in der MEMS-Fertigung genutzt werden und teilweise für mikrofluidische Systeme adaptiert wurden. Mikrofluidikkomponenten werden typischerweise aus Polymeren gefertigt, aber auch Glas, Quarz oder Glas-Silizium-Verbundwerkstoffe kommen zum Einsatz. Gläser und Quarze sind weitestgehend unempfindlich gegenüber Umgebungsbedingungen wie hohe Temperaturen oder Chemikalienangriff und dabei zugleich hochgradig biokompatibel. Vorwiegend setzt man diese Materialien für Substrate ein und für die Fertigung der mikrofluidischen Strukturen auf diesen Substraten Kunststoffe.

	Silicon	Glass	Thermoplastics, e.g. PMMA, PC	High performance polymers, e.g. PEEK, SU-8	Elastomers	Electroplatable metals, e.g. Ni	Stainless steel
Microfabrication	Easy	Easy	Easy	Medium	Easy	Medium	Difficult
Structuring processes	Wet and dry etching	Wet etching, photostruct.	Injection molding, hot embossing	Injection molding, hot embossing, lithography	Casting	Electroplating	Milling, cutting
Possible geometries	Limited,	Limited, 2D	Many 2D, 3D	Many 2D, 3D	Many 2D,	Limited, 2D	Many 2D, 3D
Assembly	Easy	Easy	Easy	Medium	Easy	Medium	Medium
Interconnection	Difficult	Difficult	Easy	Easy	Medium	Medium	Medium
Mechanical	High	High	Low	High	Very low	High	High
Temperature stability	High	High	Low	Medium	Low	High	High
Acidic stability	High	High	High	High	High	Limited	High
Alkaline stability	Limited	High	High	High	High	High	High
Organic solvent stability	High	High	Low	Medium – high	Low	Medium – high	High
Optical	No	High	High	Limited	High	No	No
Material price	Medium	Medium – high	Low	Medium	Low	High	Medium

Abbildung 5.12: Bewertender Vergleich von MEMS-Materialien,
Quelle: Vortrag H. Becker/microfluidic ChipShop, MicroTAS-Konferenz 2013,
mit freundlicher Genehmigung der microfluidic ChipShop GmbH

Die relative Häufigkeit der Materialien, die zwischen September 2009 und September 2010 in *Lab-on-a-Chip*-Publikationen verwendet wurden, stellt Abbildung 5.13 dar. Als kommerziell relevante Materialien werden Thermoplaste und Glas identifiziert [BEC12].

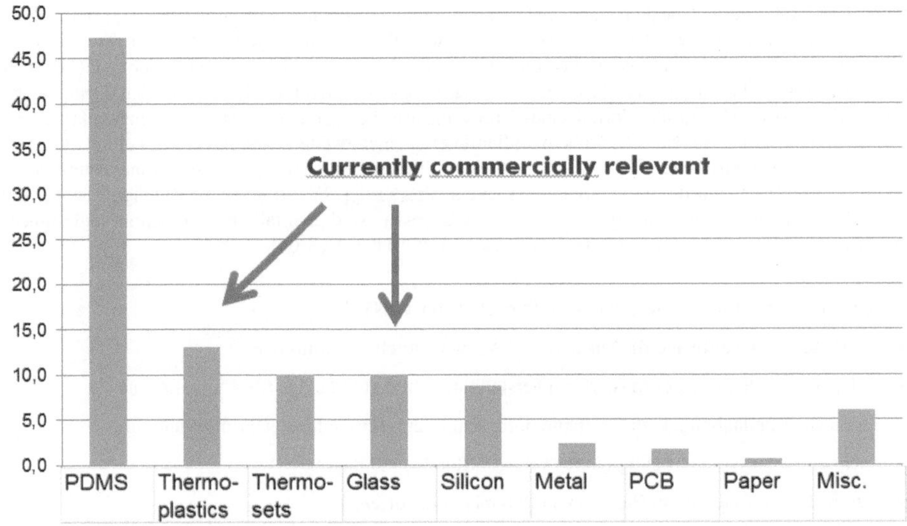

Abbildung 5.13: Relative Häufigkeit der Materialien, die in *Lab-on-a-Chip*-Publikationen von September 2009 bis September 2010 verwendet wurden [BEC12]

Eberhardt testete unterschiedliche Materialkombinationen zur Fertigung fluidischer Mikrosysteme. Abbildung 5.14 zeigt zwei seiner aus PDMS auf Silizium gefertigten Systeme [EBE08].

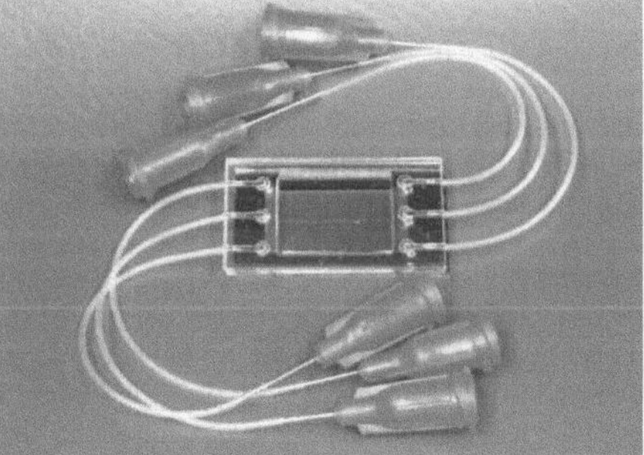

Abbildung 5.14: Mikrofluidische Systeme aus PDMS auf Silizium [EBE08]

Im Kunststoffbereich hat sich bei der Abformung mikrofluidischer Strukturen zwar PDMS etabliert, aber auch Polymethylmetacrylat (PMMA), Polyimid (PI), Polystyrol (PS), Polypropylen (PP), Polycarbonat (PC), Cycloolefin-Copolymer (COC) und Polyetheretherketon (PEEK) kommen zum Einsatz. Als Masterform dienen galvanisch oder fotolithografisch hergestellte Strukturen [RÖT02, YU06]. Kommerzielle PDMS-basierte Mikrofluidikprodukte bieten beispielsweise die schwedische Firma Cellectricon sowie die US-amerikanischen Firmen Fluidigm und Surfacelogix an.

Der Fokus des im 7. EU-Rahmenprogramm von 2007 bis 2013 geförderten LabOnFoil-Projekts liegt auf der Entwicklung kostengünstiger LoC-Systeme für die Großserienfertigung unter Verwendung thermo- und duroplastischer sowie fotostrukturierbarer Polymere [LOF07, FOK10]. Im Rahmen der Forschungsarbeiten von Petrova-Belova entstand ein mehrlagiges mikrofluidisches LoC-System auf Polymerbasis zur Nutzung in der Ionen-, Lebensmittel- sowie Bioanalytik. Dazu werden Folienchips mit integrierter nanoporöser Membran auf PC-COC-Basis und Folienchips auf PEEK-Basis hergestellt. Für die Fertigung von Chips aus PC und COC kam das Heißprägeverfahren unter Nutzung von durch Mikrozerspanen gefertigten Messingformeinsätzen und für PEEK die Laserstrukturierung zum Einsatz. Auf diesen Chips wurde eine 2D-Kapillarelektrophorese mit kapazitiv gekoppelter kontaktloser Leitfähigkeitsdetektion durchgeführt. Siepe entwickelte ein mikrofluidisches System auf Polymerbasis für die Analyse industrieller Abwässer [SIE03]. Als Trennverfahren wurden Kapillarelektrophorese und Isotachophorese genutzt.

Courson et al. präsentierten die Fertigung mehrlagiger, dreidimensionaler mikrofluidischer Systeme mit dem laminierbaren Trockenresist DF-1050 [COU14]. Diese fotostrukturierbare Folie wird von der Firma Engineered Materials Systems Inc., OH, USA, vertrieben und erlaubt die Realisierung freistehender oder gedeckelter Strukturen mit Aspektverhältnissen bis zu 7 : 1. Das Material ist zudem biokompatibel und kostengünstiger als vergleichbare Fotoresists. Der große Vorteil eines Trockenresists bei der Fertigung von Kanalstrukturen ist die Option zur Strukturierung mit anschließendem Auflaminieren einer zweiten Schicht zur Deckelung ohne Füllung der darunterliegenden Strukturen, wie es im Fall eines Flüssigresists erfolgen würde. Eine Alternative zum Trockenresist DF-1050 sind die laminierbaren Trockenresists Ordyl SY300 und SY550 (Elga Europe, Italien) mit Schichtdicken von 30 µm bzw. 50 µm. Diese Trockenresists sind ebenfalls biokompatibel und eignen sich zur Deckelung sowie zur Fertigung mehrlagiger Strukturen [ORD03, VUL04].

Die Vorteile der Kunststofffertigung sind vielfältig [PET10b, QIN10]:

- geringer Kostenaufwand für Material und Anlagen durch Abformprozesse,
- viele Replikate mit einer Masterform herstellbar; hohe, großflächige Strukturauflösung,
- einfache Handhabung; kein Reinraum nötig (außer ggf. für die Masterformherstellung),
- schnelle Prototypenfertigung binnen weniger Stunden möglich,
- große Materialvielfalt im Bereich von Polymerwerkstoffen,
- Materialien ungiftig, meistens Biokompatibilität gegeben,
- konsistenzbedingt flexible Fertigung (Material fließt in Masterform); Strukturübertrag auf unebene oder dreidimensionale Oberflächen und hinterschnittene Strukturen möglich,
- speziell PDMS ist robust und nicht so fragil wie Glas und Si sowie optisch transparent im sichtbaren Spektralbereich (oberhalb einer Wellenlänge von 300 nm).

Nachteile der Fertigung in Kunststoff sind die Notwendigkeit einer Masterform mit dem negativen Abbild der gewünschten Struktur. Die Masterformherstellung erfordert meistens einen Reinraum zur Fertigung einer Fotolackform, die direkt als Masterform dient oder in die galvanisch die Masterstruktur abgeschieden wird. Ferner ist die Benetzbarkeit von Kunststoffen bedingt durch ihre niedrige Oberflächenenergie eher gering, sodass bei speziellen Anwendungen eine Oberflächenmodifikation zur Erhöhung der Benetzbarkeit erforderlich sein kann. Diesen Vorgang nennt man Hydrophilisierung, sofern die Benetzbarkeit gegenüber wasserbasierten (polaren) Flüssigkeiten erhöht wird.
Ein PDMS zu eigener Nachteil ergibt sich aus den physikalischen Eigenschaften dieses Materials: Es tendiert zur Adsorption oder auch Absorption kleiner hydrophober Moleküle wie Proteine. Dies wird auf eine unvollständige Polymerisation von höchstens 95% bei PDMS und damit das Vorhandensein von Rest-Monomeren zurückgeführt, die ausdiffundieren und die Probe kontaminieren können. Das PDMS kann somit gerade die zu detektierenden Moleküle ad- oder absorbieren und durch die Freisetzung von Monomeren beispielsweise Zellkulturen in mikrofluidischen PDMS-Chips in unerwünschter Weise beeinflussen [REG09, TOE06]. Für Anwendungen, bei denen diese Faktoren eine Rolle spielen, ist eine Modifikation des PDMS vorzunehmen – oder eine Materialalternative zu finden. Eine optimale Lösung zur Modifikation von PDMS-Oberflächen hat sich jedoch bislang nicht aus verschiedenen Ansätzen einiger Forschergruppen herauskristallisiert [MID12, SIB07, SUG08]:
So erweist sich weder die Beschichtung einer PDMS-Oberfläche mit dem biokompatiblen Polymer Polyethylenglykol (PEG), das für seine Proteinresistenz bekannt ist, noch die Zugabe von Polyethylenoxid (PEO) zur Pufferlösung als stabile Modifikation. Darüber hinaus zeigt PDMS Alterungserscheinungen [JO00], infolge deren man abgeformte PDMS-Strukturen möglichst binnen weniger Stunden dem Bondprozess zuführen muss, da das Material seine Bondfähigkeit verliert. Eine Reaktivierung durch eine Behandlung mit verdünnter Salzsäure (z. B. 5 H_2O : 1 konz. HCl mit 37%) ist jedoch möglich und wurde erfolgreich getestet. Kunststoffe mit geringerer Flexibilität als PDMS sind für die Integration von Elektroden zur Manipulation von Proben mit elektrischen Feldern interessant. Die Untersuchung zur Abformung mikrofluidischer Strukturen in vollständig polymerisiertem PMMA ist vielversprechend bezüglich aller drei Aspekte, der Moleküladsorption oder Molekülabsorption, der unerwünschten Monomerfreisetzung und der größeren Materialsteifigkeit.
Das epoxidharzbasierte fotostrukturierbare Polymermaterial SU-8™ mit acht funktionellen Gruppen, die dem Resist im Übrigen den Namen verliehen, wurden in den 1990er Jahren für "poor man's LIGA" für alternative Prozesse zum LIGA-Verfahren entwickelt [LOR97, SHA97]. SU-8™-Resist wird beispielsweise auch für die Fertigung von Galvanoformen mit hohen Aspektverhältnissen eingesetzt [RUF07d], in der Fertigung luftgefüll-

ter Kammern für die lokale Kühlung von Hirnregionen mit Kryotechnik [RUF07e] oder einer aerostatischen Führung für ein Mikrosystem [RUF07f]. Fotostrukturierbare Polymere der Serie SU-8™ eignen sich wegen ihrer mechanischen Eigenschaften und ihrer chemischen Robustheit für die Fertigung von Mikrokanälen [ZHA01]. Chu et al. entwickelten eine Methode, die auf einer Anpassung der Belichtungsdosis bei der fotolithografischen Strukturierung von SU-8™ und der Verwendung einer Antireflexschicht beruht und ermöglichten so die Fertigung eingebetteter Mikrokanäle [CHU03]. Die Arbeitsgruppe um Yu nutzte einen direkt schreibenden Laserstrahl zur Belichtung von SU-8™-Strukturen für den Einsatz in der Mikrofluidik [YU04]. Oerke et al. stellten eine Methode für die doppelseitige Strukturierung von SU-8™-Resist vor [OER14]. Eine Rückseitenstrukturierung wurde durch Einführung eines Opferschichtprozesses vorgenommen. Die Opferschicht bestand aus einer mit plasmaunterstützter chemischer Abscheidung aus der Gasphase (PECVD) erzeugten Siliziumnitridschicht, die auf einem vorstrukturierten Substrat aufgebracht worden war. Bei der vorgestellten Prozessfolge handelt es sich um eine Kombination aus fotolithografischer Strukturierung und Abformung vom vorstrukturierten Substrat durch einen Opferschichtprozess.

Ein neuartiges Polymer ist das Materialsystem OSTE oder OSTEmer. Dieser Name ist ein Akronym und steht für die englische Bezeichnung "off-stoichiometric thiol-ene", nichtstöchiometrische Thiol-En-Verbindungen, in denen eine SH-Gruppe an eine Doppel- oder Dreifachbindung gebunden ist. OSTE wurde ursprünglich von der Gruppe Mikro- und Nanosysteme an der Königlichen Technischen Hochschule (KTH) in Stockholm entwickelt, um die Lücke zwischen Forschungsprototyping und der kommerziellen Herstellung von Mikrofluidikbauteilen zu überbrücken [CAR12]. Später wurde das Materialsystem für kommerzielle Anwendungen vom schwedischen Unternehmen Mercene Labs AB angepasst [MER]. OSTE-Polymere oder OSTEmere enthalten nichtstöchiometrische Mischungen von Thiol- und Allylgruppen. Nach der Polymerisation, die typischerweise durch UV-Strahlungszufuhr initiiert wird, enthalten die Polymere noch immer eine wohldefinierte Anzahl nicht umgesetzter Thiol- oder Allylgruppen sowohl an ihrer Oberfläche als auch im Volumenmaterial, über die Oberflächeneigenschaften wie Hydrophilität und Hydrophobizität in gewissem Rahmen einstellbar sind. Die Oberflächengruppen können zudem als Anker für nachfolgende Oberflächenmodifikationen dienen und ferner für Klebe- oder Bondprozesse verwendet werden [CAR11a, SAH12].

Eine einfache, schnelle und kostengünstige Methode zur Fertigung mikrofluidischer Strukturen für qualitative Analysen ist die Strukturierung hydrophober Schichten auf Papier. Seit der Einführung der *microfluidic paper-based analytical devices* (µPADs) von George Whitesides et al. 2007 [MAR07] befassten sich mehrere Gruppen mit Papier als Substratmaterial [MAR10b]. Dank der Kapillarkraft benötigt man für den Transport flüssiger Reagenzien und Proben weder eine externe Pumpe noch eine Stromquelle. Daher eignen sich µPADs insbesondere für den Einsatz in der dezentralen Gesundheitspflege in Entwicklungsländern sowie in der Umweltüberwachung, beispielsweise bei Wasseranalysen [NIE10]. In einem ersten Ansatz wurden µPADs durch die Strukturierung von SU-8™-Fotoresist mit UV-Lithografie gefertigt, woraufhin FLASH (engl. für *Fast Lithographic Activation of Sheets*) entwickelt wurde. Die FLASH-Methode basiert zwar auch auf Fotolithografie, erfordert aber nur eine UV-Lampe und eine Heizplatte und weder einen vollständig ausgestatteten Reinraum noch qualifiziertes Fachpersonal [MAR08b]. Darauffolgende Entwicklungen zur Herstellung dreidimensionaler mikrofluidischer Bauteile nutzten Papier und Klebeband in einem sandwichähnlichen Aufbau [MAR08a].

Eine Alternative zur fotolithografischen Strukturierung ist das Wachsdrucken zur Bereitstellung hydrophober Strukturen auf Papier [CAR09a, LU09, MAR10b]. Zum Auftrag des festen Wachses wurde ein kommerzieller Drucker genutzt. Anschließend erfolgte eine Thermobehandlung auf einer Heizplatte, um das Papier in seiner gesamten Dicke mit dem Wachs an den prädepositionierten Stellen zu penetrieren. Auf diese Weise werden hydrophobe Barrieren mit hydrophilen Zwischenräumen geschaffen. Die in Analogie zur japanischen Papierfaltkunst bezeichnete Origamitechnik weitet diese zweidimensionale Fertigungstechnik auf dreidimensionale Systeme aus [GOV12, LUI11, YET13] und integriert sogar Elektroden [CHE14] in die papierbasierten mikrofluidischen Systeme. In einer im Rahmen einer studentischen Arbeit durchgeführten eigenen Studie wurden verschiedene Materialien und Kombinationen zur Erzeugung strukturierter hydrophober Schichten auf Papiersubstrate getestet [RUF13b, RUF16b].

Tabelle 2 listet die untersuchten Papierarten auf, die als Substratmaterialien getestet wurden, nennt die zur Strukturierung verwendeten Wachssorten und gibt eine Bewertung auf einer Skala mit fünf Stufen von ++ (am besten), über +, 0 und - bis hin zu - - (am wenigsten geeignet) an. Chromatografiepapier und technisches Filterpapier erwiesen sich im Hinblick auf ihre Benetzungseigenschaften als am besten geeignet. Als hydrophobes Strukturierungsmaterial demonstrierten Wachsmalstifte und Kerzenwachs die beste Tauglichkeit. Für den Materialübertrag wurde ein kundenspezifisch strukturierter Gummistempel aus dem Bürobedarf verwendet. Feste Ausgangsmaterialien wie das Wachs wurden bei 150° C auf einer Heizplatte geschmolzen, und durch Stempeln wurden fluidische Kanalstrukturen in Form hydrophober Barrieren auf das Papier übertragen. Abbildung 5.15 illustriert die Prozessfolge zum Übertrag von Wachsstrukturen auf Papier.

Tabelle 2: Überblick über getestete Materialien zur Schaffung hydrophober Barrieren auf Papier und fünfstufige Bewertung bezüglich Eignung (Stufen: ++, +, 0, - , - -)

Substratmaterial	Bewertung	Strukturierungsmaterial	Bewertung
Whatman® No. 1 Chromatografiepapier	++	Wachsmalstift	++
Kimtech® Kimwipe® Laborfilterpapier	++	Kerzenwachs	+
Taschentuch	+	Fotoresist (SU-8™, AZ®)	+
Kaffeefilterpapier	+	Silikonöl	0
Druckerpapier	+	Siegelwachs	-
Zeitungspapier	-	Parafilm®	- -
Schreibblockpapier	- -	Polymerband vom 3D-Drucker	- -

Zuerst wird das Wachs auf einer Heizplatte geschmolzen, auf der eine mit einer Aluminiumfolie bedeckte Stahlplatte bereit liegt. Die Aluminiumfolie dient zum Schutz der Heizplatte vor Kontamination. Anschließend wird der Stempel mit dem flüssigen Wachs benetzt und unverzüglich auf das Papiersubstrat gedrückt, wo durch Stempeln die gewünschten Strukturen erzeugt werden. Während der nachfolgenden Thermobehandlung bei 150° C auf der Heizplatte durchdringt das Wachs das Papier und schafft so durchgängige hydrophobe Barrieren für wasserbasierte Analyte.

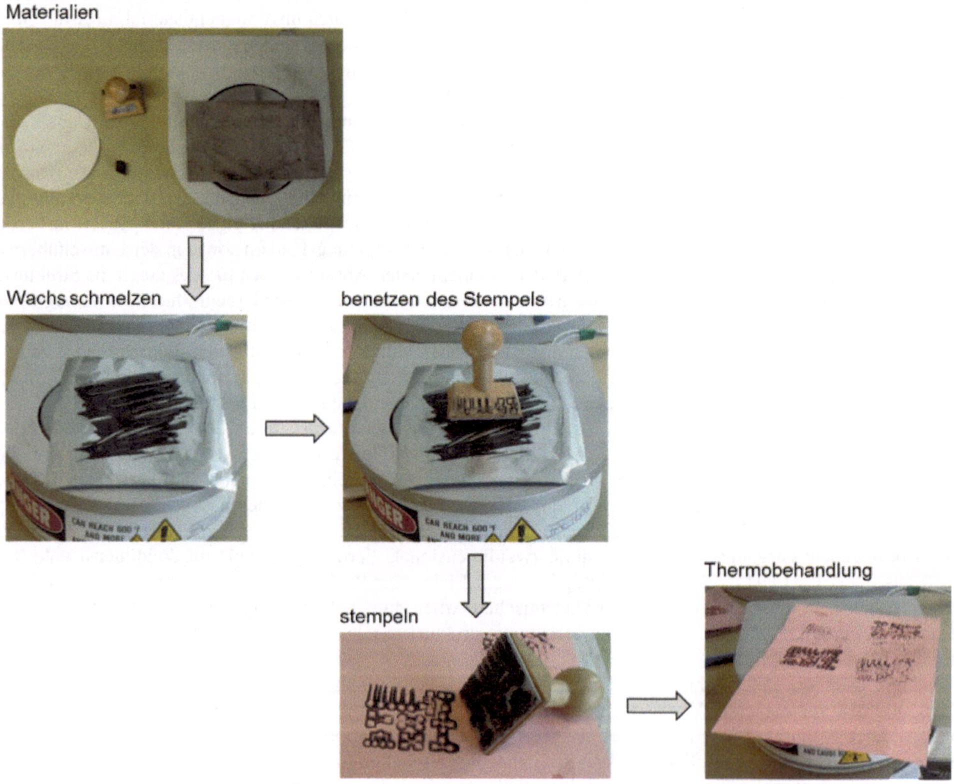

Materialien

Wachs schmelzen

benetzen des Stempels

stempeln

Thermobehandlung

Abbildung 5.15: Prozessfolge zum Übertrag von Wachsstrukturen auf Papier mit Bürostempel

Tabelle 3 fasst die Ergebnisse der Kontaktwinkelmessungen zusammen, die nach dem Aufbringen hydrophober Barrieren aus unterschiedlichen Materialien aus Laborfilterpapier durchgeführt wurden. Bei einem Kontaktwinkel größer als 90° gegen Wasser bezeichnet man das Material als hydrophob. Mit Wachs werden den Ergebnissen aus Tabelle 3 folgend nicht nur die besten Stempelergebnisse bezüglich der Genauigkeit beim Strukturübertrag erzielt, sondern auch die größten Kontaktwinkel gemessen. Parafilm® enthält Paraffinwachs und zeigt ähnliche Eigenschaften wie Wachsmalstifte oder Kerzenwachs. Verglichen mit den unterschiedlichen Wachssorten sind die getesteten negativen Fotoresists der SU-8™-Serie (micro resist technology GmbH, Berlin) und die positiven Fotoresists AZ®-Serie (MicroChemicals GmbH, Ulm) sowie das Silikonöl weniger hydrophob. Die entsprechenden Kontaktwinkel liegen im Bereich 90° ± 5° und damit an der Grenze des Übergangs zwischen benetzend und nicht benetzend.

Tabelle 3: Mittlere gemessene Kontaktwinkel der gestempelten Strukturen gegen Wasser

zum Stempeln verwendetes Material	Kontaktwinkel [°]
Wachsmalstifte, Kerzenwachs	135
Parafilm®	105
Fotoresist (SU-8™, AZ®)	85-95
Silikonöl	85

Aufbau- und Verbindungstechnik

Für die Aufbau- und Verbindungstechnik in der Mikrosystemtechnik und insbesondere der Mikrofluidik ist eine Reihe verschiedener Bondverfahren verfügbar [NGU04]. Anodisches Bonden ist ein etabliertes Verfahren für die Verbindung eines Siliziumsubstrats mit einem Glassubstrat. Zu beachten ist dabei, dass beide Materialien einen ähnlich großen thermischen Ausdehnungskoeffizienten haben sollten, da der Bondprozess bei etwa 400° C erfolgt und es bei stark abweichender Ausdehnung der beteiligten Substratmaterialien zu einer hohen thermomechanischen Belastung der Substrate nach dem Abkühlen kommt. Außerdem sollte das Glas eine erhöhte Na^+-Ionenkonzentration aufweisen, was beispielsweise bei Borosilikatglas erfüllt ist. Sofern die Fertigung mikrofluidischer Systeme auf Silizium erfolgt und die Strukturen mit Glas gedeckelt werden sollen, ist das anodische Bonden eine geeignete Verbindungstechnik. Waferdirektbonden bietet sich als Bondmethode an, wenn zwei Substrate desselben Materials verbunden werden sollen. Substrate aus Silizium, Glas, Kunststoff oder Keramik können durch den Einsatz dieser Technik miteinander verbunden werden. Es werden jeweils eine hydrophile und eine hydrophobe Oberfläche bei hohen Temperaturen miteinander in Kontakt gebracht, sodass es zu VAN-DER-WAALS-Wechselwirkungen kommt und sich Wasserstoffbrücken ausbilden, die zu einer stabilen mechanischen Verbindung führen. Das Prinzip des eutektischen Bondens beruht auf der Verbindungsbildung durch eine eutektische Legierung wie Si-Au und ist in der Mikrofluidik eher von geringem Interesse.

Ein weitverbreitetes Verfahren der Aufbau- und Verbindungstechnik ist das Fügen durch Kleben, wobei nicht nur kommerzielle Klebstoffe, sondern auch UV-aushärtende Klebstoffe oder sogar Polymere wie SU-8™ genutzt werden. Für das Kleben von PMMA-Chips sind UV-aushärtende Klebstoffe wie der vom Typ Dymax® 3223-SC (Dymax Corp., CT, USA) geeignet. Dieser Klebstoff hat in flüssiger Form eine blaue Farbe und ist nach der UV-Aushärtung transparent. Diese Eigenschaft erleichtert das definierte Aufbringen und hat später keinen störenden Einfluss bei der optischen Inspektion der Vorgänge auf dem Mikrofluidikchip.

PDMS wird nach einer Plasmaaktivierung direkt auf den komplementären PDMS-Chip oder einen Glas-Chip gebondet. Empirisch ermittelte Parameter für ein irreversibles Verbinden der Chips sind eine Plasmaexposition im Bereich von 10s bei der Plasmaleistung 200 W bis zu einer maximalen Expositionszeit von 90s bei einer geringeren Plasmaleistung von etwa 50 W im Sauerstoff- oder Luftplasma. Die im Plasma gebildeten freien Silanolgruppen sind bis zu fünf Minuten aktiv (siehe auch Abschnitt 6.1 Methoden zur Oberflächenfunktionalisierung).

Beispiel: Mikrofluidisches Chipdesign und Fertigung

Für die in Abschnitt 6.2 beschriebene Studie entsteht ein mikrofluidisches Chipdesign, das die Probenpräparation, die Inkubationsschritte zur Biotinylierung (der Anbindung von Biotin) der metallischen Nanopartikel sowie die Inkubation mit den oberflächenfunktionalisierten *Magnetic beads* und anschließende Separation der Metallnanopartikel von den Beads mit verschiedenen Methoden auf einem einzigen Chip erlaubt.

Eine Masterform aus SU-8™ wird durch UV-Fotolithografie auf einem Siliziumsubstrat des Durchmessers vier Zoll erstellt und die Chips durch Abformen in PDMS (Sylgard®184 Silicone Elastomer kit, Dow Corning Inc.) abgeformt. Das Chipdesign und abgeformte PDMS-Chips arrangiert auf der Masterform zeigt die Abbildung 5.16. Zur Deckelung der mikrofluidischen Strukturen auf dem PDMS-Chip sind die Chips auf Glasobjektträger mit den lateralen Abmessungen 76 mm x 26 mm nach einer Plasmaaktivierung der beiden Oberflächen manuell zusammengefügt.

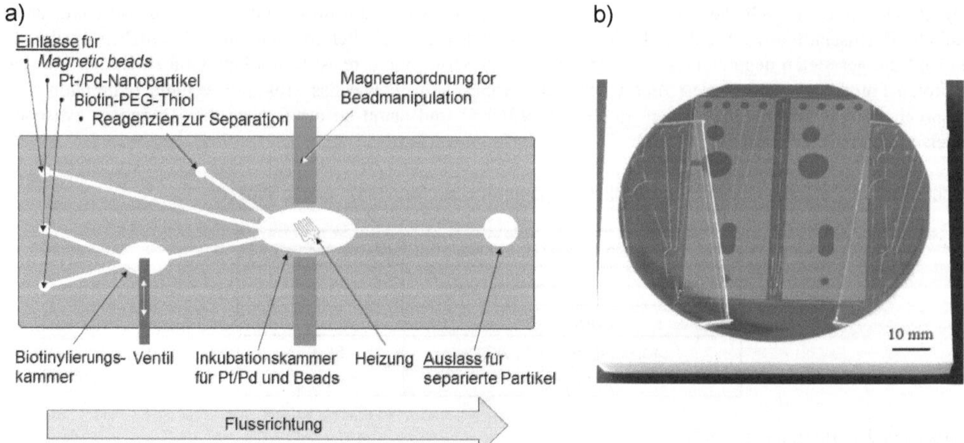

Abbildung 5.16: a) Mikrofluidisches Chipdesign für die Bindung metallischer Nanopartikel an *Magnetic beads*; b) gefertigter PDMS-Chip auf der SU-8™-Masterform [RUF15]

Das Chipdesign umfasst Einlässe für die metallischen Pt- oder Pd-Nanopartikel und Biotin-PEG-Thiol in die Biotinylierungskammer und für *Magnetic beads* und Reagenzien zur Separation in die Hauptinkubationskammer in der Mitte auf dem Chip. Ein Ventil, das in der Biotinylierungskammer vorgesehen ist (und manuell eingeschoben wird) kontrolliert die Zufuhr der biotinylierten Nanopartikel zur Hauptinkubationskammer. Nach der Biotinylierung werden die Partikel mit dem mikrofluidischen Strom, der manuell durch eine Einwegspritze erzeugt wird, in die zweite Inkubationskammer transportiert. Dort werden sie mit den *Magnetic beads* zusammengefügt, um den Komplex Bead–Biotin-PEG-Thiol–Pt oder den gleichen Komplex mit Pd zu bilden, wie Abschnitt 6.2 detailliert erläutert. Im nächsten Schritt werden die metallischen Nanopartikel mit dem Ziel des Recyclings und einer Wiederverwendung wieder von den Beads separiert. Jede der vier vorgeschlagenen Methoden zur Abtrennung der Partikel von den Beads wird auf separaten Chips durchgeführt, die anschließend entsorgt werden. Das Design ist einheitlich gestaltet. Dadurch ist die Chipfertigung einfacher und kostengünstiger im Vergleich zu unterschiedlichen Chipdesigns für die verschiedenen Trennmethoden. Zur Separation werden alternativ UV-Strahlung und die Zufuhr von Wärme oder die im Unterkapitel 6.2 spezifizierten Reagenzien eingesetzt. Der UV-Lichteinfall kann direkt durch die Chipoberfläche erfolgen, da PDMS das Licht über einen breiten Spektralbereich zu über 95% und im Wellenlängenbereich 290 nm bis 1.100 nm zu mindestens 80% transmittiert [RAJ03, ROY11]. Der Wärmeeintrag ist schematisch durch ein Heizelement angedeutet und kann durch Platzieren des Chips auf einer Heizplatte realisiert werden. Eine Magnetanordnung um die Hauptinkubationskammer herum kann bei Einsatz eines Wechselfeldes zum Mischen der Probe genutzt werden und ist essenziell zur Speicherung der

(i) an die *Magnetic beads* gebundenen Probe,
während sonstige, nichtmagnetische Bestandteile der Lösung ausgewaschen werden,

(ii) *Magnetic beads* nach Separation der Nanopartikel und deren Sammlung am Auslass.

Auf diese Weise ist der Kreislauf geschlossen und exemplarisch gezeigt, dass unter Zuhilfenahme von *Magnetic beads* auch metallische Nanopartikel gebunden und potentiell wieder abgetrennt werden können.

Literatur zu Kapitel 5

[AU14] A. K. Au, W. Lee, A. Folch: Mail-order microfluidics: evaluation of stereolithography for the production of microfluidic devices. Lab Chip Vol. 14, pp. 1294-1301, 2014 http://pubs.rsc.org/en/content/articlelanding/2014/lc/c3lc51360b#!divAbstract

[BEC82] E. W. Becker, W. Ehrfeld, D. Münchmeyer, H. Betz, A. Heuberger, S. Pogratz, W. Glashauser, H. J. Michel, R. v. Siemens: Production of separation-nozzle systems for uranium enrichment by a combination of X-ray lithography and galvanoplastics. Naturwissenschaften Vol. 69, pp. 520-523, 1982

[BEC02] H. Becker, M. Arundell, A. Harnisch, D. Hülsenberg: Chemical analysis in photostructurable glass chips. Sensors and Actuators B: Chemical Vol. 86, pp. 271-279, 2002

[BEC12] H. Becker, C. Gärtner: Microfluidics and the life sciences. Science Progress Vol. 95, pp. 175-198, 2012

[BÜT91] S. Büttgenbach: Mikromechanik: Einführung in Technologie und Anwendungen. Teubner, 1991

[CAR09a] E. Carrilho, A. W. Martinez, G. M. Whitesides: Understanding wax printing: a simple micropatterning process for paper-based microfluidics. Analytical Chemistry Vol. 81, pp. 7091-7095, 2009

[CAR11a] C. F. Carlborg, T. Haraldsson, K. Öberg, M. Malkoch, W. van der Wijngaart: Beyond PDMS: off-stoichiometry thiol-ene (OSTE) based soft lithography for rapid prototyping of microfluidic devices. Lab Chip Vol. 11, pp. 3136-3147, 2011

[CAR12] C.F. Carlborg, F. Moraga, F. Saharil, W. van der Wijngaart, T. Haraldsson: Rapid permanent hydrophilic and hydrophobic patterning of polymer surfaces via off-stochiometry thiol-ene (OSTE) photografting. Proceedings of the 16th International Conference on Miniaturized Systems for Chemistry and Life Sciences µTAS 2012, pp. 677-679, 2012

[CHE14] S.-S. Chen, Ch.-W. Hu, I.-F. Yu, Y.-Ch. Liao, J.-T. Yang: Origami paper-based fluidic batteries for portable electrophoretic devices. Lab Chip Vol. 14, pp. 2124-2139, 2014

[CHU03] Y. J. Chuang, F.-G. Tseng, J.-H. Cheng, W.-K. Lin: A novel fabrication method of embedded micro-channels by using SU-8 thick-film photoresists. Sensors and Actuators A: Physical Vol. 103, pp. 64-69, 2003

[COU14] R. Courson, S. Cargou, V. Conédéra, M. Fouet, A. M. Gué: Low cost integration of multilevel lab-on-a-chip using a new generation of dry film photoresists. Conference CD Smart Systems Integration 2014

[DON02] J. C. McDonald, G. M. Whitesides: Poly(dimethylsiloxane) as a Material for Fabricating Microfluidic Devices. Accounts of Chemical Research Vol. 35, pp. 481-489, 2002

[DUF98] D. C. Duffy, J. Cooper McDonald, O. J. A. Schueller, G. M. Whitesides: Rapid Prototyping of Microfluidic Systems in Poly(dimethylsiloxane). Analytical Chemistry Vol. 70, pp. 4974-4984, 1998

[DUS10] M. Dusseiller, ETH Zürich, Schweiz. Urheberrecht: creative commons www.dusseiller.ch/mis_wiki/index.php?title=P2_FS10_Gruppe_A:

[EBE08] P. Eberhardt: Entwicklung eines mikrofluidischen Systems zur Handhabung von Magnetpartikeln. Dissertation Universität Karlsruhe (TH), Fakultät für Maschinenbau, KIT Scientific Publishing, 2008, ISBN: 978-3-86644-290-0

[EDW00] T. L. Edwards, S. K. Mohanty, R. K. Edwards, C. Thomas, A. B. Frazier: Rapid tooling using SU-8 for injection molding microfluidic components. Proc. SPIE Vol. 4177, pp. 82-89, Microfluidic Devices and Systems III, Eds.: C.H. Mastrangelo, H. Becker, 2000

[ERK14] J. L. Erkal, A. Selimovic, B. C. Gross, S. Y. Lockwood, E. L. Walton, S. McNamara, R. S. Martin, D. M. Spence: 3D printed microfluidic devices with integrated versatile and reusable electrodes. Lab Chip Vol. 14, pp. 2023-2032

[FOK10] M. Focke, D. Kosse, C. Müller, H. Reinecke, R. Zengerle, F. von Stetten: Lab-on-a-Foil: microfluidics on thin and flexible films. Lab Chip Vol. 10, pp. 1365-1386, 2010

[FRA10] S. Franssila: Introduction to Microfabrication, 21. Deep Reactive Ion Etching. John Wiley & Sons, 2nd Edition, doi: 10.1002/9781119990413.ch21, 2010

[FRE87] H. Frey, G. Kienel: Dünnschichttechnologie. VDI-Verlag GmbH, 1987

[FZKA7058] H. Dittrich, M. Heckele, W. K. Schomburg: Werkzeugentwicklung für das Heißprägen beidseitig mikrostrukturierter Formteile. Forschungszentrum Karlsruhe, Wissenschaftliche Berichte FZKA 7058, http://bibliothek.fzk.de/zb/berichte/FZKA7058.pdf, 2006

[GOT04] N. Gottschlich, H. Jehle: Kunststoffe für Microarrays und Mikrofluidik. Laborpraxis online, 2004

[GRO14] B. C. Gross, J. L. Erkal, S. Y. Lockwood, C. Chen, D. M. Spence: Evaluation of 3D printing and its potential impact on biotechnology and the chemical sciences. Analytical Chemistry Vol. 86, pp. 3240-3253, 2014

[GOV12] A. V. Govindarajan S. Ramachandran, G. D. Vigil, P. Yager, K. F. Böhringer: A low cost point-of-care viscous sample preparation device for molecular diagnosis in the developing world; an example of microfluidic origami. Lab Chip Vol. 12, pp. 174-181, 2012

[HER09] K. Herold, A. Rasooly: Lab on a chip technology, Volume 1: Fabrication and microfluidics. Caister Academic Press, 2009, ISBN 1-904455-46-8

[HEU89] A. Heuberger (Hrsg.): Mikromechanik. Mikrofertigung mit Methoden der Halbleitertechnologie. Berlin: Springer, 1989

[JO00] B. H. Jo, L. M. van Lerberghe, K. M. Motsegood, D. J. Beebe: Three-dimensional micro-channel fabrication in polydimethylsiloxane (PDMS) elastomer. J. of Microelectromechanical Systems Vol. 9, pp. 76-81, 2000

[KOE99] J. M. Kohler, T. Mejevaia, H. P. Saluz (Eds.): Microsystem Technology: A Powerful Tool for Biomolecular Studies. Birkhauser Verlag, Boston, 1999; Vol. 10, 1999

[KOV98] G. T. A. Kovacs: Micromachined Transducers Sourcebook. McGraw-Hill, New York, 1998

[LOF07] Homepage Lab-on-Foil-Projekt, 7. EU-Rahmenprogramm: www.labonfoil.eu

[LOR97] H. Lorenz, M. Despont, N. Fahrni, N. LaBianca, P. Renaud, P. Vettiger: SU-8: A low-cost negative resist for MEMS. J. of Micromechanics and Microengineering Vol. 7, pp. 121-124, 1997

[LOV05] J. C. Love, L. A. Estroff, J. K. Kriebel, R. G. Nuzzo, G. M. Whitesides: Self-assembled monolayers of thiolates on metals as a form of nanotechnology. Chemical Review Vol. 105, pp. 1103-1169, 2005

[LU09] Y. Lu, W. Shi, L. Jiang, J. Qin, B. Lin: Rapid prototyping of paper-based microfluidics with wax for low-cost, portable bioassay. Short Communications Vol. 30, pp. 1497-1500, 2009

[LUI11] H. Lui, R. M. Crooks: Three-dimensional paper microfluidic devices assembled using the principles of origami. J. of the American Chemical Society Vol. 133, pp. 17564-17566, 2011

[MAR07] A. W. Martinez, S. T. Phillips, M. J. Butte, G. M. Whitesides: Patterned paper as a platform for inexpensive, low-volume, portable bioassays. Angewandte Chemie International Edition Vol. 46, pp. 1318-1320, 2007

[MAR08a] A. W. Martinez, S. T. Phillips, G. M. Whitesides: Three-dimensional microfluidic devices fabricated in layered paper and tape. PNAS Vol. 105, pp. 19606-19611, 2008

[MAR08b] A. W. Martinez, S. T. Phillips, B. J. Wiley, M. Gupta, G. M. Whitesides: FLASH: a rapid method for prototyping paper-based microfluidic devices. Lab Chip Vol. 8, pp. 2146-2150, 2008

[MAR10b] A.W. Martinez, S.T. Phillips, G. M. Whitesides: Diagnostics for the Developing World: Microfluidic Paper-Based Analytical Devices. Analytical Chemistry Vol. 82, No. 1, pp. 3-10, 2010

[MEN93] W. Menz, P. Bley: Mikrosystemtechnik für Ingenieure. Weinheim: VCH Verlagsgesellschaft 1993

[MER] Firmenwebsite Mercene Labs AB http://www.mercenelabs.com/

[MID12] P. M. van Midwoud, A. Janse, M. T. Merema, G. M. Groothuis, E. Verpoorte: Comparison of biocompatibility and adsorption properties of different plastics for advanced microfluidic cell and tissue culture models. Analytical Chemistry Vol. 84, Issue 9, pp. 3938-3944, 2012

[MID12] P. M. van Midwoud, A. Janse, M. T. Merema, G. M. Groothuis, E. Verpoorte: Comparison of biocompatibility and adsorption properties of different plastics for advanced microfluidic cell and tissue culture models. Analytical Chemistry Vol. 84, Issue 9, pp. 3938-3944, 2012

[NGU04] N.-T. Nguyen: Mikrofluidik – Entwurf, Herstellung und Charakterisierung. Teubner Wiesbaden, 2004 ISBN -63-519-00466

[NIE10] Z. Nie, C. A. Nijhuis, J. Gong, X. Chen, A. Kumachev, A. W. Martinez, M. Narovlyansky, G. M. Whitesides: Electrochemical sensing in paper-based microfluidic devices. Lab Chip Vol. 10, pp. 477-483, 2010

[OER14] A. Oerke, S. Büttgenbach, A. Dietzel: Micro molding for double-sided micro structuring of SU-8 resist. Microsystem Technologies Vol. 20, pp. 593-598, 2014

[OHR01] M. Ohring: Materials Science of Thin Films. Academic Press, 2001

[ORD03] ORDYL SY 300, Produktdatenblatt, Edition 2003; siehe auch: http://cmi.epfl.ch/packaging/files/Laminators/ORDYL.pdf, Ordyl dry film alpha 900

[PET10b] L. Petrova-Belova: Mehrlagige mikrofluidische Systeme aus Polymeren zur zweidimensionalen Kapillarelektrophorese. Dissertation, Karlsruher Institut für Technologie, KIT Scientific Publishing ISBN: 3866445180, 2010

[QIN10] D. Qin, Y. Xia, G. Whitesides: Soft lithography for micro- and nanoscale patterning. Nature Protocols Vol. 5, No. 3, pp. 491-502, 2010

[RAJ03] G. S. Rajan, G. S. Sur, J. E. Mark, D. W. Schaefer, G. Beaucage: Preparation and application of some unusually transparent poly(dimethylsiloxane) nanocomposites. J. of Polymer Science B Vol. 41, pp. 1897-1901, 2003

[RAZ04] S. Z. Razzacki, P. K. Thwar, M. Yang, V. M. Ugaz, M. A. Burns: Integrated microsystems for controlled drug delivery. Adv. Drug Delivery Rev. Vol. 56, pp. 185-198, 2004

[REG09] K. J. Regehr, M. Domenech, J. T. Koepsel, K. C. Carver, S. J. Ellison-Zelski, W. L. Murphy, L. A. Schuler, E. T. Alarid, D. J. Beebe: Biological implications of polydimethylsiloxane-based microfluidic cell culture. Lab Chip Vol. 9, pp. 2132-2139, 2009

[ROS09] M. Rosenauer, J. Stampfl, M. Vellekoop: A novel optofluidic evanescent waveguide sensor system for fluorescence spectroscopy fabricated by micro-stereolithography. Conference Proceedings Transducers 2009, pp. 718-721, ISBN: 978-1-4244-4193-8, 2009

[RÖT02] O. Röting, W. Röpke, H. Becker, C. Gärtner: Polymer microfabrication technologies. Microsystem Technologies Vol. 8, pp. 32-36, 2002

[ROY11] E. Roy, M. Geissler, J.-Ch. Galas, T. Veres: Prototyping of microfluidic systems using a commercial thermoplastic elastomer. Microfluidics Nanofluidics Vol. 11, pp. 235-244, 2011

[RUF07d] C. Ruffert, H.-H. Gatzen: Fabrication and Test of Multi Layer Micro Coils with a High Packaging Density. HARMST2007, Besançon, France, pp. 245-246, 2007; Microsystem Technologies Vol. 14, pp. 1789-1796, 2008

[RUF07e] C. Ruffert, H.-H. Gatzen: Miniaturized Cryoprobe for the Local Deactivation of Neural Networks. Proc.EUSPEN 7th Internat. Conference 2007, Bremen, Germany, Vol. 1, S. 73-77, 2007

[RUF07f] C. Ruffert, H.-H. Gatzen: Alternatives for Fabricating Aerostatic Micro Guides. Proc. Smart Systems Integration 2007, European Conference & Exhibition on integration issues of miniaturized systems – MEMS, MOEMS, ICs and electronic components, Paris, France, S. 604-607, 2007

[RUF13b] C. Ruffert, J. Silomon, L. Rissing: Fabrication of Paper-based Microfluidic Devices with Stamps. Proceedings 39th International Conference on Micro& Nanoengineering (MNE 2013), London, UK, p. 275, 2013

[RUF15] C. Ruffert: Magnetic beads – basics and applications. 226th ECS Meeting/ 2014 ECS and SMEQ Joint International Meeting, Cancun, Mexico, 2014 (invited paper), ECS Transactions Vol. 64, Issue 31, pp. 49-65, 2015

[RUF16b] C. Ruffert: Aus der (Hoch)schule. Papierbasierte mikrofluidische Systeme. CHEMKON, Vol. 23, pp. 181-187, Wiley, doi: 10.1002/ckon.201610286, 2016

[SAH12] F. Saharil, L. El Fissi, Y. Liu, F. Carlborg, D. Vandormael, L. A. Francis, W. van der Wijngaart, T. Haraldsson: Superior dry bonding of off-stoichiometry thiol-ene epoxy (OSTE(+)) polymers for heterogeneous material. Proceedings of the 16th International Conference on Miniaturized Systems for Chemistry and Life Sciences μTAS 2012, pp. 1831-1833, 2012

[SFB11] S. Büttgenbach, A. Burisch, J. Hesselbach (Hrsg.):
Design and Manufacturing of Active Microsystems.
Springer 2011, ISBN-10: 3642129021, TP B1: pp. 167-188, TP B7: pp. 189-206

[SHA97] J. M. Shaw, J. D. Gelorme, N. C. LaBianca, W. E. Conley, S. J. Holmes:
Negative photoresists for optical lithography.
IBM Journal of Research and Development Vol. 41, S. 81-94, 1997

[SIB07] J. Sibarani, M. Takai, K. Ishihara: Surface modification on microfluidic devices with 2-methacryloyloxyethyl phosphorylcholine polymers for reducing unfavorable protein adsorption. Colloids and Surfaces B: Biointerfaces Vol. 54, Issue 1, pp. 88-93, 2007

[SIE03] D. Siepe: Mikrofluidisches Analysesystem zur Untersuchung von wässrigen Lösungen.
Dissertation, Universität Dortmund, Fakultät für Elektrotechnik und Informatik, 2003

[STJ98] M. Stjernström, J. Roeraade: Method for fabrication of microfluidic systems in glass.
J. of Micromechanics and Microengineering Vol. 8, pp. 33-38, 1998

[SUG08] S. Sugiura, J. Edahiro, K. Sumaru, T. Kanamori:
Surface modification of polydimethylsiloxane with photo-grafted poly(ethylene glycol) for micropatterned protein adsorption and cell adhesion.
Colloids and Surfaces B: Biointerfaces Vol. 63, Issue 2, pp. 301-305, 2008

[TAK06] N. Takano, L. M. Doeswijk, M. A. F. van den Boogaart, J. Auerswald, H. F. Knapp, O. Dubochet, Th. Hessler, J. Brugger:
Fabrication of metallic patterns by microstencil lithography on polymer surfaces suitable as microelectrodes in integrated microfluidic systems.
J. of Micromechanics and Microengineering Vol. 16, pp. 1606-1613, 2006

[TOE06] M. W. Toepke, D. J. Beebe: PDMS absorption of small molecules and consequences in microfluidic applications. Lab Chip Vol. 6, pp. 1484-1486, 2006

[TSE14] P. Tseng, C. Murray, D. Kim, D. Di Carlo:
Research highlights: printing the future of microfabrication.
Lab Chip Vol. 14, pp. 1491-1495, 2014

[VOS78] J. L. Vossen, W. Kern (Eds.): Thin Film Processes. San Diego: Academ. Press, 1978

[VOS91] J. L. Vossen, W. Kern (Eds.): Thin Film Processes II. Boston: Academic Press, 1991

[VUL04] P. Vulto, N. Glade, L. Altomare, J. Bablet, G. Medoro, A. Leonardi, A. Romani, I. Chartier, N. Manaresi, M. Tartagni, R. Guerrieri:
Dry film resist for fast fluidic prototyping. Proc. µTAS 2004 8th Internat.
Conference on Miniaturized Systems in Chemistry and Life Sciences, Band 2, pp. 43-45, 2004

[WAG06] T. Wagenknecht, K. Rattba, S. Wagner: Heißprägen von Mikrostrukturen – Fertigung mikrostrukturierter Kunststoffformteile für fluidische Anwendungen.
Werkstattstechnik online , Jahrgang 96, Heft 11/12, 2006

[WAL04] S. T. Walsh: Roadmapping a disruptive technology:
A case study. The emerging microsystems and top-down nanosystems industry.
Technological Forecasting & Social Change Vol. 71, pp. 161-185, 2004

[WAL11] A. Waldbaur, H. Rapp, K. Länge, B. E. Rapp: Let there be chip – towards rapid prototyping of microfluidic devices: one-step manufacturing processes.
Analytical Methods Vol. 3, pp. 2681-2716, 2011

[WER09] z-werkzeugbau-gmbh 2009 http://www.z-microsystems.com

[YET13] A. K. Yetisen, M. S. Akram, Ch. R. Lowe:
Paper-based microfluidic point-of-care diagnostic devices.
Lab Chip Vol. 13, pp. 2210-2251, 2013

[YU04] H. Yu, O. Balogun, B. Li, T. W. Murray, X. Zhang:
Building embedded microchannels using a single layered SU-8, and determining Young's modulus using a laser acoustic technique.
J. of Micromechanics and Microengineering Vol. 14, pp. 1576-1584, 2004

[YU06] H. Yu, O. Balogun, B. Li, T. Murray, X. Zhang: Fabrication of three-dimensional microstructures based on single-layered SU-8™ for lab-on-chip applications.
Sensors and Actuators A Vol. 127, pp. 228-234, 2006

[ZHA01] J. Zhang, K.L. Tan, G.D. Hong, L.J. Yang, H.Q. Gong: Polymerization optimization of SU-8 photoresist and its applications in microfluidic systems and MEMS.
J. of Micromechanics and Microengineering Vol. 11, pp. 20-26, 2001

6 Oberflächenfunktionalisierung

Oberflächenenergien

Die freie Energie oder HELMHOLTZ-Energie F einer Oberfläche ist eine thermodynamische Zustandsgröße. Sie ist zusammengesetzt aus der Differenz von innerer Energie U und dem Produkt aus absoluter Temperatur T und Entropie S gemäß $F = U - T \cdot S$. Die innere Energie U besteht aus der zugeführten Wärme ΔQ und der am System verrichteten Arbeit ΔW, die der erste Hauptsatz der Thermodynamik $\Delta U = \Delta Q + \Delta W$ beschreibt. Die Entropie S ist eine weitere thermodynamische Zustandsgröße, deren Änderung gleich dem Quotienten aus der reversiblen Wärmeänderung ΔQ_{rev} und der absoluten Temperatur T des thermodynamischen Systems ist [WED12].
Eine Methode zur experimentellen Bestimmung der Oberflächenenergie von Festkörpern ist die Kontaktwinkelmessung. Owens und Wendt beschreiben die Grundlagen und teilen die Beiträge zur Oberflächenenergie in einen dispersiven unpolaren und einen polaren Anteil ein [OWE69]. Beim dispersiven Anteil handelt es sich um VAN-DER-WAALS-Kräfte, die mit der sechsten Potenz des intermolekularen Abstands abfallen (siehe Gleichung 2.3). Jedes System strebt nach Energieminimierung. Durch eine Anpassung der Geometrie kann die Oberflächenenergie minimiert werden, was in der Regel einer Verkleinerung der Oberfläche entspricht. Es kommt zu einer Konkurrenz zwischen adhäsiven und repulsiven Kräften.
Während im Flüssigkeitsinneren ein Gleichgewicht herrscht, bildet sich an der Oberfläche eine resultierende Kraft aus, die zur Ausbildung der Oberflächenspannung führt. Diese Oberflächenspannung verhindert beispielsweise das Verfließen eines Flüssigkeitströpfchens auf einer Festkörperoberfläche oder bis zu einem gewissen Grad das Überlaufen eines randvollen Glases und erlaubt die Fortbewegung mancher Insekten auf einer Wasseroberfläche. Zudem ist das Phänomen der Oberflächenspannung die Grundlage für die Definition eines Kontaktwinkels [ZEN05].
Die YOUNGsche Gleichung stellt eine Beziehung zwischen der freien Oberflächenenergie oder Oberflächenspannung σ_s eines ebenen Festkörpers (Index s für engl. *solid*), der Grenzflächenenergie σ_{ls} an der Phasengrenze zwischen dem Festkörper und einem darauf befindlichen Flüssigkeitstropfen mit der Oberflächenspannung σ_l gegen Luft (Index ℓ für engl. *liquid*) und dem Kontaktwinkel θ zwischen Flüssigkeitstropfen und Festkörper her. Basierend auf Kontaktwinkelmessungen kann man so auf unbekannte Oberflächenenergien schließen. Die YOUNGsche Gleichung lautet [YOU05]:

$$\cos\theta = \frac{\sigma_s - \sigma_{ls}}{\sigma_l} \tag{6.1}$$

Kontaktwinkelmessungen

Kontaktwinkelmessungen sind relevant für den Nachweis der Oberflächenaktivierung vor dem Aufbringen einer funktionellen Beschichtung oder dem Bonden zweier Oberflächen. Der Kontaktwinkel von de-ionisiertem Wasser gegen Luft auf PDMS, PMMA und Glas wurde an im Institut für Mikroproduktionstechnik vorbereiteten Proben mit einem Kontaktwinkelmessgerät im Laboratorium für Nano- und Quantenengineering (LNQE) der Leibniz Universität Hannover bestimmt. Bei dem eingesetzten Messgerät handelt es sich um ein Surftens Universal Kontaktwinkelmessgerät der OEG Gesellschaft für Optik, Elektronik & Gerätetechnik mbH, Frankfurt/Oder. Messungen wurden jeweils vor und nach einer Aktivierung im Sauerstoffplasma durchgeführt, die für jeweils 10 s bei der Plasmaleistung 200 W erfolgte. Abbildung 6.1 stellt die Bilder von Tropfen, an denen die Kontaktwinkel gemessen wurden, auf den jeweiligen Oberflächen gegenüber. Bei PDMS änderte sich der Kontaktwinkel von durchschnittlich 109° auf 15° (3 min. nach Aktivierung im Sauerstoffplasma aufgenommen), bei Glas von 81° auf 6° (6 min. nach der Aktivierung gemessen), bei PMMA von 95° auf 19° (10 min. nach der Aktivierung aufgenommen und ausgewertet).

6.1 Methoden zur Oberflächenmodifikation

Mit der Nanotechnologie eröffnen sich neue Möglichkeiten in der medizinischen Diagnostik und Therapie. Speziell die Synthese und Funktionalisierung anorganischer Nanopartikel für biomedizinische Anwendungen stehen im Fokus aktueller Forschung mit dem Ziel der Entwicklung multifunktionaler „theranostischer" (d. h. zugleich therapeutischer und diagnostischer) Nanopartikel, die in der Lage sind, Krankheitszustände zu erkennen und gleichzeitig eine Heilwirkung auszuüben. Eine Voraussetzung ist eine entsprechende organische Beschichtung der Oberfläche dieser Nanopartikel, um funktionelle Gruppen an der Oberfläche bereitzustellen. Dies umfasst einerseits Farbstoffe oder fluoreszierende Marker für die spätere optische Erfassung und andererseits Liganden, die auf die Bindung an das Zielgewebe oder die Zellen spezifisch abgestimmt sind. Darüber hinaus muss die Beschichtung eine Agglomeration der Nanopartikel unterbinden und in den meisten Fällen biokompatibel sein. Als optimaler hydrodynamischer Durchmesser für die Anwendung *in vivo* werden 10 nm bis 100 nm angegeben. Kleinere Partikel (< 10 nm) würden von den Nieren aus dem Blut entfernt, während größere Partikel (> 200 nm) das retikuläre Bindegewebe absorbiere [THA12]. Diese Angaben sind konsistent mit dem von Colombo et al. angegebenen optimalen Größenbereich speziell für Anwendungen der Medikamentenverabreichung, wie in Abschnitt 4.2 Magnetische Manipulation, *Magnetic beads* beschrieben ist [COL12].

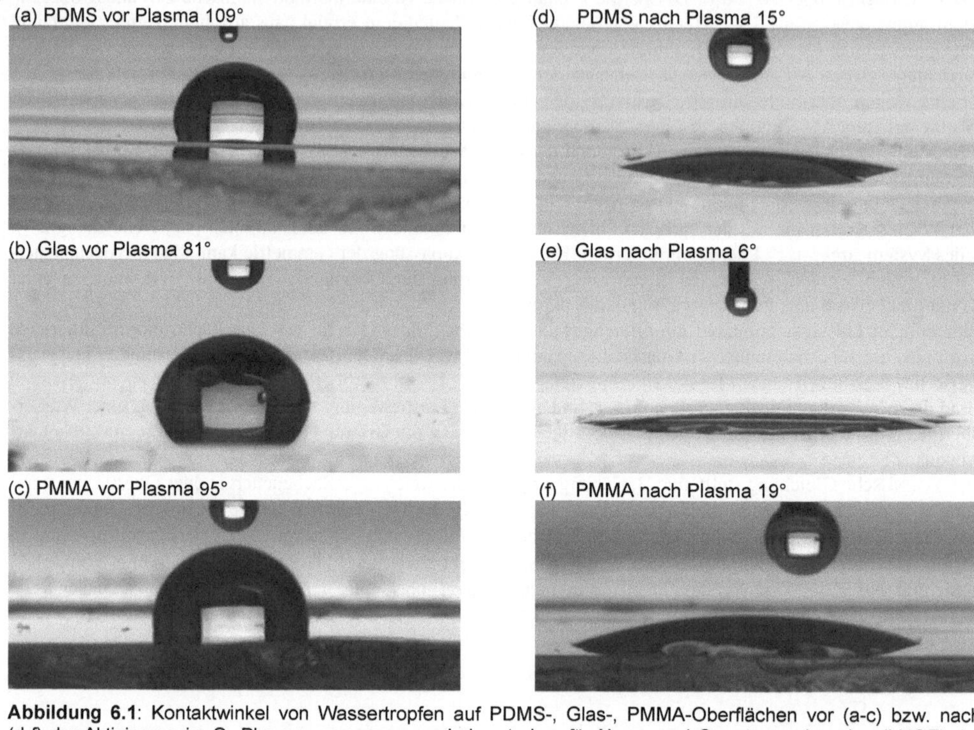

Abbildung 6.1: Kontaktwinkel von Wassertropfen auf PDMS-, Glas-, PMMA-Oberflächen vor (a-c) bzw. nach (d-f) der Aktivierung im O_2-Plasma, gemessen am Laboratorium für Nano- und Quantenengineering (LNQE) der Leibniz Universität Hannover

Ein relevantes Thema in der *Magnetic bead*-Forschung ist die Untersuchung der biologischen Verträglichkeit und Toxizität magnetischer Mikro- und Nanopartikel und ihr Verbleib im Organismus sowie deren Auswirkungen auf den Organismus bei längerer Exposition. Ferner wird an einer Verbesserung der magnetischen Eigenschaften im Hinblick auf eine weitere Signalerhöhung bei Einsatz von Magnetresonanzmethoden gearbeitet.

Für das Verankern von Molekülen an der Oberfläche von Eisenoxidnanopartikeln sind verschiedene Methoden verfügbar. Die Oberfläche eines Metalloxids ist in der Regel mit Hydroxidgruppen (–OH) bedeckt [COR06], weshalb sich Ferrite in Wasser wegen der ständigen Protonierung und Deprotonierung dieser OH-Gruppen wie amphotere Feststoffe verhalten [THA12], d. h. sie können sowohl als Säure (Protonendonator) als auch als Base (Protonenakzeptor) reagieren. Der pH-Wertebereich, in dem die Oberflächenladung der Metalloxide und Ferrite gleich null ist, liegt bei pH = 6 bis 8 und ist im Übrigen gleich dem isoelektrischen Punkt, bei dem sich positive und negative Ladungen ausgleichen, wenn die adsorbierenden Ionen nur Hydroxidionen (OH^-) und Hydroxoniumionen (H_3O^+) sind (siehe hierzu auch Abschnitt 3.4 Elektrische Trennverfahren in der Mikrofluidik). Die Kenntnis dieses Bereiches ist wichtig für die Stabilisierung kolloidaler Lösungen.

Grundsätzlich bestehen zwei mögliche Ansätze für die Beschichtung von Nanopartikeln: *in situ* während der Partikelsynthese oder im Anschluss daran [QIA09]. Für die Beschichtung *in situ* werden Biopolymere wie Kohlenhydrate oder Proteine sowie synthetische Polymere wie Polyethylenglykol (PEG), Polyethylenimin (PEI), Polyvinylalkohol (PVA), Polyacrylsäure (PAA), Polymethacrylsäure (PMAA), Polylaktische Säure (PLA), Polyvinylpyrrolidon (PVP), und AB- oder ABC-Blockcopolymere eingesetzt, die die zuvor erwähnten Segmente oder kleine Moleküle wie Zitronensäure, Weinsäure oder andere Fällungsmittel enthalten. Im postsynthetischen Beschichtungsprozess werden zunächst die Magnetkerne hergestellt (und ggf. an der Oberfläche mit einem Netzmittel zur Vermeidung von Agglomeration versehen) und nachfolgend entweder direkt, durch Ligandentausch oder mithilfe hydrophober Wechselwirkungen beschichtet.

Methoden zur Oberflächenfunktionalisierung

Oberflächenfunktionalisierungen dienen in der Mikrofluidik in vielen Fällen zur Einstellung der Benetzungseigenschaften. Mugele beschäftigte sich mit den Grundlagen der Elektrobenetzung (engl. *electrowetting*), bei der ein elektrisches Feld durch Veränderung der Oberflächenspannung einer Flüssigkeit deren Benetzungseigenschaften verändert, und gibt einen Überblick über Elektrodendesigns und die Elektrodenauslegung [MUG05]. Fair setzte sich mit der Fragestellung auseinander, ob ein *Lab-on-a-Chip* auf Basis der *Electrowetting-on-dielectric* (EWD/EWOD)-Methode möglich ist [FAI07]. Diese Methode beschreibt, wie die Elektrobenetzung das Benetzungsverhalten eines polarisierbaren bzw. elektrisch leitenden Flüssigkeitströpfchens beeinflusst, das sich im Kontakt mit einer hydrophoben Elektrode befindet. Das von Chiou et al. vorgestellte Mikrofluidiksystem basiert auf einem Mechanismus, den man als *Opto Electrowetting* (OEW) bezeichnet [CHI07, PAI03]. Dabei wird die Benetzbarkeit einer Oberfläche durch einen scannenden Laserstrahl von hydrophob zu hydrophil und umgekehrt verändert. Diese Veränderung geschieht binnen Millisekunden. Durch entsprechende Laserbestrahlung können die Separation, Mischung und Bewegung von Flüssigkeitströpfchen durchgeführt werden.

Die meisten Biomoleküle wie Proteine sind hydrophil und haben eine funktionelle Carboxyl- (–COOH) oder Amingruppe ($-NH_2$), die zur Ausbildung von Amidbindungen ($-CONH_2$) mit anderen Partnern genutzt werden kann [MA03, PAR02]. Die Oberflächenmodifikation hydrophober Nanopartikel im Hinblick auf eine Bereitstellung hydrophiler funktioneller Gruppen zur Probenbindung ist daher von großer Bedeutung. Woo et al. beschreiben die Synthese und Oberflächenmodifikation hydrophober Nanopartikel aus Magnetit, um einen für die Bindung von hydrophilen Proben nutzbaren Zustand mit Amin-Endgruppen auf der Oberfläche zu schaffen [WOO05]. Einen Überblick über die Funktionalisierung von magnetitbasierten Nanopartikeln sowie ihre Anwendungen haben Campo et al. zusammengestellt [CAM05]. Die Synthese, Oberflächenaktivierung und mögliche Anwendungen werden beschrieben, wobei auch hier der Fokus auf der Bindung oder Bereitstellung von Amingruppen liegt. Thanh diskutiert unterschiedliche Beschichtungsverfahren zur Funktionalisierung eisenoxidbasierter magnetischer Nanopartikel und betrachtet darüber hinaus Wechselwirkungen zwischen Molekülen und der Oberfläche synthetischer Nanopartikel [THA12].

Neben der Funktionalisierung von Partikeln zur Aktivierung werden Beschichtungen auch zur Passivierung oder zum Schutz gegen Korrosion oder mechanischen Angriff aufgebracht. Polyethylenglykol (PEG)-Beschichtungen bieten vielfältige Einsatzbereiche. So wurde eine Thiolierung (auch: Sulfidisierung, d. h. das Anbringen von –SH als funktionelle Gruppe) über eine PEG-Brücke zur Passivierung einer Goldoberfläche eingesetzt, um die unspezifische Bindung von DNS und *Magnetic beads* in bestimmten Bereichen zu vermeiden bzw. eine strukturierte Anbindung zu erzielen [EDE00, s. Abbildung 4.20]. NOF Corporation vertreibt aktiviertes PEG sowie PEG-Derivate [NOF]. Anwendungen finden diese Stoffe im Bereich Arzneimittelverabreichung beispielsweise für die Oberflächenbindung funktionalisierter Nanopartikel. PEG hat sich insbesondere bei der Oberflächenfunktionalisierung von Eisenoxidpartikeln etabliert. So entwickelten Hervé et al. eine Methode zur Herstellung stabiler wässriger Suspensionen von PEGylierten superparamagnetischen Eisenoxidnanopartikeln (engl. *superparamagnetic iron oxide nanoparticles*, SPIONs) für biomedizinische Anwendungen über ein Silanzwischenglied [HER08]. PEG wird zudem zur Vermeidung der unspezifischen Bindung von Proteinen, DNS usw. an Polymeroberflächen eingesetzt [LAR13].

Als Silanisierung bezeichnet man die chemische Anbindung einer Silanverbindung (allgemeine Summenformel Si_nH_{2n+2}) an eine Oberfläche. Dies erfolgt durch Kondensationsreaktionen zwischen hydrolysierbaren Gruppen der eingesetzten Silane und funktionellen Gruppen an der Probenoberfläche. Silanschichten dienen häufig als Haftvermittler für nachfolgend aufgebrachte Beschichtungen, aber auch eigenständig als Antihaftbeschichtungen. Ein konkretes Beispiel für die Verwendung einer Silanisierung ist die Verbindung verschiedener Materialien in der Zahntechnik oder bei der Beschichtung von Metalloberflächen mit einem keramischen Werkstoff [ZAH]. Die Firma thinXXS Microtechnology AG in Zweibrücken führt die Silanisierung von Oberflächen mikrofluidischer Strukturen durch, um eine stabile hydrophile Schicht zu erzielen. Nasschemische Verfahren werden bei der thinXXS Microtechnology AG ebenfalls zur Einstellung der Hydrophobizität oder Hydrophilität von Oberflächen gemäß kundenspezifischer Applikationen eingesetzt.

Im *Laboratory of Microsystems* an der *École Polytechnique Fédérale de Lausanne* in der Schweiz wurden strukturierte Schichten der Silanverbindung 3-Aminopropyltriethoxysilan (APTES) für das elektrostatische Anbinden funktionalisierter *Magnetic beads* genutzt [SIV08, SIV09, TEK13b]. Auf diese Weise werden strukturierte Bead-Arrays für die lokale Immobilisierung von Biomolekülen bereitgestellt. Abbildung 6.2 skizziert das Prinzip: 2,8 µm große *Magnetic beads* mit Antikörper-Antigen-Komplexen an der Oberfläche werden durch eine Pufferlösung in den Zielbereich transportiert, die mit 1,0 µm großen *Magnetic beads* bedeckt ist. Diese sind im Vorfeld ebenfalls mit Antikörpern versehen worden. Im Magnetfeld binden die größeren Beads über Antikörper-Antigen-Wechselwirkungen an die kleineren Beads. Dieser Vorgang imitiert die selektive Erkennung von Biomolekülen (Beispiel: Adhäsion von Leukozyten an Blutgefäßwände durch Zelladhäsionsmoleküle).

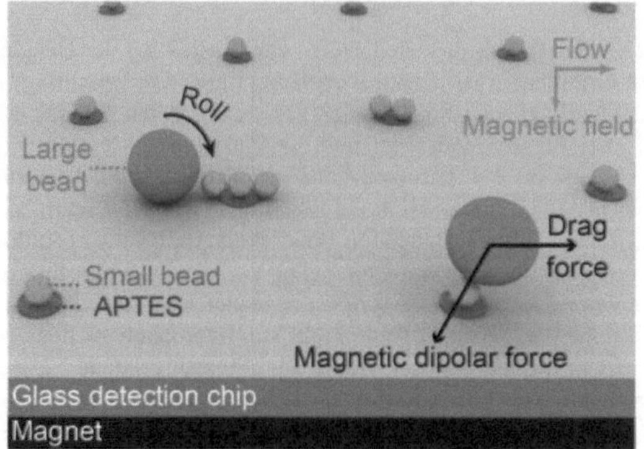

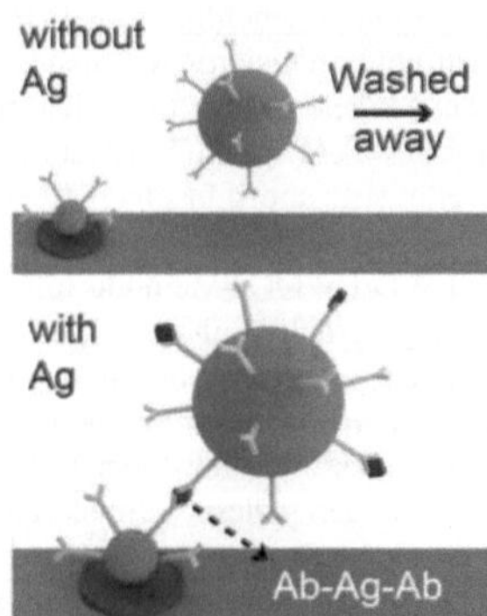

Abbildung 6.2: „Aufrollen" größerer auf kleinere *Magnetic beads* (∅ 2,8 µm bzw. ∅ 1,0 µm) und Bindung über Bildung von Antikörper-Antigen-Komplexen (Ab = Antikörper, Ag = Antigen) [TEK13b]

Mit einer APTES-Beschichtung werden durch die darin enthaltene NH_2-Gruppe aminähnliche Funktionalitäten der Oberfläche erzielt. Dies ermöglicht weitere chemische Modifikationen der auf diese Weise beschichteten PDMS-Oberfläche. Die Beschichtung kann vor dem Deckeln der Kanäle erfolgen oder durch flüssige Reagenzien in einem Spülvorgang auf die Oberfläche der geschlossenen Kanalstruktur aufgebracht werden.
Eine weitere Methode zur lokalen oder strukturierten Beschichtung einer Substratoberfläche mit *Magnetic beads* neben der Nutzung einer strukturierten APTES-Schicht besteht im Einsatz eines PDMS-Stempels. Als Anwendungsbeispiel wird die Zellkultivierung beschrieben [ISS08]. Eine Studie zur mikrostrukturierten Abscheidung von mit Carboxylgruppen (–COOH) funktionalisierten *Magnetic beads* auf Glas legt die Erzeugung lokaler gegensätzlicher Ladungen durch das Stempeln von Polymer auf Polymer zugrunde [LYL04]. Eine Methode zur Fertigung von *Magnetic bead*-Strukturen in PEG-Hydrogelen wurde in Kooperation zweier Forschungseinrichtungen in Massachusetts entwickelt [PRE06]. Wong gibt einen Überblick über PDMS-Oberflächenmodifikationen mit dem Ziel der Vermeidung eines Biofaulens [WON09]. Er unterscheidet zwei Kategorien:

(i) physikalisch durch Physiosorption geladener oder amphiphiler (Co-)Polymere und

(ii) chemische Ansätze einschließlich selbstanordnender Monolagen (engl. *Self-assembling Monolayers*, SAM) sowie dicker Polymerbeschichtungen.

Mit der Oberflächenfunktionalisierung durch SAM aus Biomolekülen befasste sich Zimmermann [ZIM11]. Geeignet seien Biomoleküle wie Hydrophobine oder Wachse, die hydrophobe Bereiche an der Oberfläche besitzen oder einen amphiphilen Charakter haben und sich auf dem Substrat in kovalenter Bindung zu SAM anordnen. Diese dienen als Anker für weitere hydrophobe Moleküle. Hydrophobine adsorbieren sowohl an hydrophobe als auch an hydrophile Oberflächen wie Teflon oder Glas und kehren deren Benetzungseigenschaften um.
An der *École Supérieure de Physique et de Chimie Industrielles* (ESPCI) in Paris befasste sich eine Gruppe von Wissenschaftlern mit der Einstellung der langzeit- und temperaturstabilen Benetzungs- und Adhäsionseigenschaften thiolbasierter Mikrofluidiksysteme. Zwei Methoden mit folgenden drei Anwendungsbeispielen sind beschrieben: die kapillare Flussführung von Fluiden, die Herstellung von Emulsionen und die Zellkultivierung auf Mikroklebestrukturen. Die zuletzt genannte Methode basiert auf der Verwendung von Norland Optical Adhesive 81 (NOA81), einem einkomponentigen Flüssigklebstoff, der lokal aufgebracht und mit UV-Strahlung ausgehärtet wird. Mit diesen NOA81-„Aufklebern" gelang die selektive Anbindung von Zellen umgeben von PEG als Antifaulmittel [LEV12]. Goddard und Hotchkiss geben einen Überblick über die Modifikation von Polymeroberflächen mit nasschemischen Verfahren, Silanisierung und durch Behandlung mit ionisiertem Gas oder UV-Strahlung mit dem Ziel der kovalenten Bindung bioaktiver Komponenten [GOD07]. Anwendungsgebiete sind Biomedizintechnik, Biosensoren, Enzymreaktoren und Gewebe – überall dort sind die Einsatzbereiche zu finden, wo Biomoleküle zu konjugieren sind.
Basierend auf Sol-Gel-Beschichtungen wurden PDMS-Mikrokanäle mit drei unterschiedlichen Metallalkoxid-Prekursoren modifiziert, um die Hydrophilität der Oberfläche zu erhöhen. Die Prekursoren diffundierten zuerst in die Wände der PDMS-Kanäle und wurden dann mit Wasserdampf hydrolisiert. Dies resultierte in der Bildung

einer stabilen Metalloxidschicht aus Titan-, Zirkon- oder Vanadiumoxid [ROM06]. Ebenfalls mit einem Sol-Gel-Verfahren wurde an der Harvard University von Abate et al. eine Glasschicht auf PDMS abgeschieden. So konnten sowohl die Diffusion eines wassergelösten Feststoffs in das PDMS als auch das Quellen von PDMS durch ein organisches Lösungsmittel vermindert werden [ABA08]. Das Aufquellen von PDMS kann auch durch eine Borsilikatglasbeschichtung verhindert werden [ORH08]. Wie man mit einer Glasbeschichtung modifizierte PDMS-Kanäle zusätzlich hydrophob oder hydrophil funktionalisieren kann, beschreibt Holtze [HOL10].
Die Oxidation einer PDMS-Oberfläche im Plasma und das anschließende Aufbringen von Polyvinylalkohol mit APTES oder 3-Mercaptopropyl-trimethoxysilane (MPTMS) als Haftvermittler erzeugt eine PDMS-Oberfläche mit für 30 Tage hydrophilen Eigenschaften bei Minimierung unerwünschter Proteinadsorption [CAR11b]. Eine Forschergruppe untersuchte die Modifizierung von Natur aus hydrophoben PDMS-Oberflächen mit dem Ziel einer langzeitstabilen Hydrophilisierung durch Plasmapolymerisation zweier sequenziell aufgebrachter Schichten mit den Prekursoren Methan (CH_4) und Tetraethylorthosilicate (TEOS). Methan dient als physikalische Barriere, um eine Regeneration der hydrophilen Schicht zu vermeiden, die durch eine Plasmaabscheidung von TEOS und Sauerstoff entsteht. Superhydrophile Eigenschaften wurden so für mehr als 28 Tage erzielt [LEE11]. Durch CO_2-Laserabtrag und eine Flüssigkristallpolymer-Zwischenschicht konnten für eine Dauer von zwei Monaten stabile hydrophile PDMS- und SU-8™-Oberflächen hergestellt werden [CHU09]. Superhydrophobe PDMS-Oberflächen wurden durch ein Zwei-Schritt-Verfahren auf Basis des Kunststoffs Polytetrafluorethylen (PTFE) generiert [TRO12]. Hamblin et al. untersuchten den elektroosmotischen Fluss in Kanälen, die mit SiO_2 oder SiN_x beschichtet waren [HAM07]. Die Zetapotenziale in Abhängigkeit vom pH-Wert konnten durch Messung des elektroosmotischen Flusses direkt gemessen werden. Es erwies sich, dass durch eine Nitridbeschichtung starke osmotische Effekte erzielbar sind. An der Universität in San José, Kalifornien, wurden Mikrofluidikstrukturen aus Polymethylhydrosiloxan (PMHS) hergestellt. Die Option zur Hydrosilylierung der PMHS-Oberfläche zeige Potenzial für Separationsanwendungen [LEE08].
Ziel des Projekts OSOKA (Optisch steuerbare Oberflächen in Kanälen) war die Realisierung optisch schaltbarer Oberflächen in Mikrofluidikkanälen zur Einstellung der Benetzbarkeit. Dabei wurden Silane und Thiole als Ankergruppen verwendet [HOF08]. Abbildung 6.3 gibt den optischen Schaltmechanismus von Diazoverbindungen (allgemeine Summenformel: $R^1R^2C{=}N{=}N$ mit den organischen Resten R^1, R^2) auf einer Oberfläche wieder. Im UV-Wellenlängenbereich um 370 nm nimmt die Diazogruppe eine *cis*-Konfiguration ein, bei der sich beide Substituenten auf der gleichen Seite der Referenzebene befinden, und bei etwa 440 nm eine *trans*-Konfiguration, bei der die Substituenten auf entgegengesetzten Seiten der Referenzebene angeordnet sind. Je nach Substitution der Methyleneinheiten und der funktionellen Endgruppe sind hydrophile oder hydrophobe Oberflächeneigenschaften erzielbar.

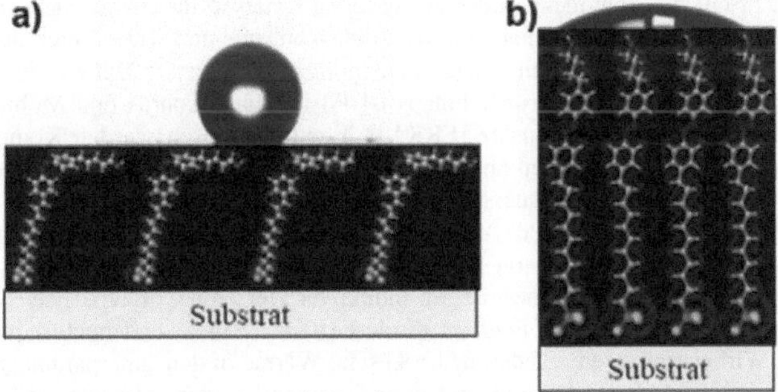

Abbildung 6.3: Diazoverbindungen auf planaren Oberflächen mit a) hydrophoben, b) hydrophilen Benetzungseigenschaften [HOF08]

Die Firma Plasmaelektronik vertreibt Aquacer® zur Oberflächenbeschichtung für eine verbesserte Benetzung mit wässrigen Lösungen. Verschiedene Kunststoffe und Metalle weisen nach der Beschichtung gegenüber Wasser einen Kontaktwinkel von $< 10°$ auf. Lipocer® modifiziert die Oberflächen hinsichtlich hydrophober Eigenschaften (Kontaktwinkel $> 100°$). Zugleich erlauben die SiO_2-basierten Beschichtungen, die durch Plasmapolymerisation von Hexamethyldisiloxan (HMDSO) entstehen, die Kontrolle der Permeabilität von Polymeroberflächen [SCH09, SCH11a]. ORMOCER®e sind anorganisch-organische Hybridpolymere mit einem breiten Anwendungsspektrum. Sie dienen als funktionelle Schicht auf PDMS, um die Polarität und somit die Eigenschaftspaare hydrophil / hydrophob bzw. olephil / oleophob einzustellen [ORM] und wurden auch als Strukturmaterial für die Fertigung mikrofluidischer Strukturen eingesetzt [AUR08, CUE11].

Eine der bekanntesten Methoden zur chemischen Oberflächenmodifikation von Kunststoffen wie PC, PDMS, PE, PMMA, PP, PS und dem fotostrukturierbaren SU-8™ ist die Aktivierung im Plasma. Meistens verwendet man Sauerstoff als Plasmagas [TAN10], aber auch andere Gase wie Stickstoff, Wasserstoff oder Luft sind möglich [BEH94, JOK12]. Einen Überblick über Prozesse und Anwendungen der Oberflächenfunktionalisierung von Mikrostrukturen durch Plasmatechnologie beschreibt Reinicke [REI05]. Mit der Plasmafunktionalisierung von PMMA- und SU-8™-Oberflächen befassten sich Landgraf et al. [LAN09]. PDMS wird einem Plasma ausgesetzt, um die Oberfläche zu aktivieren und auf einen weiteren PDMS-Chip oder auf Glas dauerhaft zu bonden (siehe auch Kapitel 5, Abschnitt Aufbau- und Verbindungstechnik). Dies erfolgt über im Plasma gebildete freie Silanolgruppen an den beteiligten Oberflächen [KIM11]. Neben der Modifizierung von PDMS-Oberflächen durch Plasmabehandlung wurde die Anbindung funktioneller Polymere untersucht [ROT09]. Toh et al. integrierten eine PDMS-Membran zwischen zwei mit mikrofluidischen Kanalstrukturen versehenen PMMA-Schichten. Die PMMA-Oberflächen wurden durch säurekatalisierte Hydrolyse und eine Plasmabehandlung funktionalisiert, um eine stabile Bindung zwischen PDMS und PMMA zu erzielen [TOH09].
Eine 3D-Strukturierung zur Beeinflussung des Strömungsverhaltens und des Druckabfalls in Mikrokanälen wurde mit einem PDMS-Stempel realisiert, der auf einem vorstrukturierten PMMA-Substrat gefertigt ist [FAR12]. Eine weitere Möglichkeit zur dreidimensionalen Oberflächenstrukturierung im Mikrobereich bieten Laserverfahren, wie das von der Firma LPKF entwickelte LPKF-LDS®-Verfahren, basierend auf einer Laserdirektstrukturierung für die Fertigung von *Molded Interconnect Devices* (MID) [LPKF]. Die Kontrolle fluidischer Strömungen in Mikrokanälen kann über eine Ladungsstrukturierung auf der Kanaloberfläche erfolgen, wodurch eine elektroosmotische Umlaufbewegung in einem statischen elektrischen Feld entsteht. Eine topografische Strukturierung der Kanaloberflächen zur Kontrolle mikrofluidischer Strömungen schlagen Stroock und Whitesides vor [STR03]. Mit Magnetolithografie kann das Innere von Mikrokanälen chemisch strukturiert werden, um sequenzielle Prozesse wie enzymatische Reaktionen durchzuführen [BAR09a].
In der Produktion von Pharmazeutika und Feinchemikalien können durch Katalysatoren schnellere Reaktionen bei niedrigeren Temperaturen und mit geringeren Kosten erzielt werden. Speziell die Übergangsmetalle der Platingruppe (Ruthenium-Ru, Rhodium-Rh, Palladium-Pd, Osmium-Os, Iridium-Ir und Platin-Pt) werden für zahlreiche Synthesen eingesetzt. BUCHWALD-, HECK-, SONOGASHIRA- und SUZUKI-Kupplungsreaktionen sowie BUCHWALD-HARTWIG-Aminierungen verwenden in der Regel einen Pd-basierten Katalysator [OLD98, PHI10, VEI14, WOL99]. Einen Überblick über Pd-katalysierte Kupplungsreaktionen verschaffen die Broschüren von ACROS Organics/Fisher Scientific [ACR] und *The Strem Chemiker* [BRU14]. In der Reihe *The Strem Chemiker* sind zwischen Juni 2003 und Juli 2016 elf Ausgaben erschienen. Die Ausgabe vom Januar 2014 zum Schwerpunkt Pd- und Pt-Katalysatoren zeigt die Relevanz und Aktualität dieser Thematik. Metalle der Palladiumgruppe werden jedoch nicht nur zur homogenen oder heterogenen Katalyse für chemische Synthesen oder in der Arzneimittelherstellung verwendet, sondern auch in der Abgaskontrolle und wegen ihrer elektrokatalytischen Eigenschaften in Produkten der nachhaltigen Energieerzeugung wie Brennstoffzellen eingesetzt [CAS10, CAS13, CHE09, EKL04, STR14, SUB08]. Darüber hinaus ist Pd in Motherboards und Mobiltelefonen zu finden und kommt als Elektrodenmaterial zum Einsatz [ERK14]. Elektrochemisch wurden Komposite der Verbindungen Pd–Pt und Pd–Au auf Graphitelektroden abgeschieden. Durch die Anwesenheit des zweiten Edelmetalls konnte die elektrokatalytische Aktivität für Sauerstoff und Wasserstoffperoxid (H_2O_2) erhöht werden. Die prinzipiell mögliche Nutzung von Pd–Pt- oder Pd–Au-Codepositen als katalytisch aktive Oberflächen für Biosensoren wurde gezeigt [NAG13]. Die Gruppe von Kirschning nutzt *Magnetic beads* mit einer SiO_2-Beschichtung, auf deren Oberfläche Pd als Katalysator fixiert ist, für induktives Heizen bei organischen Synthesen in Mikroreaktoren. Ein externes elektromagnetisches Feld im mittleren (f = 25 kHz) und hochfrequenten Bereich (f = 780-850 kHz) erzeugt Wirbelströme, die wiederum JOULEsche Wärme in den superparamagnetischen Beads generieren. Die Kombination von *Magnetic beads* mit darauf immobilisierten Pd-Nanopartikeln macht ein heizbares, katalytisch aktives Material für Durchflussreaktoren verfügbar [CEY08, HAR13, KIR12]. Schlange et al. generierten durch eine Pt-Beschichtung auf Kohlenstoffnanoröhrchen in einem elektrisch beheizten Durchflussreaktor ein hoch aktives Katalysatormaterial [SCH11b].
Während Pd in flüssigen Phasen Anwendung findet, werden Pt- und Rh-Nanopartikel eher in gasförmigen Medien zur Hydrierung oder Carboxylierung katalysatorisch genutzt. Aktuelle Beispiele für den katalytischen Einsatz von Pt-Nanopartikeln in chemischen Reaktionen beschreiben Chen und Pan et al. [CHE13, PAN13]. Mit Pt-Nanopartikeln versehene Si-Nanodrähte wurden hinsichtlich ihres photoelektrochemischen Verhaltens untersucht. Das hybride System aus Pt-Partikeln auf den Si-Nanodrähten erwies sich als erfolgversprechender Ansatz für die photoelektrochemische Aufspaltung von Wasser [JI13]. Einen Überblick über die Einsatzmöglichkeiten von Metallen der Platingruppe gibt Matthey [MAT] und verweist auf folgende bahnbrechende Entwicklung: An der Universität Sydney gelang es, Cisplatin, ein gängiges Mittel zur Hemmung des Zellwachstums bzw. der Zellteilung in der Krebstherapie, an goldbeschichtete Eisenoxidkerne zu binden. Durch die Kombination der drei

Metalle Eisen, Gold und Platin wird das Medikament magnetisch manipulierbar und kann mit Magnetfeldern *in vivo* an den Zielort transportiert werden [THA12, WHE12].
Neben dem geringen natürlichen Vorkommen von Palladium und Platin motivieren der hohe Preis und die wachsende Nachfrage, die sich aus der Vielfalt an Einsatzmöglichkeiten ergibt, zur Rückgewinnung dieser Rohstoffe nach deren Gebrauch [BAR09b]. Dong et al. sprechen von einem wachsenden Trend hin zu "green catalysis systems" [DON17]. Für die Rückgewinnung sind unterschiedliche Methoden verfügbar, von denen in pharmazeutischen und anderen industriellen Prozessen Gebrauch gemacht wird: Nanofiltration, Lösungsmittelextraktion, chemisches Ausfällen und Adsorption auf einem unlöslichen Träger [FIS10]. Nanofiltration wird nur in der homogenen Katalyse eingesetzt, wo der Katalysator umgehend wieder in der flüssigen Phase eingesetzt wird. Daher ist die Methode der Nanofiltration nicht für die Rückgewinnung für einen späteren Gebrauch geeignet. Ein vorherrschendes Problem bei der Nanofiltration ist der partielle Zerfall der als Katalysator eingesetzten Nanopartikel in kleine Moleküle, die mit Nanofiltrationsmembranen nicht vollständig entfernbar sind. Infolgedessen sind die Metallpartikel in für pharmazeutische Anwendungen ohne weitere Aufbereitung inakzeptabel hoher Konzentration im Endprodukt vorhanden [WON06]. Andere hydro- oder pyrometallurgische Extraktionsverfahren haben gleichfalls unerwünschte Verluste der Pd- und Pt-Partikel zu verzeichnen [KIM10a]. Die Methoden der Lösungsmittelextraktion und des chemischen Ausfällens sind häufig unspezifisch und können zu Verlusten der aktiven pharmazeutischen Wirkstoffe führen [COL06, FIS10]. Die Gegenstromadsorption ist ein vielversprechendes Konzept für die Rückgewinnung homogener Katalysatoren, erfordert allerdings die Kombination zweier Adsorber [DUN05]. So ist jede Methode nur beschränkt einsetzbar.
Die Firma Scavenging Technologies, UK und NJ, USA, bietet sogenannte *Metal scavengers* als Radikalfänger für die Rückgewinnung von Metallen der Platingruppe an [PHI10]. Das Produkt Smopex® basiert auf einem faserförmigen Material mit funktionalisierter Oberfläche. Produkte der Quadrapure™-Serie sind harzbasiert, QuadraSil™-Scavenger aus einer Quarzmatrix aufgebaut. Die spezifische Oberflächenfunktionalisierung hängt von den zu bindenden Metallpartikeln ab und enthält häufig Schwefelverbindungen (Schwefelsäure H_2SO_4 oder Mercapto-Gruppen/Thiole). Rossier et al. führten Untersuchungen zur Edelmetallrückgewinnung durch Nutzung säurestabiler Nanomagnete durch [ROS10]. Für die Extraktion von Gold und Platin in hoher Verdünnung (10^{-6} bis 10^{-9}) nutzten sie magnetische Nanopartikel mit einer Kohlenstoffbeschichtung in einem Testvolumen von 0,1 m^3. Thiourea (Schwefelharnstoff) diente zur chemischen Bindung der Edelmetalle an *Magnetic beads*. Allgemein basieren industrielle Verfahren für die selektive Rückgewinnung von Edelmetallen auf dem Auswaschen mit giftigen oder gefährlichen Chemikalien wie Königswasser (*aqua regia*): konzentrierte Salzsäure und konzentrierte Salpetersäure im Verhältnis 3 : 1 oder anderen Säuren, die große Abwassermengen oder sekundäre Abfälle erzeugen, welche ihrerseits eine kostspielige Entsorgung erfordern [PAR09]. Eine Alternative zu aggressiven Gefahrstoffen nutzt mit Chitosan beschichtete Magnetitnanopartikel für die Rückgewinnung von Au(III)-Ionen [CHA06, DON07]. Parajuli et al. entwickelten spezielle Adsorptionsgele, um Au(III), Pd(II) und Pt(IV) zurückzugewinnen [PAR06].
Die beschriebenen Bestrebungen zeigen das Interesse und den Bedarf an alternativen Methoden zu den oben genannten industriellen Trennverfahren. Dumrath et al. nennen als bekannte Konzepte zur Rückgewinnung von Pd-Katalysatoren für Kupplungsreaktionen die Heterogenisierung von Liganden auf Polymeren und die Verwendung von Pd-unterstützten Heterogenkatalysatoren. Arbeiten zur Bindung von Pd-Homogenkatalysatoren an Nanopartikel werden zitiert, welche die Vorzüge der homogenen und heterogenen Katalyse miteinander vereinen [DUM10]. Jin und Lee beschreiben die Problematik der Rückgewinnung von Katalysatoren nach deren Gebrauch in Kupplungsreaktionen ohne Verlust der katalytischen Aktivität und verweisen auf das ökonomische und ökologische Interesse im Hinblick auf großtechnische Synthesen [JIN10]. Die Heterogenisierung existierender homogener Pd-Katalysatoren wird als möglicher Ansatz genannt und auf entsprechende Arbeiten verwiesen [PHA06, YIN07]. Jin und Lee nennen Nanopartikel aus Magnetit mit einer SiO_2-Beschichtung als vielversprechende Kandidaten, um Pd-Komplexe darauf zu verankern und katalysatorisch einzusetzen. Insbesondere Pd–SiO_2@Fe_3O_4 habe sich als geeignet für eine dauerhafte Verwendung ohne nennenswerte Verluste erwiesen (Verlust < 0,06% nach zehn Zyklen) wie sie bei Filtrationsmethoden zu verzeichnen sind.

6.2 Anwendung: Bindung von Pt-/Pd-Nanopartikeln an *Magnetic beads*

Als eigene Machbarkeitsstudie für den Übertrag des Einsatzes von *Magnetic beads* auf Anwendungen außerhalb der Biotechnologie und Medizintechnik wurden metallische Nanopartikel, die sich durch ein hohes katalysatorisches Potenzial auszeichnen, an *Magnetic beads* gebunden. In der Biotechnologie wird die starke Wechselwirkung zwischen Avidin oder Streptavidin und Biotin (auch als Vitamin H, Vitamin B7, oder Coenzym R bekannt) genutzt. Andererseits ist die hohe Bindungsaffinität von Edelmetallen wie Pt, Pd und Au zur Thiolgruppe bekannt. Es gilt, diese Informationen in einem geeigneten Ansatz zu verbinden.
Avidin kommt als tetrameres Glykoprotein im natürlichen Eiweiß von Vogeleiern vor [HEN81]. Kommerziell werden mit Avidin beschichtete *Magnetic beads* von mehreren Firmen angeboten. Die Molekülgröße von Avidin

wird mit 5 nm angegeben [MIS06]. Häufig wird auch das von Bakterien produzierte Protein Streptavidin oder das entglykolisierte Avidin namens NeutrAvidin anstelle von Avidin für *Magnetic bead*-Beschichtungen verwendet, da es die Proben spezifischer bindet. Dies schlägt sich jedoch in einem höheren Preis nieder. Einen Überblick über die Eigenschaften von Avidin, Streptavidin und ihre Wechselwirkungen mit Biotin bietet Thermo Fisher Scientific Inc. in einem bewertenden Vergleich der Systeme Avidin-Biotin und Streptavidin-Biotin [PIE14]. Tabelle 4 fasst die wesentlichen Eigenschaften und Unterschiede der Biotin bindenden Proteine Avidin und Streptavidin zusammen.

Tabelle 4: Produktspezifikation der *BcMag™ Monomeric Avidin Magnetic Beads* [PIE14]

	Avidin (chicken)	Streptavidin (recombinant)
Molecular Weight (kDa)	67*	53
Biotin-binding Sites	4	4
Isoelectric Point (pℓ)	10	6.8 to 7.5
Specificity	low	high
Affinity for Biotin (K_d)	~10^{-15} M	~10^{-14} to $^{-15}$ M
Nonspecific Binding	high	low

*In manchen Quellen wird als Molekulargewicht für Avidin 68 kDa angegeben [YOU09].

Da in der durchgeführten Studie kein Probengemisch vorliegt, das eine hoch spezifische Bindung erfordern würde, wurde dem kostengünstigeren Avidin gegenüber Streptavidin der Vorzug gegeben. Das weiterführende Ziel ist ein Recycling und die Schaffung einer Möglichkeit zur Wiederverwendung der metallischen Nanopartikel. Auf der Internetseite von Thermo Fisher Scientific Inc. wird hervorgehoben, dass Avidin in seiner ursprünglichen Form kaum ohne eine Denaturierung vom Biotin abzutrennen ist. Eine Abhilfe zum Erhalt der Biomoleküle schafft der Einsatz von Avidin in modifizierter Form z. B. als Monomer, wie bei den hier verwendeten Beads.

Die Avidin-Biotin-Wechselwirkung ist die stärkste bekannte nicht kovalente biologische Wechselwirkung mit einer Dissoziationskonstanten K_d in der Größenordnung von 10^{-15} M zwischen Protein und Ligand [FRE03, GRE90, HOL05, YOU09]. Die hohe Bindungsaffinität wird durch die Änderung der HELMHOLTZ-Energie charakterisiert, die etwa 80 kJ pro Mol beträgt [IZR97]. Dynamische Messungen der molekularen Wechselwirkungen mit dem Rasterkraftmikroskop lieferten Bindungskräfte von (160 ± 20) pN [FLO94, MOY94].

Die Entdeckung von Avidin wird in das Jahr 1940 datiert, als man beobachtete, dass mit rohem Eiklar gefütterte Küken unter einem Biotinmangel litten. In demselben Jahr gelang es Snell, das entsprechende Protein zu isolieren. Er nannte es Avidin, ein zusammengesetztes Wort aus "avid" (lat. avidus = gierig) für die hohe Bindungsaffinität zum Biotin und der zweiten Silbe des Wortes Biotin: avid + Biotin [KRE04]. Sowohl Avidin als auch Streptavidin sind Tetramere und können bis zu vier Biotinmoleküle binden. Avidin besteht aus 512 Aminosäuregruppen und ist aus etwa 8.000 Atomen zusammengesetzt. Biotin besteht aus 32 Atomen [IZR97]. Die Avidin-Biotin-Bindung ist so stark, dass sie von großen pH-Wertschwankungen, Temperaturänderungen und organischen Lösungsmitteln weitestgehend unbeeinträchtigt bleibt [PIE14]. Der Nutzen dieser starken Avidin-Biotin-Wechselwirkung ist vielfältig und umfasst Immunassays wie ELISA (*Enzyme-linked immuno-sorbent assay*, siehe auch Anwendungsbeispiel in Abschnitt 8.1) sowie biochemische und biomolekulare Anwendungen.

Zusammengefasst stehen folgende Informationen zur Verfügung und dienten zugleich als Basis für die Entwicklung des Bindungsschemas in Abbildung 6.4, das in eigenständiger Forschungsarbeit theoretisch entwickelt und im Labor umgesetzt sowie evaluiert wurde:

(i) Pt, Pd (und Au) haben eine hohe Bindungsaffinität zu Thiolgruppen [CAR02, YAN06].

(ii) Zwischen Biotin und Avidin bzw. Streptavidin bestehen starke Wechselwirkungen.

(iii) *Magnetic beads* mit monomerer Avidinbeschichtung können Biotin reversibel binden.

(iv) Polyethylenglykol (PEG) kann andere Moleküle kovalent binden (s. Abschnitt 6.1).

Die verwendeten wässrigen kolloidalen Lösungen der 5 nm großen Nanopartikel aus Platin bzw. Palladium wiesen eine Konzentration von $0{,}5 \cdot 10^{-9}$ Partikeln pro Mol (500 pM) auf und wurden mit dem Verfahren von Bigall et al. synthetisiert [BIG08]. Um diese Partikel magnetisch manipulierbar zu machen, wurden kommerzielle *Magnetic beads* mit einer Oberflächenbeschichtung aus monomerem Avidin verwendet (*BcMag™ Monomer*

Avidin Kit, Bioclone Inc., CA, USA). Die Bindung von Pt- bzw. Pd-Nanopartikeln an die Avidinbeads erfolgte über Biotin-PEG-Thiol (Nanocs, MA, USA, Molekulargewicht: 2 kDa) unter Nutzung der hohen Bindungsaffinität des Pt und Pd zur Thiolgruppe sowie der starken Wechselwirkung zwischen Avidin und Biotin. PEG ist als Biotin-PEG-Thiol mit zweifacher Oberflächenfunktionalisierung kommerziell erhältlich. Mit Biotin auf der einen und der Thiolgruppe auf der anderen Seite kann Biotin-PEG-Thiol als Brücke zwischen Pt- oder Pd-Nanopartikel und Avidinbead fungieren. Abbildung 6.4 zeigt die Bindungsfolge vom *Magnetic bead* bis zum Nanopartikel am Beispiel Platin in schematischer Darstellung.

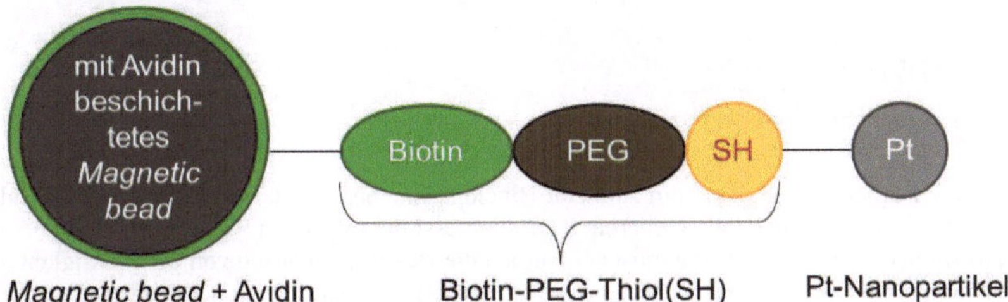

Abbildung 6.4: Schema der Bindung von Pt-Partikeln an *Magnetic beads*, oberflächenfunktionalisiert durch eine Avidinbeschichtung, mit Biotin-PEG-Thiol

Die eingesetzten mit monomerem Avidin beschichteten *Magnetic beads* bestehen aus 20 nm bis 30 nm großen Eisenoxidpartikeln in einer SiO_2-Quarzmatrix und haben einen Durchmesser von 1 µm. Nach den Angaben vom Anbieter Bioclone Inc. sind an die verwendeten *BcMag™ Monomeric Avidin Magnetic Beads* gebundene biotinylierte Proben durch den im *Magnetic bead*-Kit enthaltenen *Blocking/Elution Buffer*, eine Auswaschlösung, ablösbar [BIO]. Die produktspezifischen Eigenschaften dieser Beads stellt Tabelle 5 tabellarisch dar.

Tabelle 5: Produktspezifikation der *BcMag™ Monomeric Avidin Magnetic Beads* [BIO]

Composition	Silica-coated iron oxide magnetic beads conjugated with monomeric avidin on the surface	
Bead Size	1 µm diameter	
Number of Beads	~1.7 x 10^8 beads/mg	
Surface Area	~100 m²/g	
Magnetization	~40 EMU/g	
Type of Magnetization	Superparamagnetic	
Effective Density	2.5 g/mℓ	
Stability	pH 4-10; Temperature: 4° C -140° C; Most organic solvents	
Concentration	10 mg/mℓ	
Binding Capacity	Biotinylated BSA / mℓ of Beads	> 1 mg/mℓ
	Biotinylate single-stranded olligonucleotides	~2,000 pmoles/mℓ

TurboBeads® ScavPt (Turbobeads Llc., Schweiz) weisen eine thiolbasierte Oberflächenfunktionalisierung zur direkten Bindung von Pt- oder Pd-Partikeln auf [ROS10]. Da die an Thiolgruppen gebundenen Partikel jedoch nur mit Königswasser (*aqua regia*, konz. HCl und konz. HNO_3 im Verhältnis 3 : 1) abzutrennen sind, wurde zusätzlich zu den TurboBeads® ScavPt der Weg über die Avidin-Biotin-Brücke gegangen, da diese Proteine leichter, d. h. mit weniger gefährlichen Chemikalien zu zerstören sind. Seit 2014 sind interessanterweise auch TurboBeads® mit einer PEG-Biotin-Beschichtung im Angebotskatalog der Firma zur Bindung von mit Streptavidin funktionalisierten Molekülen enthalten. Abbildung 6.5 zeigt eine TEM-Aufnahme der verwendeten Pt-Nanopartikel [RUF14a] und amorpher *Magnetic beads* aus dem *BcMag™ Monomeric Avidin Magnetic Bead Kit*. Erkennbar sind Magnetitpartikel in der Quarzmatrix.

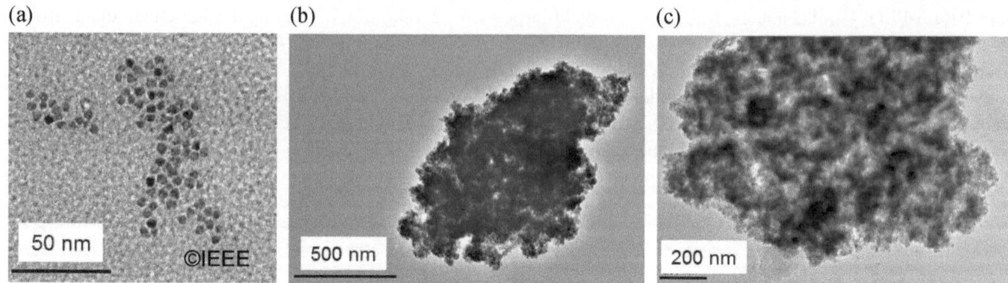

Abbildung 6.5: TEM-Aufnahmen von a) Pt-Nanopartikeln [RUF14a], b) und c) *BcMag™ Monomer Avidin Magnetic Beads*, Quelle: LNQE, Leibniz Universität Hannover

Die *Magnetic beads* wurden gemäß dem vom Anbieter Bioclone Inc. bereitgestellten Protokoll zur Bindung der anwenderspezifischen Probe an die Beads vorbereitet. Dies umfasst die folgenden Schritte:
Nach dem Resuspendieren mit einem Vortexmischer werden die Beads magnetisch von der Flüssigkeit getrennt, in der sie aufbewahrt sind. Dieses magnetische Waschen erfolgt durch Positionieren der Probe auf einem starken Permanentmagnet (aus Nd oder NdFeB) und Absaugen des Überstands mit einer Pipette. Dies wird in Mikroreaktionsgefäßen des Volumens 1,5 mℓ durchgeführt. Anschließend wird eine Pufferlösung wie (engl. *phosphate buffered saline*, PBS) zugegeben, die Probe mit der Pipette durchmischt und die Beads vom Überstand wiederum magnetisch separiert. Nach drei bis fünf Waschschritten wird die gleiche Prozedur mit dem *Blocking/Elution Buffer* aus dem *Magnetic bead*-Kit wiederholt, wobei vor der magnetischen Separation ein fünfminütiger Inkubationsschritt bei Raumtemperatur vorgesehen ist. Im nächsten Schritt wird das sechsfache Volumen der anfangs entnommenen Beadlösung der im *Magnetic bead*-Kit enthaltenen *Regeneration Buffer*-Lösung hinzugegeben und nach Mischen magnetisch separiert. Der Überstand wird jedes Mal abpipettiert, während die Probe im Mikroreaktionsgefäß noch auf dem Magnet verweilt, um eine Resuspension und damit verbundene unerwünschte Beadverluste zu vermeiden. Darauffolgendes Waschen mit dem vierfachen anfänglichen Beadvolumen mit PBS macht die Beads einsatzbereit für den sofortigen Gebrauch. Bei Aufbewahrung würde sich die Bindungskapazität drastisch verringern. Während der Vorbereitung der Beads erfolgt parallel die Inkubation der Pt- bzw. Pd-Nanopartikel mit Biotin-PEG-Thiol bei Raumtemperatur. Dann werden die biotinylierten Nanopartikel mit den vorbereiteten Beads zusammengegeben. Nach einer Stunde Inkubationszeit bei Raumtemperatur wird die Probe mindestens fünfmal mit de-ionisiertem Wasser gewaschen. Die an der inneren Gefäßwand durch einen außen am Gefäß positionierten Magnet agglomerierte Probe wird in Wasser gelöst und steht zur Charakterisierung und Anwendung zur Verfügung.

Nachweis der Bindung von Pt-Partikeln an *Magnetic beads*

Die erfolgreiche Bindung von Pt-Nanopartikeln an *Magnetic beads* wurde mit einem Transmissionselektronenmikroskop (TEM) sowie einem Rasterelektronenmikroskop (REM) nachgewiesen. Mit energiedispersiver Röntgenstrahlanalyse (engl. *Electron Dispersive X-ray Spectroscopy*, EDXS) wurde im TEM die Zusammensetzung eines *Magnetic bead* bestimmt, das zuvor mit biotinylierten Pt-Nanopartikeln inkubiert worden war. Ein Platingehalt von 1,8 Atomprozent (At.-%), ein Sauerstoffanteil von 60,4 At.-%, 17,7 At.-% Silizium und 20,1 At.-% Eisen wurden nachgewiesen und in den angegebenen Anteilen quantifiziert. Dies entspricht der Zusammensetzung eines *Magnetic bead* aus Magnetit (Fe_3O_4), eingebettet in einer SiO_2-Quarzmatrix. Tabelle 6 gibt einen Überblick über die Zusammensetzung eines *Magnetic bead* mit oberflächengebundenen Pt-Nanopartikeln [RUF14a].

Tabelle 6: EDXS-Analyse eines mit Avidin beschichteten *Magnetic bead* nach Inkubation mit biotinylierten Pt-Nanopartikeln [RUF14a]

Element	Anteil [At.- %]
O	60,38
Si	17,69
Fe	20,14
Pt	1,79
Summe	100,00

In Abbildung 6.6 sind Pt-Partikel an der Oberfläche eines mit Avidin beschichteten *Magnetic bead* zu erkennen. Deutlich sieht man die Gitterebenen des kristallinen Eisenoxids (Magnetit, Fe_3O_4) in der SiO_2-Matrix. Im Beugungsbild in Abbildung 6.7 lassen sich die Gitterebenen von Magnetit identifizieren.

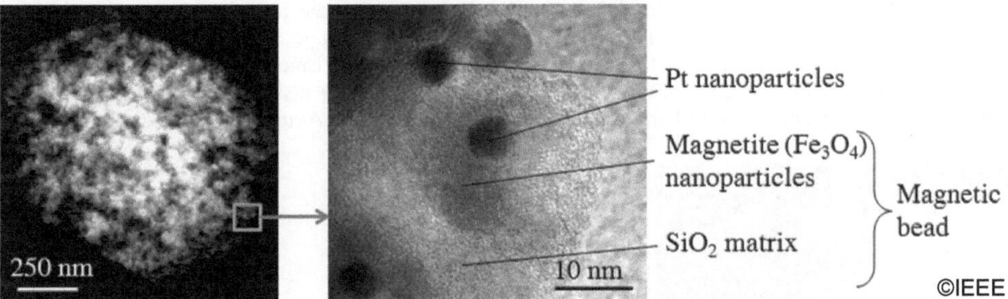

Abbildung 6.6: TEM-Aufnahme eines *BcMag™ Monomer Avidin Magnetic Bead* (Ø 1 µm) mit Pt-Nanopartikeln auf der Oberfläche (links) und Ausschnittvergrößerung (rechts) [RUF14a, RUF15]

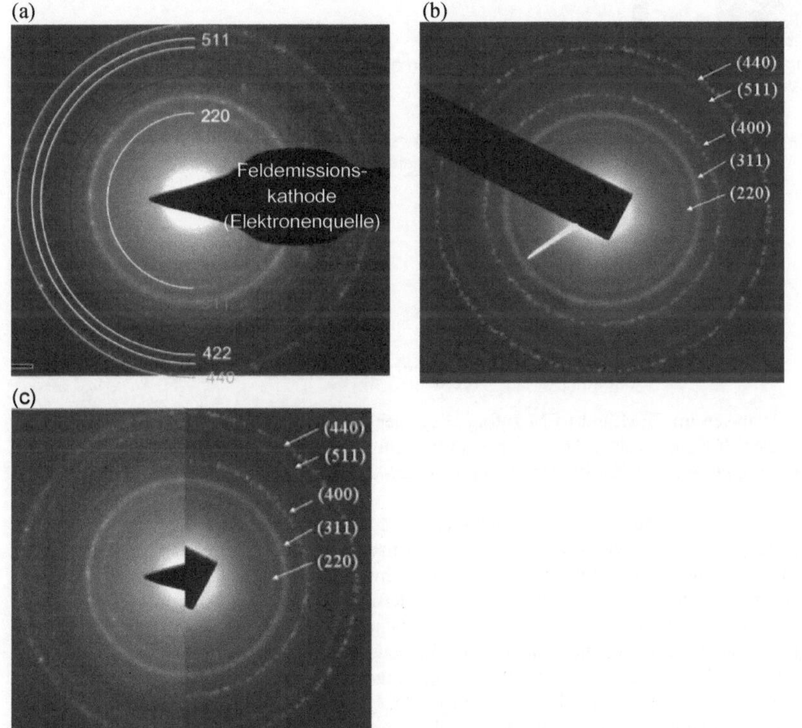

Abbildung 6.7: a) Beugungsbild der Probe aus Abbildung 6.6; TEM-Aufnahme: LNQE, Leibniz Univ. Hannover,
b) Beugungsringe einer Magnetitprobe [JIN12] © (2012) Springer, reprinted with permission,
c) Überlagerung von eigener Messung und Bild b)

Zusätzlich zu den EDXS-Analysen im TEM wurden EDX-Analysen in einem Rasterelektronenmikroskop zur Verifizierung der Zusammensetzung von *Magnetic beads* mit Avidinbeschichtung nach Inkubation mit biotinylierten Pt-Nanopartikeln durchgeführt. Der Unterschied in den Analysen mit REM und TEM besteht darin, dass eine TEM-Analyse die gesamte Probe im Durchstrahlverfahren erfasst und das Ergebnis in Atomprozent angibt, während der Elektronenstrahl im REM die Oberfläche abrastert und den Masseanteil der detektierten Elemente in Gewichtsprozent liefert. Der in Abbildung 6.8 markierte Bereich lieferte einen Pt-Gehalt von drei Gewichtsprozent. Fe (46,7%), Si (11,3%) und O2 (0,6%) sind wiederum nachgewiesene Bestandteile des *Magnetic bead* (Fe_3O_4-Nanopartikel in einer SiO_2-Matrix). Mit 31,7% ist etwa ein Drittel des im markierten Bereich detektierten Materials Kohlenstoff. Dies ist auf die Verwendung von Kohlenstoffsubstraten für die Probenpräparation zurückzuführen. Schwefel konnte mit 0,6% quantifiziert werden, der aus der Thiol-Gruppe des Biotin-PEG-Thiol stammen könnte, das die Pt-Partikel über das PEG an Biotin bindet. Für die restlichen 0,6% wurde Natrium nachgewiesen, das dem Natriumcitrat aus der Pt-Nanopartikelsynthese zugeschrieben wird [BIG08]. Einen Überblick über die Materialzusammensetzung nach Gewichtsanteilen am Beispiel des EDX-Ergebnisses für den Messbereich aus Abbildung 6.8 gibt Tabelle 7. Die EDXS- und EDX-Analysen sind der Nachweis der Machbarkeit des Ansatzes zur Bindung von Pt-Partikeln an *Magnetic beads* über eine Avidin-Biotin-Bindung.

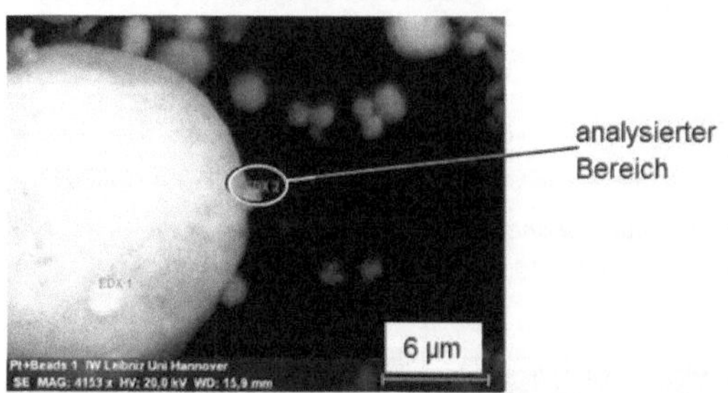

Abbildung 6.8: Avidinbeschichtete *Magnetic beads* mit Pt-Partikeln auf größerem Partikel, Messung: Institut für Werkstoffkunde, Leibniz Universität Hannover

Tabelle 7: EDX-Analyseresultat einer Probe nach Inkubation von *Magnetic beads* mit Pt-Nanopartikeln

Element	Anteil [Gewichts-%]
Fe	46,8
C	31,7
Si	11,3
O	6,0
Pt	3,0
S	0,6
Na	0,6
Summe	100,0

Den EDXS- und EDX-Analysen im TEM und REM zufolge liegt der atomare Platinanteil eines *Magnetic bead* nach der Inkubation mit den Pt-Nanopartikeln bei knapp zwei Prozent. Der Massenanteil an der Oberfläche liegt in derselben Größenordnung bei etwa einem Prozent, wenn man den durch das Substrat bedingten Kohlenstoffanteil herausrechnet.

Infrarot-Spektroskopie (IR-Spektroskopie) wird typischerweise zur Untersuchung der Struktur organischer Substanzen eingesetzt. Basis für dieses Messverfahren ist der elastische Charakter molekularer Bindungen. In der Probe werden durch die Zufuhr von IR-Einstrahlung Molekülschwingungen angeregt. Dadurch ändern sich die Bindungslängen und -winkel. Schwingungen, die zu einer Änderung der Bindungslänge führen, werden als Valenzschwingungen bezeichnet, während eine Änderung des Bindungswinkels sogenannte Deformationsschwingungen mit sich bringen. Da funktionelle Gruppen charakteristische Absorptionsbande aufweisen, können diese mit IR-Spektroskopie nachgewiesen werden [THÜ13]. Die Angabe der Energien der IR-Strahlung erfolgt in cm^{-1}, was der Wellenzahl (der reziproken Wellenlänge) entspricht. Die Frequenz der erzeugten Schwingungen hängt von der Atommasse, den Bindungskräften und der räumlichen Anordnung der Atome in der molekularen Verbindung ab. Liegen die Schwingungen im Bereich der Wellenzahl von 5.000/cm bis 500/cm, sind sie der Analyse mit Infrarotstrahlung zugänglich. Die resultierenden Absorptionsbande sind charakteristisch für die jeweiligen Stoffgruppen der Probe. Beim FOURIER-Transformations-Infrarot (FTIR)-Spektrometer Tensor 27 (Bruker Corp., USA) am Institut für Werkstoffkunde der Leibniz Universität Hannover dient ein elektrisch erhitzter Stab aus Siliziumcarbid als Strahlungsquelle.

FTIR-Spektra der Proben wurden im Verlauf der Durchführung der Versuchsreihen aufgenommen. Eine Zuordnung der charakteristischen Peaks erfolgte anhand von Tabellen und der Fachliteratur. Ein direkter Nachweis der Pt- oder Pd-Nanopartikel ist mit dieser Methode nicht möglich, jedoch können funktionelle Gruppen an der Probenoberfläche sowie potenziell die Bildung des Schwefel-Metallsystems identifiziert werden.

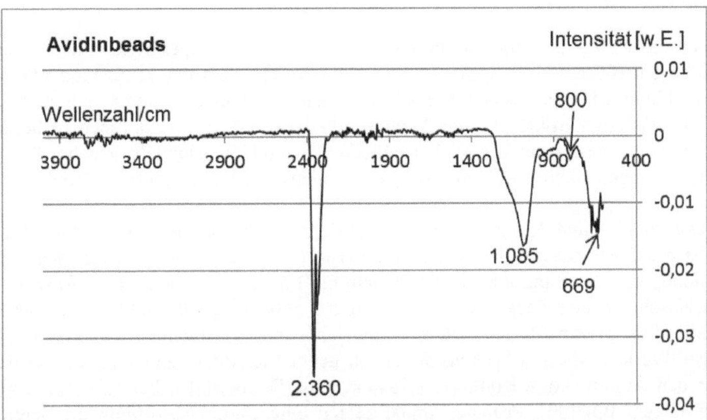

Abbildung 6.9: FTIR-Spektrum von puren *BcMag™ Monomeric Avidin Magnetic Beads*, Messung: Institut für Werkstoffkunde, Leibniz Universität Hannover

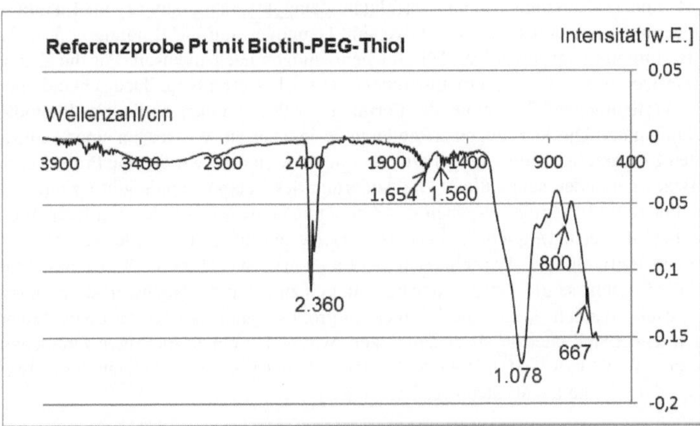

Abbildung 6.10: FTIR-Spektrum nach Inkubation biotinylierter Pt-Nanopartikel mit Avidinbeads, Messung: Institut für Werkstoffkunde, Leibniz Universität Hannover

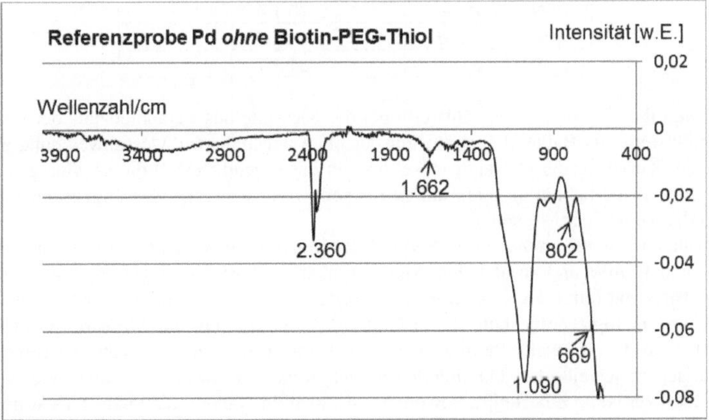

Abbildung 6.11: FTIR-Spektrum nach Inkubation purer Pd-Nanopartikel mit Avidinbeads, Messung: Institut für Werkstoffkunde, Leibniz Universität Hannover

Abbildung 6.9 zeigt das FTIR-Spektrum von in de-ionisiertem Wasser dispergierten Avidinbeads vor der Inkubation und Abbildung 6.10 das FTIR-Spektrum von Avidinbeads nach der Inkubation mit biotinylierten Pt-Nanopartikeln. Abbildung 6.11 stellt das FTIR-Spektrum nach der Inkubation purer (d. h. nicht mit Biotin-PEG-Thiol funktionalisierter) Nanopartikel mit den Avidinbeads dar. Eindeutig zuzuordnen ist bei allen Proben das Hintergrundspektrum: Die Peaks bei der Wellenzahl 669/cm und die Doppelspitze bei 2.360/cm sind CO_2-Molekülen aus der Umgebungsluft zuzuschreiben, die Liniengruppe um 3.600/cm Rückständen von Wasser [SHE97].

Die Peaks bei etwa 800/cm und 1.090/cm deuten auf Magnetit in Verbindung mit SiO_2 hin (Kapitel 21 in [CAS12]). Dies ist das Basismaterial der Avidinbeads [BIO]. Dieselbe Quelle ordnet den Peak bei 1.654/cm einer Si-O-Verbindung zu. Das Band von etwa 1.350/cm bis 1.560/cm und um 1.650/cm wird Avidin zugeordnet, das charakteristische scharfe Peaks bei 1.528/cm und 1.540/cm sowie 1.630/cm und 1.668/cm im FTIR-Spektrum generiert. Das Biotin-Avidin-System zeigt Peaks bei 1.250/cm, 1.270/cm, 1.528/cm, 1.582/cm [BAR91]. Ähnliche Werte in diesem Wellenzahlbereich nennt McQuillan und zwar für Avidin 1.537/cm und 1.628/cm und für den Avidin-Biotin-Komplex 1.384/cm, eine Doppelspitze bei 1.535/cm bzw. 1.566/cm und einen Peak bei 1.637/cm [QUI09]. Primäre Amide zeigen eine starke Absorption im Bereich 1.690/cm bis 1.640/cm, die hauptsächlich der C=O-Valenzschwingung zuzuordnen sind. Dieses Band trägt die Bezeichnung Amid I. Ein etwas schwächeres Band zwischen 1.640/cm und 1.620/cm, das oft nur als Schulter zu erkennen ist, ist die Deformationsschwingung der Amino-Gruppe, die Amid II heißt [BAR91, CHE].

Über TEM-, REM- und IR-Messungen hinaus erfolgten Zetapotenzialmessungen im Laboratorium für Nano- und Quantenengineering (LNQE) der Leibniz Universität Hannover, um die Bindung von Pt-Partikeln an *Magnetic beads* über Bestimmung der jeweiligen Oberflächenladungen nachzuweisen. Für die Zetapotenzialmessungen wurde ein Zetasizer Nano Z (Malvern Instruments GmbH, Herrenberg, Deutschland) genutzt, der einen HeNe-Gaslaser der Wellenlänge 632,6 nm bei der Leistung 4 mW und einen Avalanche-Photodiodendetektor für die optische Detektion nutzt. Die Messungen erfolgten in de-ionisiertem Wasser bei einer Temperatur von 20° C. Nach der getrennten Charakterisierung von Pt-Partikeln und Avidinbeads wurde eine Probe vermessen, in der Pt-Nanopartikel an Beads gebunden sein sollten. Die Änderung des Zetapotenzials gibt Grund zur Annahme, dass dies gelungen ist: Für reine Pt-Partikel ergaben die Zetapotenzialmessungen den mittleren Wert (−70 ± 4) mV, für die mit Avidin beschichteten *Magnetic beads* (−14 ± 4) mV und für den Komplex bestehend aus an *Magnetic beads* gebundenen Pt-Partikeln den Wertebereich (−31 ± 7) mV, wie Tabelle 8 zusammenfasst. Für die Pt-Nanopartikel sind die Ergebnisse der Zetapotenzialmessungen zugleich der Nachweis dafür, dass es sich um eine stabile kolloidale Lösung handelt: Wenn alle Partikel ein großes negatives oder positives Zetapotenzial aufweisen, stoßen sie sich tendenziell eher ab als auszuflocken, wie es bei einem niedrigen Zetapotenzial der Fall ist. Als Grenze gibt man -30 mV bzw. +30 mV an. Kolloidale Lösungen mit einem Zetapotenzialwert außerhalb des Intervalls]-30 mV, +30 mV[gelten als stabil [DIE12, MAL].

Tabelle 8: Zetapotenzial von Pt-Nanopartikeln, *BcMag™ Monomeric Avidin Magnetic Beads* und dem Pt-*Magnetic bead*-Komplex nach Inkubation

Probe	ζ-Potenzial [mV]
Pt-Nanopartikel	-70 ± 4
Magnetic bead	-14 ± 4
Pt+Bead	-31 ± 7

Abbildung 6.12 zeigt die Verteilung der Zählwerte bei der Messung des Zetapotenzials der Proben. Abbildung 6.13 stellt die Mittelwerte als Balkendiagramm mit der oben angegebenen Messabweichung als Toleranz dar. Die große Breite der Kurve für die Pt-Nanopartikel liegt in der Eigendiffusion dieser winzigen Partikel begründet. Die angegebenen Fehlerbalken basieren auf den Ergebnissen mehrerer Messungen und nicht etwa auf der Schwankung innerhalb einzelner Messreihen.

In späteren Messungen mit einem Zetasizer Nano ZSP (Malvern Instruments GmbH), der mit einem Laser höherer Leistung von 10 mW und zusätzlichen Messoptionen zur Partikelgrößenmessung mit der Methode der dynamischen Lichtstreuung (engl. *Dynamic light scattering*, DLS) sowie Optionen zur Messung der Proteinmobilität und zur Mikrorheologie ausgestattet ist, erfolgte eine Erweiterung der Messungen auf Pd-Nanopartikel und TurboBeads® Scav Pt als zweite Partikel- bzw. Beadsorte. Bei jeder Messreihe wurden zwischen 75 und 200 Einzelmessungen in jeweils drei Durchläufen aufgenommen. Tendenziell wurden die vorhergegangenen Messwerte vom Zetasizer Nano Z bestätigt: Sowohl Pt- als auch Pd-Nanopartikel haben als kolloidale Ausgangslösung bei einer Partikelgröße um 5 nm in der wässrigen Phase ein negatives Zetapotenzial unterhalb -30 mV und bilden somit eine stabile kolloidale Lösung. Die Messabweichungen betrugen allerdings teilweise bis zu 40%. Diese große Abweichung wird der hohen Mobilität und Migration der Partikel zugeschrieben.

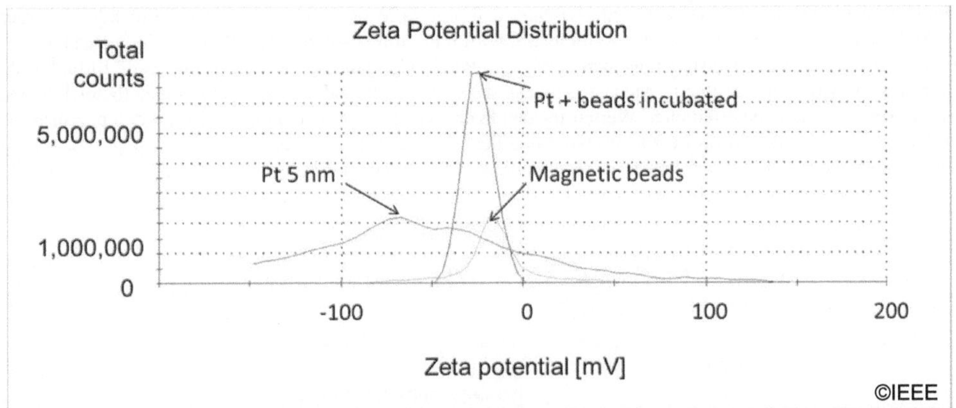

Abbildung 6.12: Zetapotenzialmessergebnis für pure Pt-Nanopartikel, *BcMag™ Monomeric Avidin Magnetic Beads* und den Pt-Bead-Komplex nach Inkubation [RUF14a]

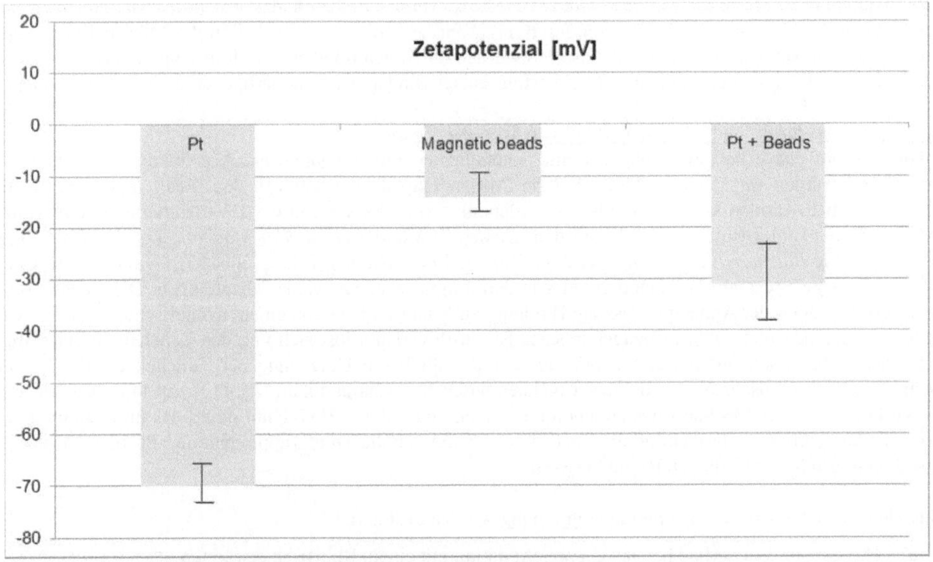

Abbildung 6.13: Zetapotenzialwerte für Pt-Nanopartikel, Avidinbeads und Pt-Bead-Komplex; Durchführung der Messreihen mit einem Zetasizer Nano Z (Malvern Instruments GmbH)

Vor der Inkubation mit den Nanopartikeln wurden auch die Beads mit dem Zetasizer Nano ZSP hinsichtlich ihres Zetapotenzials charakterisiert. Die puren Avidinbeads weisen ein Zetapotenzial von (-22,5 ± 0,5) mV auf. Nach einer Aktivierung entsprechend der Anleitung zum *BcMag™ Monomeric Avidin Magnetic Bead Kit*, die einige Waschschritte mit anschließender magnetischer Separation in de-ionisiertem Wasser, PBS und dem *Blocking/Elution buffer* sowie dem *Regeneration buffer* umfasst, beträgt das Messergebnis (-22 ± 6) mV. Die TurboBeads® Scav Pt sind vor dem Einsatz nur mehrfach mit de-ionisiertem Wasser zu waschen und haben danach nahezu keine elektrische Ladung an der Oberfläche: Ihr Zetapotenzial liegt nach dem Waschen im Bereich zwischen -3 mV und +3 mV.

Zusätzlich wurde der hydrodynamische Durchmesser der beiden verwendeten Beadsorten Avidinbeads und TurboBeads® auf Basis ihrer Partikelmobilität in der Küvette des Zetasizergeräts gemessen. Die Messung wird automatisch von der Software ausgewertet. Der hydrodynamische Durchmesser eines im flüssigen Medium dispergierten Partikels ist in der Regel größer als beispielsweise der mit dem TEM gemessene Durchmesser, da die elektrische Dipolschicht an der Oberfläche bei der Messung mit dynamischer Lichtstreuung (DLS) einbezogen wird.

Abbildung 6.14 skizziert den Unterschied zwischen dem mit TEM und DLS ermittelten Partikeldurchmesser. Der hydrodynamische Durchmesser der Avidinbeads wird mit 4 µm bestimmt, der Wert der TurboBeads® liegt bei knapp 1 µm. Nach den Herstellerangaben beträgt der Partikeldurchmesser bei den Avidinbeads 1 µm. Für die TurboBeads® wird keine definierte Angabe gemacht, die Größe sollte jedoch im Submikrometerbereich liegen. Bei mit der DLS-Methode ermittelten Werten für den hydrodynamischen Durchmesser ist auf den polydispersiven Index zu achten, der Hinweise zur Streuung und dem multimodalen Charakter einer Messung macht. Liegt dieser Index nahe eins, haben mit hoher Wahrscheinlichkeit Staub oder andere Partikel die Messung beeinflusst.

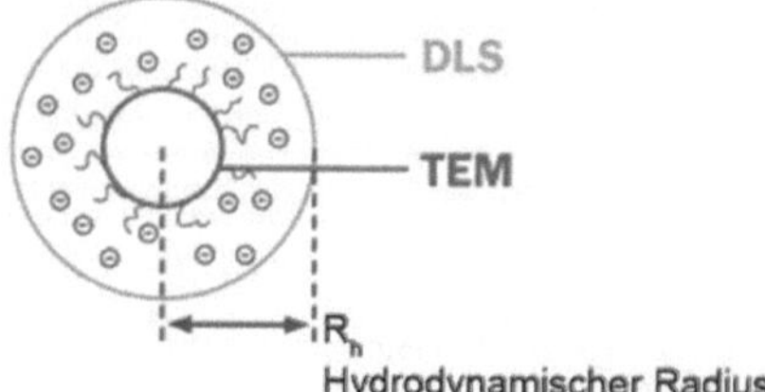

Abbildung 6.14: Veranschaulichung des hydrodynamischen Radius bzw. Durchmessers, Quelle: www.fritsch-sizing.de/enzyklopaedie/hydrodynamic-diameter, mit freundlicher Genehmigung der Fritsch GmbH

Nach Inkubation der Nanopartikel mit *Magnetic beads* wurde wiederum das Zetapotenzial gemessen. Der hydrodynamische Durchmesser ändert sich durch das Anbringen der Nanopartikel an die Mikrobeads natürlich nicht. Bei beiden Nanopartikel- sowie Beadsorten wurden durch den Inkubationsschritt Änderungen des Zetapotenzials detektiert. Dies ist ein Indikator für ein erfolgreiches Binden der Nanopartikel an die Beadoberflächen.

Abtrennversuche der Pt- und Pd-Nanopartikel von *Magnetic beads*

Im Hinblick auf eine Rückgewinnung der mit Unterstützung von *Magnetic beads* gebundenen Pt- bzw. Pd-Nanopartikel wurden verschiedene Methoden zur Abtrennung der Partikel von den Beads untersucht. Neben mehrstündigem Erwärmen kurz unterhalb des Siedepunkts von Wasser und der UV-Bestrahlung zum Aufbrechen der Avidin-Biotin-Bindung wurde die dem *BcMag™ Monomeric Avidin Magnetic Bead Kit* beigefügte Auswaschlösung *Blocking/Elution buffer* und die Zugabe freien Biotins (B4501-500MG, Sigma-Aldrich Corp.) im Überschuss getestet, um die Nanopartikel von den *Magnetic beads* wieder abzutrennen. Die Zugabe freien Biotins erfolgte unter der Annahme, dass die Bindung auf Nanopartikeln von einem dynamischen Gleichgewicht geprägt ist. Das bedeutet: Oberflächengebundenes Biotin-PEG-Thiol löst sich von den Teilchen ab und wird in einer Austauschreaktion durch freies Biotin aus der unmittelbaren Umgebung der Teilchen ersetzt. Perumal beschreibt eine Austauschreaktion für den Ligandentausch bei Nanopartikeln [PER12]. Im hier beschriebenen Fall wird ein ähnlicher Mechanismus angenommen. Wenn das Biotin-PEG-Thiol durch das pure Biotin ersetzt ist, können die Partikel nicht mehr an die Beads koordinieren, da die Thiolgruppe fehlt und Pt- bzw. Pd-Partikel keine direkte Bindungsaffinität zu Biotin besitzen.

Folgende vier Methoden zur Nanopartikelabtrennung wurden evaluiert:

a) 180 min. im Wasserbad bei 98° C unter Agitation mit einem Rührfisch erwärmen,
b) UV-Einstrahlung (Test zweier Lampen: Leistung 4 mW für 180 min. und 3 W für 15s),
c) Einsatz der Auswaschlösung *Blocking/Elution buffer* aus dem *Magnetic Bead Kit,*
d) Zugabe freien Biotins (B4501-500MG, Sigma-Aldrich Corp.) im Überschuss.

Während die Methoden (a) und (b) auf einem physikalischen Ansatz beruhen, nutzen (c) und (d) einen chemischen Ansatz. Die mit den Methoden (c) und (d) behandelten Proben werden nach Zugabe der jeweiligen Reagenzien zur Unterstützung der Separation in ein Ultraschallbad gelegt. Nach den Separationsversuchen wird das Zetapotenzial der vier Proben vermessen. Für die Nanopartikel liegt dabei die HÜCKEL-Approximation zugrunde. Für alle weiteren Proben, die Beadkomplexe und somit Partikel größer als 1 µm enthielten, die bei Zetapotenzialmessungen übliche SMOLUCHOWSKI-Approximation. (HÜCKEL und SMOLUCHOWSKI gehen von einer unterschiedlichen Partikelleitfähigkeit und der Dicke der diffusen Doppelschicht des elektrischen Feldes aus. Nach SMOLUCHOWSKI werden höhere Wanderungsgeschwindigkeiten der Partikel als mit der HÜCKEL-Näherung berechnet.)

Während die Proben (a) bis (c) bei Messungen mit dem Zetasizer Nano Z mit den Messwerten -36 mV und -32 mV kaum Veränderungen gegenüber der Probe mit dem Pt-Bead-Komplex um -31 mV aufwiesen, resultierte die Inkubation des Pt-Bead-Komplexes mit einem Biotinüberschuss in einem deutlich abweichenden und zudem

positiven Zetapotenzial von +7,6 mV. Es mag erstaunen, dass das Zetapotenzial nicht zum Ursprungswert zurückkehrt. Bekannt ist, dass Avidin seinen isoelektrischen Punkt im neutralen pH-Bereich hat und schon leichte pH-Änderungen zu solch einem Ergebnis führen können. Ferner ist die Zetapotenzialmesstechnik im Bereich von etwa -20 mV bis +20 mV nicht hundertprozentig stabil, sodass es zu Schwankungen bei der Reproduzierbarkeit exakter Zetapotenzialmesswerte kommen kann. Jedoch wurden signifikante Änderungen des Zetapotenzials nach Zugabe freien Biotins (im Gegensatz zu den anderen Methoden) beobachtet, was tatsächlich ein Hinweis auf die Entfernung des biotinylierten Platins sein kann. Nicht auszuschließen ist, dass die Zugabe des freien Biotins die Zetapotenzialänderung bewirkte, wenngleich die Proben mehrfach gewaschen und magnetisch separiert wurden. Die Änderung des Zetapotenzials nach Zugabe freien Biotins wurde in späteren Messungen mit einem Zetasizer Nano ZSP und Pd-Nanopartikeln qualitativ verifiziert. Darüber hinaus wurden zusätzlich Proben ohne die Verwendung von Biotin-PEG-Thiol hergestellt, da auch Avidinmoleküle Thioloberflächengruppen besitzen, an welche die thiolaffinen Pt- und Pd-Nanopartikel binden. Dieser experimentelle Ansatz ist durch den Zusatz „ohne" in Tabelle 9 indiziert.
Die direkte Bindung an Avidinbeads ohne Biotin-PEG-Thiol wurde für Pt- und Pd-Nanopartikel durchgeführt. Die Werte des nach der Separation von Pt- und Pd-Nanopartikeln und *Magnetic beads* mit den vier angegebenen Methoden (a) bis (d) bestimmten Zetapotenzials für Proben mit und ohne Biotin-PEG-Thiol sind in Tabelle 9 aufgelistet. Der Referenzwert der inkubierten Probe vor dem Separationsversuch mit der jeweiligen Methode ist jeweils oben in jeder Spalte angegeben.

Tabelle 9: Zetapotenzial vom Nanopartikel-*Magnetic bead*-Komplex nach Inkubation („ohne" heißt ohne Biotin-PEG-Thiol) und der Probe nach Separationsversuch mit vier Methoden

	Pt-Probe ζ-Potenzial [mV]	Pt-Probe „ohne" ζ-Potenzial [mV]	Pd-Probe ζ-Potenzial [mV]	Pd-Probe „ohne" ζ-Potenzial [mV]
Inkubierte Probe	−32	−9	−10	−11
Separationsmethode				
a) erwärmen	−32	−9	+4	−6
b) UV-Strahlung	−32	−9	−6	−14
c) Elution buffer	−36	−13	−5	−12
d) freies Biotin	+7,6	+3	+12	+8

Abbildung 6.15 zeigt die Ergebnisse der Zetapotenzialmessungen aus Abbildung 6.13 mit den ergänzten Werten nach der Separation aus der linken Spalte von Tabelle 9, die den Messungen mit dem Gerät Zetasizer Nano Z zuzuordnen sind. Diese eher als qualitativ zu betrachtenden Messungen des Zetapotenzials geben Grund zu der Annahme, dass die Pt- und Pd-Nanopartikelmenge zumindest partiell in den mit freiem Biotin versetzten Proben von den Avidinbeads abgetrennt wurden. Zur Quantifizierung der von den *Magnetic beads* abgetrennten Pt- und Pd-Nanopartikel dienten Messungen unter Nutzung optischer Emissionsspektrometrie mit induktiv gekoppeltem Plasma (engl. *Inductively Coupled Plasma Optical Emission Spectroscopy*, ICP-OES) am Institut für Werkstoffkunde der Leibniz Universität Hannover. ICP-OES gilt als eine der wichtigsten analytischen Methoden zur Bestimmung von Elementkonzentrationen in gelösten Proben. Die Probe dissoziiert im induktiv gekoppelten Plasma bei einer Temperatur bis zu 10.000 K und wird zur Lichtemission angeregt. Der breite Arbeitsbereich reicht von der Größenordnung µg/ℓ bis in den Bereich g/ℓ und ist ein Grund für die weitverbreitete Nutzung dieser Methode. Bei ICP-OES handelt es sich um eine relative, nicht absolute Analysemethode, die einer vorherigen Kalibrierung mit dem zu analysierenden Element bedarf. Als Referenzprobe diente die Pt-Ausgangslösung mit der bekannten Partikelkonzentration 500 pM. Die gefilterten Überstände der Proben (a) bis (d) nach magnetischer Separation wurden mit Königswasser (*aqua regia*) angesäuert und im ICP-OES-Spektrometer gemessen. Dabei wurde zur Kalibrierung die Platinlinie bei der Emissionswellenlänge 214,423 nm genutzt. Platin konnte in allen vier Überständen in unterschiedlicher Konzentration nachgewiesen werden.

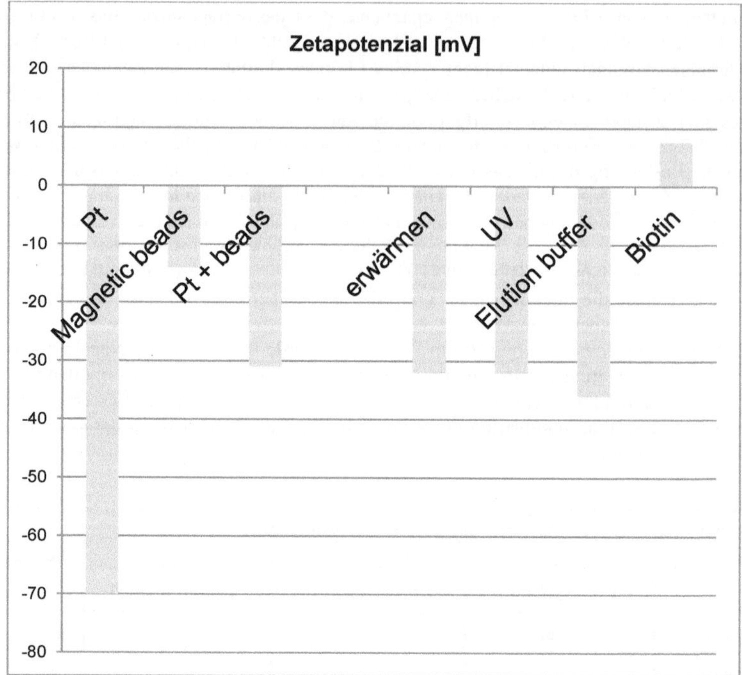

Abbildung 6.15: Zetapotenzialwerte der Proben nach den Separationsversuchen im Vergleich zu den Zetapotenzialwerten der kolloidalen Pt-Ausgangslösung, den Avidinbeads und den beadgebundenen Pt-Nanopartikeln aus Abbildung 6.13

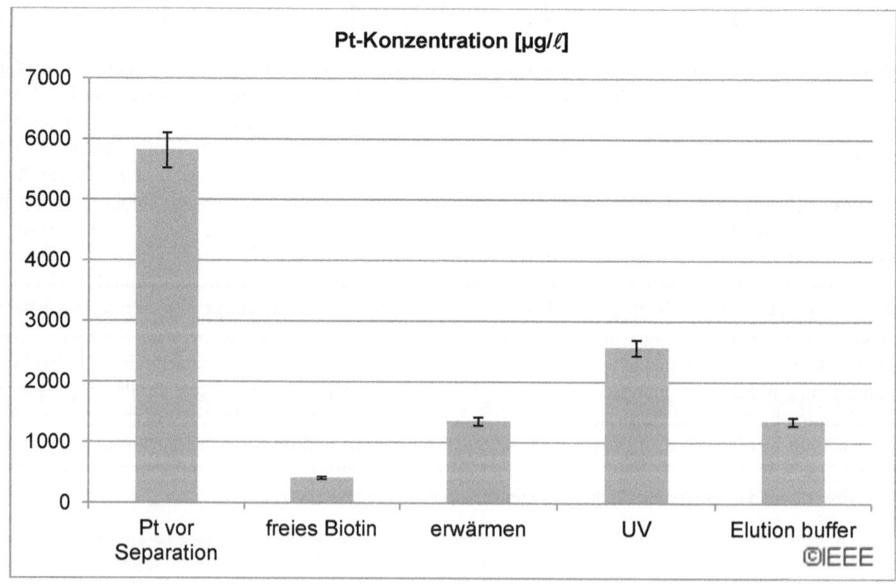

Abbildung 6.16: ICP-OES-Quantifizierung des Pt-Gehalts in der kolloidalen Ausgangslösung und in den Überständen nach Separation von Nanopartikeln und Beads durch: Zugabe freien Biotins, Wärme, UV-Strahlung oder *Elution buffer* [RUF14a]

Nach erfolgreicher Separation stehen biotinylierte Pt- bzw. Pd-Nanopartikel zur Verfügung, für deren Wiederverwendung verschiedene Anwendungen denkbar sind: So können sie an Proteine oder andere funktionalisierte (z. B. PEGylierte) Oberflächen binden. Möglicherweise ist dies interessant für medizinische Instrumente oder Implantate, Legierungszusätze in Dentalwerkstoffen oder Herzschrittmacher. Alternativ zur Wiederabtrennung nach *Magnetic bead* gestützter magnetischer Separation können Nanopartikel der Platingruppe (vornehmlich Pt, Pd) an mit Thiolgruppen funktionalisierte *Magnetic beads* wie TurboBeads® ScavPt permanent gebunden werden. Beispielsweise durch fotolithografische Strukturierung könnten Magnetpartikel in eine Polymermatrix eingebettet werden, die dann als strukturiertes Substrat zur Anordnung von mit Pt- oder Pd-beladenen *Magnetic beads* dient. Auf diese Weise sind mikrofluidische Strukturen herstellbar, in denen immobilisierte Pt- oder Pd-Nanopartikel für den katalytischen Einsatz zur Verfügung stehen.

Ein interessanter Aspekt liegt darin, ein OSTEmer (siehe Kapitel 5) als Basismaterial für die Immobilisierung von Pt- oder Pd-Nanopartikeln zu untersuchen. Dies sollte grundsätzlich möglich sein, da sich auf der OSTEmer-Oberfläche Thiolgruppen befinden. Eine Herausforderung besteht bei einer derartigen Immobilisierung in der Vermeidung eines unerwünschten Auswaschens immobilisierter Partikel, weil auch von der Oberfläche abgelöste Pd-Nanopartikel katalytisch aktiv sind. Dies führt dazu, dass der Anteil der homogenen Katalyse nicht genau definierbar ist [KIR14]. Dass selbst magnetisch gebundene – und damit magnetisch immobilisierbare – Pd-Nanopartikel für katalytische Anwendungen von Bedeutung sind, zeigt der Aufsatz von Rehm et al. [REH15].

Ein relevanter Aspekt der magnetischen Separation im Vergleich zu den in Abschnitt 6.1 beschriebenen industriell genutzten Separationsmethoden (Nanofiltration, Lösungsmittelextraktion, chemisches Ausfällen, Adsorption) soll hier noch erwähnt werden: Die kalatytische Aktivität bleibt bei magnetischer Separation weitestgehend erhalten. So demonstrierten Baran et al. eine Wiederverwendbarkeit eines Pd-Katalysators von 99% nach der ersten Katalyse und 93% nach der zehnten [BAR18]. Schlussendlich ist der hier verfolgte Ansatz in zweierlei Hinsicht unkonventionell:

(i) Einsatz von *Magnetic beads* zur Bindung <u>metallischer</u> Nanopartikel anstelle von Biomolekülen, einschließlich der Untersuchungen zum Recycling statt einer Entsorgung der Probe nach Quantifizierung,

(ii) Nutzung <u>magnetischer</u> Kräfte zur Extraktion von Nanopartikeln, die Relevanz beim Einsatz als Katalysator haben, als Alternative zu industriell genutzten Rückgewinnungsmethoden.

Literatur zu Kapitel 6

[ABA08] A. R. Abate, D. Lee, Th. Do, Ch. Holtze, D. A. Weitz: Glass coating for PDMS microfluidic channels by sol-gel methods. Lab Chip Vol. 8, pp. 516-518, 2008

[ACR] Acros Organics/Fisher Scientific: Palladium-Catalysed Coupling Chemistry. www.acros.com/mybrochure/aowhpapdbrochuslow.pdf

[AUR08] S. Aura, T. Sikanen, T. Kotiaho, S. Franssila: Novel hybrid material for microfluidic devices. Sensors and Actuators B: Chemical Vol. 132 pp. 397-403, 2008

[BAR91] R. Barbucci, A. Macnani, C. Roncolini, S. Silvestri: Antigen-Antibody recognition by fourier transform IR spectroscopy/attenuated total reflection studies: Biotin-Avidin complex as an example. Biopolymers Vol. 31, pp. 827-834, 1991

[BAR09a] A. Bardea, A. Baram, A. K. Tatikonda, R. Naaman: Magnetolithographic Patterning of Inner Walls of a Tube: A New Dimension in Microfluidics and Sequential Microreactors. J. of the American Chemical Society Vol. 131, pp. 18260-18262, 2009

[BAR09b] M. A. Barakat, G. A. EL-Mahdy, M. Hegazy, F. Zahran: Hydrometallurgical Recovery of Nano-Palladium from Spent Catalyst. The Open Mineral Processing Journal Vol. 2, pp. 31-36, 2009

[BAR18] T. Barana, İ. Sargın, M. Kaya, P. Mulerčikas, S. Kazlauskaitė, A. Menteşa: Production of magnetically recoverable, thermally stable, bio-based catalyst: Remarkable turnover frequency and reusability in Suzuki coupling reaction. Chemical Engineering Vol. 331, pp. 102-113, 2018

[BEH94] J. Behnisch, A. Holländer, H. Zimmermann: Controlled Functionalization of Polymer Surfaces by Low Pressure Plasma Treatment. International J. of Polymeric Materials and Polymeric Biomater. Vol. 23, pp. 215-224, 1994

[BIG08] N. C. Bigall, Th. Härtling, M. Klose, P. Simon, L. M. Eng., A. Eychmüller: Monodisperse Platinum Nanospheres with Adjustable Diameters from 10 to 100 nm: Synthesis and Distinct Optical Properties. NanoLetters Vol. 8, pp. 4588-4592, 2008

[BIO] Homepage Bioclone Inc.: BcMag™ Monomeric Avidin Magnetic Beads. www.bioclone.us/Monomeric-avidin-magnetic-beads-particle-resin-matrix.html

[BRU14] N. C. Bruno, S. L. Buchwald: New palladium precatalysts for cross-coupling reactions. The strem chemiker Vol. XXVII No. 1, pp. 1-9, 2014 http://www.strem.com/uploads/resources/documents/chemiker_xxvii_vol1.pdf

[CAM05] A. del Campo, T. Sen, J. P. Lellouche, I. J. Bruce: Multifunctional magnetite and silica–magnetite nanoparticles: synthesis, surface activation and applications in life sciences. J. of Magnetism and Magnetic Materials Vol. 293, pp. 33-40, 2005

[CAR02] A. Carvalho, M. Geissler, H. Schmid, B. Michel, E. Delamarche: Self-assembled monolayers of alkanethiols on palladium and their use in microcontact printing. Langmuir Vol. 18, pp. 2406-2412, 2002

[CAR11b] L. B. Carneiroa, J. Ferreira, M. J. L. Santos, J. P. Monteiro, E. M. Girotto: A new approach to immobilize poly(vinyl alcohol) on poly(dimethylsiloxane) resulting in low protein adsorption. Applied Surface Science Vol. 257, pp. 10514-10519, 2011

[CAS10] E. G. Castro, R. V. Salvatierra, W. H. Schreiner, M. M. Oliveira, A .J. G. Zarbin: Dodecanethiol-Stabilized Platinum Nanoparticles Obtained by a Two-Phase Method: Synthesis, Characterization, Mechanism of Formation, and Electrocatalytic Properties. Chemistry of Materials Vol. 22, pp. 360-370, 2010

[CAS12] P. E. G. Casillas, C. A. Rodriguez Gonzalez, C. A. Martínez Pérez: Infrared spectroscopy of functionalized magnetic nanoparticles. In: Th. Theophanides (Ed.): Infrared Spectroscopy – Materials Science, Engineering and Technology. ISBN 978-953-51-0537-4, doi: 10.5772/35481, 2012

[CAS13] E. Castagna, L. Giorgi, S. Lecci, M. Sansovini, F. Sarto, V. Violante: Electrocatalytic properties of Pd-based nano-structured material for application in fuel cells. Presentation slides workshop "Hydrogen transport through nano-structured electrodes for energy application". http://hdl.handle.net/10355/36820, 24th July 2013

[CEY08] S. Ceylan, C. Friese, Ch. Lammel, K. Mazac, A. Kirschning: Inductive Heating for Organic Synthesis by Using Functionalized Magnetic Nanoparticles Inside Microreactors. Angewandte Chemie International Edition Vol. 47, pp. 8950-8953, 2008

[CHA06] Y. C. Chang, D. H. Chen: Recovery of Gold(III) Ions by a Chitosan-coated Magnetic Nano-adsorbent. Gold Bulletin Vol. 39, pp. 98-102, 2006

[CHE] Chemgapedia: Interpretation von C,H,O-Verbindungen, (letzter Zugriff 20.11.2017) http://www.chemgapedia.de/vsengine/vlu/vsc/de/ch/3/anc/ir_spek/cho_verbindungen.vlu/Page/vsc/de/ch/3/anc/ir_spek/schwspek/spektreninterpretation/ir_13_4_7_6/amid.vscml.html

[CHE09] J. Chen, B. Lim, E. P. Lee, Y. Xia: Shape-controlled synthesis of platinum nanocrystals for catalytic and electrocatalytic applications. Nano Today Vol. 4, pp. 81-95, 2009

[CHE13] P. Chen, L. M. Chew, W. Xia: The influence of the residual growth catalyst in functionalized carbon nanotubes on supported Pt nanoparticles applied in selective olefin hydrogenation. J. of Catalysis Vol. 307, pp. 84-93, 2013

[CHI07] C. D. Chin, V. Linder, S. K. Sia: Lab-on-a-chip devices for global health: Past studies and future opportunities. Lab Chip Vol. 7, pp. 41-57, 2007

[CHU09] C. K. Chung, Y. S. Chen, T. R. Shih: Fabrication and flow test of long-term hydrophilic fluidic chip without using any surface modification treatment. Microfluid Nanofluid Vol. 6, pp. 853-857, 2009

[COL06] D. J. Cole-Hamilton, R. P. Tooze (Eds.): Catalysis by Metal Complexes Vol. 30: Catalyst Separation, Recovery and Recycling. Springer, 2006 ISBN: 978-1-4020-4086-3 (Print) 978-1-4020-4087-0 (Online)

[COL12] M. Colombo, S. C. Romero, M. F. Casula, L. Gutiérrez, M. P. Morales, I. B. Böhm, J. T. Heverhagen, D. Prosperi, W.. J. Parak: Biological applications of magnetic nanoparticles. Chemical Society Reviews Vol. 41, pp. 4306-4334, 2012

[COR06] R. M. Cornell, U. Schwertmann: The iron oxide. Structure, properties, reactions, occurences and uses. Wiley-VHC, Weinheim, Germany, 2006

[CUE11] I. Fernandez-Cuesta, A. L. Palmarelli, X. Liang, J. Zhang, S. Dhuey, D. Olynick, S. Cabrini: Fabrication of fluidic devices with 30nm nanochannels by direct imprinting. J. of Vacuum Science and Technology B Vol. 29, 06F801, 2011

[DIE12] J. Diendorf: Silber-Nanopartikel – Synthese, Stabilität und biologische Wirkungen. Dissertation, Universität Duisburg-Essen, Fakultät für Chemie, 2012

[DON07] A. M. Donia, A. A. Atia, K. Z. Elwakeel: Recovery of gold(III) and silver(I) on a chemically modified chitosan with magnetic properties. Hydrometallurgy Vol. 87, pp. 197-206, 2007

[DON17] Y. Dong, Y. Jin, J. Wang, J. Shu, M. Zhang: Pd nanoparticles stabilized by a simple pH-sensitive P(acrylamide-co-acrylic acid) copolymer: A recyclable and highly active catalyst system in aqueous medium. Chemical Engineering Vol. 324, pp. 303-312, 2017

[DUM10] A. Dumrath, X.-F. Wu, H. Neumann, A. Spannenberg, R. Jackstell, M. Beller: Wiederverwendbare Katalysatoren für palladiumkatalysierte C-O-Kupplungen, Buchwald-Hartwig-Aminierungen und Sonogashira-Reaktionen. Angewandte Chemie Vol. 122, pp. 9172-9176, 2010

[DUN05] J. Dunnewijk, H. Bosch, A. B. de Haan: Integrated recovery and recycling of homogeneous catalysts by reverse flow adsorption: Selection of Suitable adsorbents. Adsorption Vol. 11 pp. 521-526, 2005

[EKL04] S. E. Eklund, D. E. Cliffel: Synthesis and catalytic properties of soluble platinum nanoparticles protected by a thiol monolayer. Langmuir Vol. 20 pp. 6012-6018, 2004

[ERK14] J. L. Erkal, A. Selimovic, B. C. Gross, S. Y. Lockwood, E. L. Walton, S. McNamara, R. S. Martin, D. M. Spence: 3D printed microfluidic devices with integrated versatile and reusable electrodes. Lab Chip Vol. 14, pp. 2023-2032

[FAI07] R. B. Fair: Digital microfluidics: is a true lab-on-a-chip possible? Microfluid Nanofluid Vol. 3, pp. 245-281, 2007

[FAR12] B. Farshchian, S. Park, J. Choi, A. Amirsadeghi, J. Lee, S. Park: 3D nanomolding for lab-on-a-chip applications. Lab Chip Vol. 12, pp. 4764-4771, 2012

[FIS10] J. Fisher, J. Hurry: Improved Methods for Catalyst Recovery in Biopharmaceutical Production. 2010 http://www.pharmamanufacturing.com/articles/2010/134.html (letzter Zugriff 23.11.2017)

[FLO94] E.-L. Florin, V. T. Moy, H. E. Gaub: Adhesion force between individual ligand receptor pairs. Science Vol. 264, pp. 415-417, 1994

[FRE03] G. Frenking, G. Germano, M. C. Holthausen, G. Klebe, C. Sotriffer: Theoretische Methoden in der chemischen Biologie. Vorlesungsskript der Philipps-Universität Marburg, Sommersemester 2003 http://online-media.uni-marburg.de/chemie/bioorganic/theorie/pdf/TeilII_1.pdf

[GOD07] J. M. Goddard, J. H. Hotchkiss: Polymer surface modification for the attachment of bioactive compounds. Progress in Polymer Science Vol. 32, pp. 698-725, 2007

[GRE90] N. M. Green: Avidin and streptavidin. Methods in Enzymology Vol. 184, pp. 51-67, 1990

[HAM07] M. N. Hamblin, J. M. Edwards, M. L. Lee, A. T. Woolley, A. R. Hawkins: Electroosmotic flow in vapor deposited silicon dioxide and nitride microchannels. Biomicrofluidics Vol. 1, 034101, 2007

[HAR13] J. Hartwig, S. Ceylan, L. Kupracz, L. Coutable, A. Kirschning: Heating under High-Frequency Inductive Conditions: Application to the Continuous Synthesis of the Neurolepticum Olanzapine (Zyprexa). Angewandte Chemie International Edition Vol. 52, pp. 9813-9817, 2013

[HEN81] G. Heney, G. A. Orr: The purification of avidin and its derivatives on 2-immumobiotin-6-aminohexyl-Sepharose 4B. Analytical Biochemistry Vol. 114, pp. 92-96, 1981

[HER08] K. Hervé, L. Douziech-Eyrolles, E. Munnier, S. Cohen-Jonathan, M. Soucé, H. Marchais, P. Limelette, F. Warmont, M. L. Saboung, P. Dubois, I. Chourpa: The development of stable aqueous suspensions of PEGylated SPIONs for biomedical applications. Nanotechnology Vol. 19, 465608 (7pp), 2008

[HOF08] C. Hoffmann: Optisch steuerbare Oberflächen in Kanälen (OSOKA). Abschlussbericht; Berichtszeitraum 1. April 2007 bis 30. Mai 2008, iba, 2008; http://www.iba-heiligenstadt.de/fileadmin/iba-data/Jobs/diplomarbeit_osoka.pdf

[HOL05] A. Holmberg, A. Blomstergren, O. Nord, M. Lukacs, J. Lundeberg, M. Uhlén: The biotin-streptavidin interaction can be reversibly broken using water at elevated temperatures. Electrophoresis Vol. 26, pp. 501-501, 2005

[HOL10] C. Holtze: Großes Tropfen in kleinen Kanälen – Die Mikrofluidik bietet großes Potential für Industrie und biologische Anwendungen. Physik Journal Nr. 3, S. 43-48, 2010

[ISC] Fraunhofer-Institut für Silicatforschung (ISC) http://www.ormocer.de

[ISS08] J. Issle, M. Pla-Roca, E. Martínez, U. Hartmann: Patterning of magnetic nanobeads on surfaces by poly(dimethylsiloxane) stamps. Langmuir Vol. 24, pp. 888-893, 2008

[IZR97] S. Izrailev, S. Stepaniants, M. Balsera, Y. Oono, K. Schulten: Molecular dynamics study of unbinding of the avidin-biotin complex. Biophysical Journal Vol. 72, pp. 1568-1581, 1997

[JI13] J. Ji, H. Zhang, Y. Qiu, Y. Wang, Y. Luo, L. Hu: Platinum nanoparticle decorated silicon nanowire arrays for photoelectrochemical hydrogen production. J. of Materials Science: Materials in Electronics Vol. 24, pp. 4433-4438, 2013

[JIN10] M.-J. Jin, D.-H. Lee: A practical heterogeneous catalyst for the Suzuki, Sonogashira, and Stille coupling reactions of unreactive aryl chlorides. Angewandte Chemie Vol. 122, pp. 1137-1140, 2010; Angewandte Chemie International Edition Vol. 49, pp. 1119-1122, 2010

[JIN12] J. Jing, Y. Zhang, J. Liang, Q, Zhang, E. Bryant, C. Avendano, V. L. Colvin, Y. Wang, W. Li, W. W. Yu: One-step reverse precipitation synthesis of water-dispersible superparamagnetic magnetite nanoparticles. J. of Nanoparticle Research Vol. 14, pp. 827-837, 2012

[JOK12] V. Jokinen, P. Suvanto, S. Franssila: Oxygen and nitrogen plasma hydrophilization and hydrophobic recovery of polymers. Biomicrofluidics Vol. 6, 016501, 2012

[KIM10a] J. Kim, M. Hegde, A. Jayaraman: Co-culture of epithelial cells and bacteria for investigating host-pathogen interactions. Lab Chip Vol. 10, pp. 43-50, 2010

[KIM11] S. H. Kim, Y. Cui, M. J. Lee, S.-W. Nam, D. Oh, S. H. Kang, Y. S. Kim, S. Park: Simple fabrication of hydrophilic nanochannels using the chemical bonding between activated ultrathin PDMS layer and cover glass by oxygen plasma. Lab Chip Vol. 11, pp. 348-353, 2011

[KIR12] A. Kirschning, L. Kupracz, J. Hartwig: New synthetic opportunities in miniaturized flow reactors with inductive heating. Chemical Letters Vol. 41, pp. 562-570, 2012, doi:10.1246/cl.2012.562

[KIR14] A. Kirschning, Institut für Organische Chemie, Leibniz Universität Hannover, persönliche Korrespondenz, 12. März 2014

[KRE04] N. Kresge, R. D. Simoni, R. L. Hill: The Discovery of Avidin by Esmond E. Snell. The Journal of Biological Chemistry Vol. 279, No. 41, October 8, p. e5, 2004

[LAN09] R. Landgraf, M.-K. Kaiser, J. Posseckardt, B. Adolphi, W.-J. Fischer: Functionalization of Polymer Sensor Surfaces by Oxygen Plasma Treatment. Procedia Chemistry I, pp. 1015-1018, 2009

[LAR13] E. K. U. Larsen, N. B. Larsen: One-step polymer surface modification for minimizing drug, protein, and DNA adsorption in microanalytical systems. Lab Chip Vol. 13, pp. 669-675, 2013

[LEE08] S. J. Lee, M. Goedert, M. T. Matyska, E. M. Ghandehari, M. Vijay, J. J. Pesek: Polymethylhydrosiloxane (PMHS) as a functional material for microfluidic chips. J. of Micromechanics and Microengineering Vol. 18, 025026, 2008

[LEE11] D. Lee, J.-C. Hyun, S. A. Hong, S. Yang: Long-lasting superhydrophilic PDMS surface by atmospheric-pressure plasma polymerization. Conference Proceedings µTAS2011, 15th Internat. Conference on Miniaturized Systems for Chemistry and Life Sciences, Seattle, Washington, USA, pp. 1158-1160, 2011

[LEV12] B. Levaché, A. Azioune, M. Bourrel, V. Studer, D. Bartolo: Engineering the surface properties of microfluidic stickers. Lab Chip Vol. 12, pp. 3028-3031, 2012

[LPKF] LPKF-LDS: Laser-Direktstrukturierung für spritzgegossene Schaltungsträger http://www.lpkf.de/produkte/mid/lpkf-lds-verfahren.htm (letzter Zugriff 28.11.2017)

[LYL04] B. F. Lyles, M. S. Terrot, P. T. Hammond, A. P. Gast: Directed Patterned Adsorption of Magnetic Beads on Polyelectrolyte Multilayers on Glass. Langmuir Vol. 20, pp. 3028-3031, 2004, doi:10.1021/la049486d

[MA03] M. Ma, Y. Zhang, W. Yu, et al.:
Preparation and characterization of magnetite nanoparticles coated by amino silane.
Colloids Surf. A: Physicochemical Engineering Aspects Vol. 212 pp. 219-226, 2003

[MAL] Zetasizer nanoseries user manual Man0485-1.0, Malvern Instruments GmbH

[MAT] http://www.platinum.matthey.com/about-pgm/applications;
http://www.platinum.matthey.com/news-and-events/news-articles/2012/june/1st/ platinum-used-to-%27magnetically-navigate%27-drugs-through-the-body

[MIS06] N. Misawa, S. Yamamura, Y.-H. Kim, R. Tero, Y. Nonogaki, T. Urisu:
Orientation of avidin molecules immobilized on COOH-modified SiO2/Si(100) surfaces.
Chemical Physics Letters Vol. 419, pp. 86-90, 2006

[MOY94] V. T. Moy, E.-L. Florin, H. E. Gaub: Intermolecular forces and energies between ligands and receptors. Science Vol. 266, pp. 257-259, 1994

[MUG05] F. Mugele, J.-C. Baret: Electrowetting: from basics to applications.
J. of Physics: Condensed Matter Vol. 17, No. 28, R705, 2005

[NAG13] Th. Ch. Nagaiah, D. Schäfer, W. Schuhmann, N. Dimcheva: Electrochemically Deposited Pd–Pt and Pd–Au Codeposits on Graphite Electrodes for Electrocatalytic H2O2 Reduction. Analytical Chemistry Vol. 85, pp. 7897-7903, 2013

[NOF] NOF Corporation: Activated PEGs for PEGylation.
http://www.peg-drug.com/?gclid=CIKxxIeZ_rUCFQK-zAodpSAADg

[OLD98] D. W. Old, J. P. Wolfe, S. L. Buchwald:
A Highly Active Catalyst for Palladium-Catalyzed Cross-Coupling Reactions:
Room Temperature Suzuki Couplings and Amination of Unactivated Aryl Chlorides.
J. of the American Chemical Society Vol. 120, pp. 9722-9723, 1998

[ORH08] J.-B. Orhan, J. Flueckiger, V. K. Parashar, M. A. M. Gijs: In-situ modification of poly(dimethylsiloxane) microchannels with a sol-gel borosilicate glass coating.
Langmuir Vol. 24, pp. 9154-9161, 2008

[ORM] https://www.ormocere.de/de/ormocer-e-als-funktionelle-schichten.html

[OWE69] D. K. Owens, R. C. Wendt: Estimation of the surface free energy of polymers.
J. of Applied Polymer Science Vol. 13, pp. 1741-1747, 1969

[PAI03] P. Paik, V. K. Pamula, M. G. Pollack, R. B. Fair: Electrowetting-based droplet mixers for microfluidic systems. Lab Chip Vol. 3, pp. 28-33, 2003

[PAN13] X. Pan, Y.-J. Xu: Defect Mediated Growth of Noble Metal (Ag, Pt and Pd) Nanoparticles on TiO2 with Oxygen Vacancies for Photocatalytic Redox Reactions under Visible Light. Journal of Physical Chemistry C, Vol. 117, pp. 17996-18005, 2013

[PAR02] W. J. Parak, D. Gerion, D. Zanchet, et al.:
Conjugation of DNA to Silanized Colloidal Semiconductor Nanocrystalline Quantum Dots.
Chemistry of Materials Vol. 14, pp. 2113-2119, 2003

[PAR06] D. Parajuli, H. Kawakita, K. Inoue, M. Funaoka:
Recovery of Gold(III), Palladium(II), and Platinum(IV) by Aminated Lignin Derivatives.
Industrial & Engineering Chemical Research Vol. 45, pp. 6405-6412, 200,
doi: 10.1021/ie0603518

[PAR09] D. Parajuli, K. Hirota, K. Inoue:
Trimethylamine-Modified Lignophenol for the Recovery of Precious Metals.
Industrial & Engineering Chemistry Research Vol. 48, pp. 10163-10168, 2009

[PER12] S. Perumal: Mono- and Multivalent Interactions between Thiol and Amine Ligands with Noble Metal Nanoparticles. Dissertation, Fachbereich Biologie, Chemie, Pharmazie, Freie Universität Berlin, 2012

[PHA06] N. T. S. Phan, M. van der Sluys, Ch. W. Jones:
On the Nature of the Active Species in Palladium Catalyzed Mizoroki–Heck and Suzuki–Miyaura Couplings – Homogeneous or Heterogeneous Catalysis, A Critical Review.
Advanced Synthesis & Catalysis Vol. 348, pp. 609-679, 2006

[PHI10] S. Phillips, P. Kauppinen: The use of metal scavengers for recovery of Palladium catalyst from solution. Platinum Metals Review Vol. 54, pp. 69-70, 2010

[PIE14] Homepage Thermo Fisher Scientific Inc.: Avidin-Biotin Interaction.
http://www.piercenet.com/method/avidin-biotin-interaction, 2014

[PRE06] D. C. Pregibon, M. Toner, P. S. Doyle: Magnetically and Biologically Active Bead-Patterned Hydrogels. Langmuir Vol. 22, pp. 5122-5128, 2006

[QIA09] R. Qiao, Ch. Yanga, M. Gao: Superparamagnetic iron oxide nanoparticles: from preparations to in vivo MRI applications. J. of Materials Chemistry Vol. 19, pp. 6274-6293, 2009

[QUI09] A. J. McQuillan, D. P. Green: In situ IR spectroscopic studies of the avidin-biotin bioconjugation reaction on CdS particle films. Langmuir Vol. 25, pp. 7416-7423, 2009

[REI05] H. Reinicke, O. Lipold, A. Ohl, W. Besch, C. Schröder, F. Götz: Funktionalisierung der Oberfläche von Mikrostrukturen – Technologie und Anwendungen. Vakuum in Forschung und Praxis Vol. 17, no.3, pp.135-139, 2005

[REH15] Th. H. Rehm, A. Bogdan, Ch. Hofmann, P. Löb, Z. B. Shifrina, D. G. Morgan, L. M. Bronstein: Proof of Concept: Magnetic Fixation of Dendron-Functionalized Iron Oxide Nanoparticles Containing Palladium Nanoparticles for Continuous-Flow Suzuki Coupling Reactions. ACS Applied Materials Interfaces Vol. 7, pp. 27254-27261, doi: 10.1021/acsami.5b08466

[ROM06] G. T. Roman, C. T. Culbertson: Surface engineering of poly(dimethylsiloxane) microfluidic devices using transition metal sol-gel chemistry. Langmuir Vol. 22, pp. 4445-4451, 2006

[ROS10] M. Rossier, F. M. Koehler, E. K. Athanassiou, R. N. Grass, M. Waelle, K. Birbaum, D. Guenther, W. J. Stark: Energy-efficient noble metal recovery by the use of acid-stable nanomagnets. Industrial & Engineering Chemistry Research Vol. 49, pp. 9355-9362, 2010

[ROT09] J. Roth: Funktionalisierung von Silikonoberflächen. Dissertation TU Dresden, 2009 http://nbn-resolving.de/urn:nbn:de:bsz:14-ds-1234268177738-70409

[RUF14a] C. Ruffert, N. C. Bigall, A. Feldhoff, L. Rissing: Investigations on Platinum Group Metal Nanoparticle Separation with Magnetic Beads. IEEE Transactions on Magnetics, Vol. 50, No. 11, 5200804 (4pp), 2014, doi: 10.1109/TMAG.2014.2323306

[RUF15] C. Ruffert: Magnetic beads – basics and applications. 226th ECS Meeting/2014 ECS and SMEQ Joint International Meeting, Cancun, Mexico, 2014 (invited paper), ECS Transactions Vol. 64, Issue 31, pp. 49-65, 2015

[SCH09] M. Schmidt, J. Rupp, S. Zinober, R. Müller-Fiedler: Tailored coatings for polymer surface permeability control in microfluidic devices. Proceedings Mikrosystemtechnik-Kongress 2009 (MST2009), ISBN 978-3-8007-3183-1

[SCH11a] M. Schmidt: Untersuchung zum Aufbau hybrider Mikrosysteme unter Verwendung von Polymermaterialien. Dissertation, IMTEK, Universität Freiburg im Breisgau, 2011

[SCH11b] A. Schlange, A. R. dos Santos, U. Kunz, Th. Turek: Continuous preparation of carbon-nanotube-supported platinum catalysts in a flow reactor directly heated by electric current. Beilstein Journal of Organic Chemistry Vol. 7, pp. 1412-1420, 2011

[SHE97] C.-P. Sherman Hsu: Infrared Spectroscopy. Chapter 15 in: F. Settle (Editor): Handbook of instrumental techniques for analytical chemistry. Prentice Hall, 1997 http://www.prenhall.com/settle/chapters/ch15.pdf

[SIV08] V. Sivagnanam, A. Sayah, C. Vandevyver, M. A. M. Gijs: Micropatterning of protein-functionalized magnetic beads on glass using electrostatic self-assembly. Sensors & Actuators B Vol.132, pp. 361-367, 2008

[SIV09] V. Sivagnanam, B. Song, C. Vandevyver, M. A. M. Gijs: On-Chip Immunoassay Using Electrostatic Assembly of Streptavidin-Coated Bead Micropatterns. Analytical Chemistry Vol. 81, pp. 6509-6515, 2009

[STR03] A. D. Stroock, G. M. Whitesides: Controlling Flows in Microchannels with Patterned Surface Charge and Topography. Accounts of Chemical Research Vol. 36, pp. 597-604, 2003

[STR14] P. Strasser: Dealloyed Pt core-shell nanoparticles: Active and durable electrocatalysts for low-temperature Polymer Electrolyte Membrane Fuel Cells (PEMFCs). The strem chemiker Vol. XXVII No. 1, pp. 35-43, 2014 http://www.strem.com/uploads/resources/documents/chemiker_xxvii_vol1.pdf

[SUB08] M. Subhramannia, K. Ramaiyan, V. K. Pillai: Comparative study of the shape-dependent electrocatalytic activity of platinum multipods, discs, and hexagons: applications for fuel cells. Langmuir Vol. 24, pp. 3576-3583, 2008

[TAN10] S. H. Tan, N.-T. Nguyen, Y. Ch. Chua, T. G. Kang: Oxygen plasma treatment for reducing hydrophobicity of a sealed polydimethylsiloxane microchannel. Biomicrofluidics Vol. 4, 032204, 2010

[TEK13b] C. Tekin, M. Cornaglia, M. A. M. Gijs: Attomolar protein detection using a magnetic bead surface coverage assay. Lab Chip Vol. 13, pp. 1053-1059, 2013 http://pubs.rsc.org/en/content/articlelanding/2013/lc/c3lc41285g#!divAbstract

[THA12] N. T. K. Thanh: Magnetic Nanoparticles – From Fabrication to Clinical Applications. CRC Press 2012, Print ISBN: 978-1-4398-6932-1, eBook ISBN: 978-1-4398-6933-8

[THÜ13] S. E. Thürer: Degradation von layered double hydroxides im Hinblick auf ihre Anwendung als Biomaterial. Masterarbeit, Leibniz Universität Hannover, Institut für Anorganische Chemie, 2013

[TOH09] A. G. G. Toh, S. H. Ng, Z. Wang: Fabrication and testing of embedded microvalves within PMMA microfluidic devices. Microsystem Technologies Vol. 15, pp. 1335-1342, 2009

[TRO12] A. Tropmann, L. Tanguy, P. Koltay, R. Zengerle, L. Riegger: Completely superhydrophobic PDMS surfaces for microfluidics. Langmuir Vol. 28, pp. 8292-8295, 2012

[VEI14] H. Veisi, D. Kordestani, A. R. Faraji: Palladium nanoparticles supported on an organosuperbase denderon-modified mesoporous SBA-15 as a heterogeneous catalyst in Heck coupling reaction. J. of Pourous Materials Vol. 21, pp. 141-148, doi: 10.1007/s10934-013-9758-3

[WHE12] N. Wheate: Under the influence of magnetic drugs. 31 May 2012 http://sydney.edu.au/news/84.html?newsstoryid=9345 (letzter Zugriff 23.11.2017)

[WED12] G. Wedler, H.-J. Freund: Lehrbuch der Physikalischen Chemie. Wiley-VCH, Weinheim, 6. Auflage 2012, ISBN 978-3-527-33428-5

[WOL99] J. P. Wolfe, R. A. Singer, B. H. Yang, S. L. Buchwald: Highly Active Palladium Catalysts for Suzuki Coupling Reactions. J. of the American Chemical Society Vol. 121, pp. 9550-9561, 1999

[WON06] H.-t. Wong, Ch. J. Pink, F. C. Ferreiraa, A. G. Livingston: Recovery and reuse of ionic liquids and palladium catalyst for Suzuki reactions using organic solvent nanofiltration. Green Chemistry Vol. 8, pp. 373- 379, 2006

[WON09] I. Wong, Ch.-M. Ho: Surface molecular property modifications for poly(dimethylsiloxane) (PDMS) based microfluidic devices. Microfluidics & Nanofluidics Vol. 7, pp. 291-306, 2009

[WOO05] K. Woo, J. Hong, J.-P. Ahn: Synthesis and surface modification of hydrophobic magnetite to processible magnetite@silica-propylamine. J. of Magnetism and Magnetic Materials Vol. 293, pp. 177-181, 2005

[YAN06] J. Yang, J. Y. Lee, H.-P. Too: Size effect in thiol and amine binding to small Pt nanoparticles. Analytica Chimica Acta Vol. 571, pp. 206-210, 2006

[YIN07] L. Yin, J. Liebscher: Carbon−carbon coupling reactions catalyzed by heterogeneous palladium catalysts. Chemical Reviews Vol. 107, pp. 133-173, 2007

[YOU05] Th. Young: An essay on the cohesion of fluids. Philosophical Transactions of the Royal Society of London Vol. 95, pp. 65-87, 1805

[YOU09] A. G. Young, A. J. McQuillan, D. P. Green: In situ IR spectroscopic studies of the avidin−biotin bioconjugation reaction on CdS particle films. Langmuir Vol. 25, pp. 7416-7423

[ZAH] Silanisieren. http://www.zahnlabor.de/artikel-296.htm

[ZEN05] R. Zengerle, S. Haeberle: Vorlesungsskript Microfluidics I, IMTEK Freiburg, Wintersemester 2005/06, Kap. 5 „Surface Tension I"

[ZIM11] L. Zimmermann: Dreidimensional nanostrukturierte und superhydrophobe mikrofluidische Systeme zur Tröpfchengenerierung und -handhabung. KIT Scientific Publishing, Karlsruhe, 2011, ISBN: 978-3-86644-634-2

7 Partikelströmungen und Partikelseparation

7.1 Partikelströmungen und partikelbeladene Fluide

Auf in einem Fluid befindliche Partikel wirken unterschiedliche Kräfte: Gravitation, Trägheitskräfte durch Beschleunigung im Fluidstrom, Druckkraft und viskose Scherspannungskräfte durch das umgebende Fluid sowie Oberflächenkräfte. Bei Einwirken äußerer Felder kommen elektrische oder magnetische Feldkräfte hinzu. Tabelle 10 gibt einen Überblick über die Kräfte, die auf ein Partikel der charakteristischen Größe r in einem Fluid wirken [HAR12].

Tabelle 10: Überblick über Kräfte, die auf ein Partikel in einem Fluid wirken [HAR12]

Kraftart	Ursache	Berechnung	Skalierung
Gravitation	Dichteunterschied zwischen Partikel und Fluid	$F_g = g\Delta\rho V$ g: Ortsfaktor, $\Delta\rho$: Dichtedifferenz V: Partikelvolumen	$F_g \sim r^3$
Trägheit	Beschleunigte Bewegung eines Partikels	$F_t = a\rho V$ a: Beschleunigung, ρ: Dichte	$F_t \sim r^3$ für a = const.
Druck	Druckgradient um Partikel durch umgebendes Fluid	$\mathbf{F}_p = \int_A \mathrm{d}\mathbf{A} p(\mathbf{r}) = \int_V dV \nabla p(\mathbf{r})$ GAUßscher Integralsatz, A: Partikeloberfläche, p: Druck	$F_p \sim r^3$
Viskosität	Viskose Scherspannung auf Partikeloberfläche durch Fluid	$(\mathbf{F}_\mathrm{v})_\mathrm{i} = \int_A dA_j \sigma'_{ij}(\mathbf{r})$ σ'_{ij}: viskoser Spannungstensor	$F_v \sim r$
Benetzung	Inhomogenitäten im umgebenden Fluid (Temperatur- oder Konzentrationsgradient)	$\mathbf{F}_\mathrm{w} = \int_A d(A\mathbf{t}) \frac{\partial \sigma(\mathbf{r})}{\partial t}$ t: Tangentialeinheitsvektor auf Partikeloberfläche σ: Grenzflächenspannung	$F_w \sim r^2$ oder $\sim r$
elektrostatische Kräfte auf			
geladenes Partikel	elektrische Monopolkräfte auf Partikel	für dünne elektrische Doppelschichten: $\mathbf{F}_\mathrm{el} = 3\pi r \zeta \varepsilon \mathbf{E}$ ζ: Zetapotenzial, ε: Dielektrische Konstante	$F_{el} \sim r$
*un*geladenes Partikel	Polarisation dielektrischer Partikel durch Ladungsverschiebung, Nettokraft im *in*homogenen Feld	$\mathbf{F}_\mathrm{el} = V\chi_\mathrm{e} \nabla \mathbf{E}^2$ χ_e: elektrische Suszeptibilität	$F_{el} \sim r^3$
magnetostatische Kräfte	Polarisation dia-/paramagn. Partikel im Feld, Nettokraft im *in*homogenen Feld	$\mathbf{F}_\mathrm{mag} = \nabla(\mathbf{p}_{mag} \cdot \mathbf{B}), \mathbf{p}_{mag} = V \frac{\chi_{mag}}{\mu_0} \nabla \mathbf{B}^2$ p_{mag}: magnet. Dipolmoment des Partikels χ_{mag}: magnet. Suszeptibilität des Partikels	$F_{mag} \sim r^3$

Der Transport von Partikeln in einem Fluid erfolgt mit verschiedenen aufgeprägten Kräften, bei denen die Reibungskraft eine elementare Rolle spielt. Die REYNOLDS-Zahl Re, die gleich dem Produkt aus der charakteristischen Strömungsgeschwindigkeit des Fluids v relativ zum Partikel, der Partikelgröße r und der Dichte des Fluids ρ dividiert durch die dynamische Viskosität η des Fluids ist ($Re = vr\rho/\eta$) ermöglicht eine Klassifizierung von Strömungsregimes. Bei REYNOLDS-Zahlen $Re \ll 1$ bilden sich anliegende stationäre Stromlinien um das Partikel aus. In der Mikro- und Nanofluidik ist diese Bedingung fast immer erfüllt. Bei $Re \approx 1$ oder größer

kommt es zur Strömungsablösung mit Wirbelbildung. Ein Übergang zu instationärer Strömung erfolgt bei REYNOLDS-Zahlen zwischen 200 und 300.
In der Mikrofluidik werden meistens Biomoleküle wie Proteine, Zellen, Viren oder Bakterien transportiert. Dabei bildet sich ein Kräftegleichgewicht zwischen den auf das Partikel wirkenden Kräften und der Reibungskraft durch das umgebende Fluid aus. Bei Trennung eines Gemisches aus verschiedenen Partikelsorten macht man sich die unterschiedlichen Wanderungsgeschwindigkeiten zunutze, die durch die wirkenden Kräfte bzw. die partikelinhärenten physikalischen Eigenschaften wie Größe und dielektrische oder magnetische Eigenschaften zustande kommen. Bei sehr kleinen Partikeln ist die Nutzung der Gravitation oder von Trägheitskräften mit Ausnahme der Zentrifugation in der Regel zu gering zur Auftrennung von Partikelgemischen in Fraktionen. Magnetische Kräfte können durch den Einsatz von *Magnetic beads* verwendet werden. Dies ist jedoch nicht in allen Fällen möglich, sondern abhängig von der Verfügbarkeit entsprechender Bindungspartner, dem Aufwand und weiteren Faktoren. Am häufigsten nutzt man daher elektrische Kräfte zur Separation von Partikeln, da nahezu alle Materialien eine dielektrische Antwort zeigen (siehe Kapitel 4, Abschnitt 4.1).

7.2 Partikelseparation

Folgende Aufgaben bestehen bei der Separation von Partikeln in der Mikrofluidik:

- spezifische Trennung unterschiedlicher Partikelsorten aus einem Fluidstrom (Partikelseparation),
- Auftrennung einer Probe in Partikelfraktionen mit bestimmten Eigenschaften (Partikelfraktionierung), dabei optional Trennung auf der Ebene einzelner Partikel (Partikelsortierung).

Beispiele für Anwendungen umfassen die Fraktionierung von Partikelgemischen nach der Partikelgröße, die Trennung roter und weißer Blutzellen sowie die Trennung von lebenden und toten Zellen oder die Isolation fötaler Zellen aus dem Blut der Mutter.
In den Kapiteln 3 und 4 wurden feldbasierte Trennmechanismen vorgestellt, die für die Partikelseparation anwendbar sind. Über die auf elektrischen und magnetischen Feldern beruhenden Trennmethoden hinaus wurden zentrifugale Systeme entwickelt: *Lab-on-a-Disk*, *Lab-on-a-CD* bzw. *Lab-on-a-DVD* genannt [CAR09b, DUC05, DUC07, MAD06]. Diese sind in Kapitel 8, Abschnitt 8.2 beschrieben. Weitere Optionen bestehen in der Partikelseparation durch geometrische Restriktionen realisiert durch Größenausschlussfilter, hydrodynamisch durch die im strömenden Fluid wirkenden Kräfte oder optisch mit Durchflusszytometrie. Abbildung 7.1 gibt einen Überblick über in der Mikrofluidik eingesetzte Separationsverfahren. Wie die grafische Darstellung erkennen lässt, machen feldbasierte Methoden den größten Anteil aus, wobei diese nochmals in Ansätze beruhend auf elektrischen und magnetischen Feldkräften unterteilt sind. Daneben existieren geometrische Separationsmethoden, und es besteht die Möglichkeit der Nutzung hydrodynamischer Kräfte für die Partikelseparation.

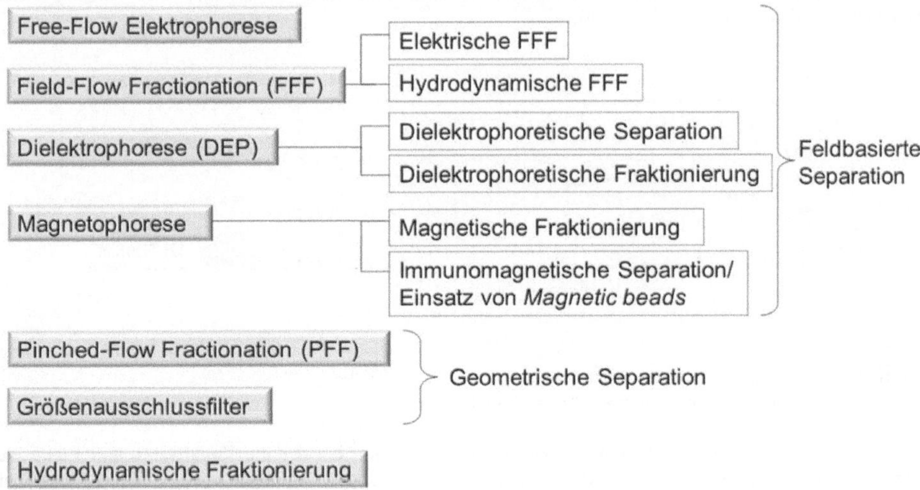

Abbildung 7.1: Übersicht über mikrofluidische Methoden zur Partikelseparation

Im Folgenden werden die in Abbildung 7.1 genannten Verfahren näher erläutert. Zu elektrischen und magnetischen Separationsansätzen wird auch auf die Kapitel 3 und 4 verwiesen.

Free-Flow Elektrophorese (FFE)

Zum Verständnis zellulärer Prozesse auf Proteinebene sind einerseits eine robuste und reproduzierbare Probengewinnung und andererseits deren Aufarbeitung für die Proteinanalytik unabdingbar. Das ideale Verfahren sollte eine hohe Selektivität und Durchsatzkapazität aufweisen, kurze Trennzeiten umfassen und quantitativ unverfälschte Ausbeuten ermöglichen [ECK05]. Zur Proteinanalyse wird in der Proteomik traditionell eine elektrophoretische Trennung in zweidimensionalen Gelen durchgeführt. Über die 2D-Gelelektrophorese können bis zu 2.000 individuelle Proteine durch Färbung sichtbar gemacht werden. Eine Zelle besitzt jedoch mehr als 100.000 verschiedene Proteine, die sich in ihrer relativen Menge pro Zelle bis zu einem Faktor von einer Million unterscheiden. Die Darstellung jener unter der „Spitze des Eisbergs" liegenden Proteine ist die künftige Herausforderung der Proteomik, die durch eine Vorfraktionierung der Proteinlösung gemeistert werden könnte. An dieser Stelle kommt die *Free-Flow Elektrophorese* (Freiflusselektrophorese) ins Spiel, eine gelfreie Methode.
Etzold beschreibt diese Methode so [ETZ02]: Bis zu einem Gramm Proteine durchqueren in einem kontinuierlichen laminaren Fluss eine 0,5 mm dicke Trennkammer, die mit einem flüssigen Medium gefüllt ist. Durch Anlegen eines elektrischen Feldes quer zur Flussrichtung erfolgt eine Trennung geladener Biomoleküle gemäß ihrer elektrophoretischen Mobilität oder ihres isoelektrischen Punktes. Der laminare Strom mündet in 96 Kapillare, die schließlich die aufgetrennten Proteinlösungen in einer Mikrotiterplatte mit entsprechend 96 Vertiefungen sammeln. Entsprechend der Zusammensetzung der Trennmedien können drei völlig verschiedene Trennprinzipien angewendet werden: Isoelektrische Fokussierung (IEF), Zonenelektrophorese (ZE) oder Isotachophorese (ITP). Dadurch, dass die *Free-Flow Elektrophorese* keine feste Trennmatrix benötigt, können nicht nur Proteinlösungen, sondern auch andere geladene oder mit einer Ladung versehene Substanzen wie ganze Zellen, Zellbruchstücke oder nicht zelluläre Substanzen wie Liposomenfraktionen oder Enantiomere aufgetrennt werden. Die Komplexität von Proteinlösungen kann mit der *Free-Flow Elektrophorese* stark reduziert werden, sodass eine deutlich höhere Anzahl von Proteinen und zudem auch Proteine, die in geringeren Mengen vorliegen, darstellbar und charakterisierbar sind [ECK05].

Field-Flow Fractionation (FFF)

Bei der *Field-Flow Fractionation* (Feld-Fluss-Fraktionierung) wird eine druckgetriebene Strömung in einem Kanal von einem Kraftfeld etwa von einem elektrischen Feld senkrecht zur Strömung durchsetzt. Wegen des Kraftfeldes kommt es zu einer Partikelansammlung an einer der Kanalwände. Die Breite der Partikelverteilung quer zur Flussrichtung und entlang der Feldlinien ist von den Diffusionskonstanten der im Fluid enthaltenen Partikel abhängig. Je nach Abstand von der Kanalwand ergeben sich unterschiedliche Transportgeschwindigkeiten in Strömungsrichtung für die einzelnen Partikelfraktionen. Abbildung 7.2 erläutert dies schematisch am Beispiel eines Gemisches aus zwei Partikelsorten.

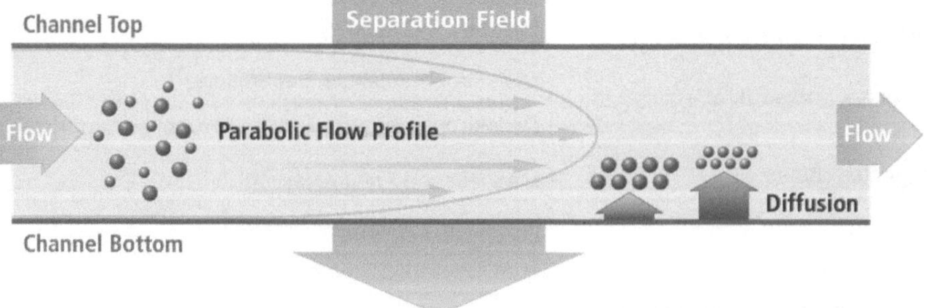

Abbildung 7.2: Prinzip der *Field-Flow Fractionation*
Quelle: Postnova Analytics GmbH, mit freundlicher Genehmigung

Man unterscheidet bei diesem Verfahren elektrische Fraktionierung, bei der die Kanalwände mit Elektroden versehen sind, und hydrodynamische Fraktionierung, bei der die untere Kanalwand zwar für das Fluid, nicht jedoch für die Partikel durchlässig ist. Das parabolische HAGEN-POISEUILLE-Profil der druckgetriebenen Strömung überlagert sich mit einer Strömung senkrecht zur Flussrichtung, in der durch hydrodynamische Reibungskräfte eine Partikelkonzentration erfolgt.

Dielektrophorese (DEP)
Die Dielektrophorese ist in Kapitel 3, Abschnitt 3.3 ausführlich behandelt. Kurz gefasst beruht dieses Verfahren als Trennmethode eingesetzt auf einer Separation ungeladener Partikel in einem inhomogenen elektrischen Feld. Die Kraft ist hierbei proportional zum Gradient des Quadrats der elektrischen Feldstärke: $\mathbf{F}_{DEP} \sim \nabla \mathbf{E}^2$ (siehe Gleichung 3.5). Man unterscheidet positive und negative Dielektrophorese je nachdem, ob ein Partikel in Bereiche maximaler Feldstärke (positive DEP) oder minimaler Feldstärke (negative DEP) gezogen wird.

Magnetophorese
Bei der Magnetophorese sei auf Kapitel 4, Abschnitt 4.2.1 verwiesen. Das grundlegende Prinzip besteht in der spezifischen Bindung der in der Regel nur schwach magnetisch wechselwirkenden, d. h. paramagnetischen oder diamagnetischen Probe an mit Magnetfeldern manipulierbare *Magnetic beads*. Auf diese Weise können selektiv Fraktionen aus einem Probengemisch magnetisch separiert werden. Die Detektion und Quantifizierung erfolgt meistens mit Fluoreszenzspektroskopie über zuvor angebrachte Fluoreszenzmarker.

Pinched-Flow Fractionation (PFF)
Bei der *Pinched-Flow Fractionation* (Flusseinschnürungsfraktionierung) handelt es sich um ein geometrisches Ausschlussverfahren, das auf einem Einschnürungsbereich (engl. *pinch*) in einer Y-förmigen Kanalstruktur basiert [YAM04]. Abbildung 7.3 veranschaulicht das Prinzip.

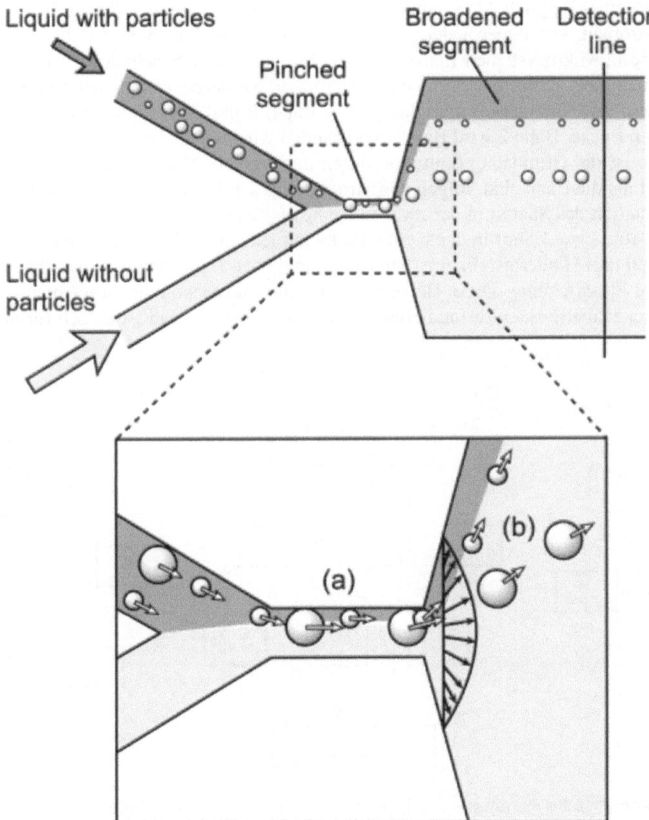

Abbildung 7.3: Prinzip der *Pinched-Flow Fractionation*: Größenunabhängige Ausrichtung der Partikel im eingeschnürten Bereich (oben); Trennung im Weiteren gemäß der Partikelgröße mit Aufweiten des Strömungsprofils an der Grenze zwischen eingeschnürtem und aufgeweitetem Bereich (unten) [YAM04]

Zwei Fluidströme mit asymmetrischen Flussraten Q_1 und Q_2 (mit $Q_1 > Q_2$) werden vor dem eingeschnürten Bereich im Kanal zusammengeführt. Phase Q_1 enthält Partikel, Phase Q_2 nicht. Die Partikel enthaltende Phase wird an die Seitenwand gedrückt. Dieser Bereich ist mit (a) im vergrößerten Ausschnitt der Abbildung 7.3 gekennzeichnet. Bei Kanalverbreiterung im Bereich (b) breiten sich die Strömungslinien aus, und die Partikel folgen der Strömungslinie ihrer zentralen Position. Der Mittelpunkt größerer Partikel ist näher zur Kanalmitte hin orientiert, sodass sie einen weiter vorangeschrittenen Teil des parabolischen Druckprofils erfahren und infolgedessen kleinere Partikel an einer anderen y-Position enden als größere Partikel. Dieses Prinzip kann man zu Separationszwecken nutzen.

Größenausschlussfilter

Relativ einfach zu realisieren ist die Trennung von Partikeln durch den Einbau von Hindernissen definierten Abstands und Geometrie im Fluidstrom. Abbildung 7.4 veranschaulicht dies. Der vorgeschlagene Separationsprozess erzeugt äquivalente Migrationspfade für jedes einzelne Partikel in einem Gemisch auf Basis des Laminarstroms durch eine periodische Anordnung mikrometergroßer Hindernisse. Jede Hindernisreihe ist horizontal bezüglich der vorhergehenden Reihe um $\Delta\lambda$ versetzt, wobei λ der Abstand von Mitte zu Mitte der Hindernisse ist, wie Abbildung 7.4a) skizziert. Im gezeigten Beispiel ist $\Delta\lambda/\lambda$ ein Drittel. Ein Fluidstrom wird von einer Lücke zwischen zwei Hindernissen ausgehend in der nächsten Reihe auf ein Hindernis treffen und sich beim Umströmen des Hindernisses gabeln. Sei der nach links zum Hindernis umgeleitete Fluss $\delta\Phi$ bei einem angenommenen Gesamtfluss Φ durch den Spalt. Wenn sich der Fluidstrom auf einer geraden Bewegung durch das Hindernisfeld bewegt, muss δ gleich $\Delta\lambda/\lambda$ entsprechen. Man betrachte nun den Strom durch einen Spalt bestehend aus drei Fluidströmen, von denen jeder per definitionem einen Fluss von $\Phi/3$ hat. Durch die laminaren Strömungsverhältnisse in Mikrosystemen fließen die drei Fluidströme nebeneinander her, wie Abbildung 7.4b) zeigt. Wenn die Bahnen die Lücken zwischen den Hindernissen passieren, ändern sich ihre Positionen relativ zu den Abständen dazwischen. Nummeriert man die Bahnen mit 1, 2 und 3 von links nach rechts, wird Bahn 1 zu Bahn 3 in der nächsten Lücke, Bahn 2 wird Bahn 1 und Bahn 3 wird Bahn 2, wie aus Abbildung 7.4b) ersichtlich ist. Nach drei Reihen ist die Originalkonfiguration durch den Versatz $\Delta\lambda/\lambda$ von einem Drittel wieder erreicht. Partikel, die schmaler als die Bahn sind, folgen den Stromlinien. Ein Partikel, das in Bahn 1 startet, wird Bahn 3 (die rechte Bahn bezüglich des Spalts) in der zweiten Reihe passieren, Bahn 2 (die mittlere Bahn) in der dritten Reihe und zu Bahn 1 (die linke Bahn) in der vierten Reihe zurückkehren. Da Partikel von jeder der drei Bahnen nach einer Periode von drei Hindernisreihen zu ihrer ursprünglichen Bahnkategorie zurückkehren, ist die Nettomigration die mittlere Flussrichtung. Diese Bewegung wird als Zickzackmodus bezeichnet. In der Praxis kann ein Partikel in eine benachbarte Bahn diffundieren. Der mikroskopische Pfad ist jedoch für alle Bahnen gleichwertig.

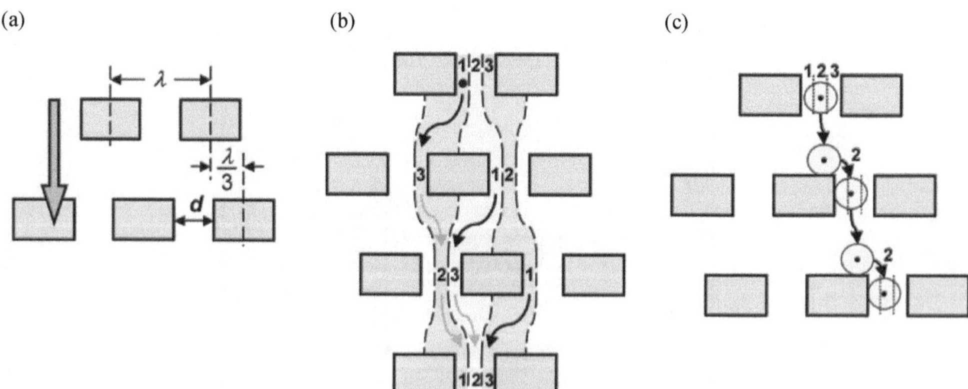

Abbildung 7.4: a) Geometrische Parameter zur Definition der Hindernismatrix, Eintritt des Fluidstroms in vertikaler Richtung; b) laminarer Fluss dreier Fluidströme und ihre Flusswege: Bahn 1 an erster Hindernisreihe wird Bahn 3 in zweiter Reihe, Bahn 3 wird Bahn 2 in dritter Reihe usw.; kleine Partikel verbleiben in derselben Bahn; c) Partikel mit Radius breiter als Bahn 1 folgt der Strömungslinie durch die Partikelmitte entlang Bahn 1 und wird beim nächsten Spalt gemäß den gestrichelten Linien verschoben [HUA04]

Ein Partikel mit einem Radius breiter als Bahn 1 verhält sich an einem Spalt zwischen zwei Hindernissen anders als kleinere Partikel, da seine Mitte nicht in Bahn 1 passt. Wenn sich ein solches Partikel von Bahn 2 in die nachfolgende Lücke bewegt, prallt es ab, statt sich durch den Spalt in Bahn 1 zu bewegen. Seine Mitte verschiebt sich in Bahn 2, wie Abbildung 7.4c) demonstriert. Das Partikel propagiert dann mit dem Fluidstrom in Bahn 2. Dieser Prozess wird immer durchlaufen, wenn ein großes Partikel auf eine Reihe von Hindernissen trifft, sodass es während seiner Verweildauer im Hindernisfeld fortwährend in Bahn 2 bleibt. Das Transportmuster korreliert daher auch mit dem Begriff Verdrängungsmodus [HUA04].
Zwei Anwendungsbeispiele zu dieser Separationsmethode sind in Abbildung 7.5 und Abbildung 7.6 gezeigt, wo mit periodisch angeordneten Hindernissen DNS-Proben aufgetrennt werden. Im System aus Abbildung 7.6 ist ein elektrisches Feld angelegt, um einen elektrophoretischen Partikeltransport zu erzielen. Geladene DNS-Moleküle diffundieren zusätzlich durch den geometrischen Versatz der Hindernisse senkrecht zur Richtung des angelegten elektrischen Feldes, die im Bild von oben nach unten zeigt. Kleinere Moleküle wandern weiter, da ihr Diffusionskoeffizient größer ist. Die laterale Bewegung wird durch die Asymmetrie der Hindernisse gleichgerichtet und erzeugt Bänder unterschiedlich großer Moleküle. Das Aspektverhältnis der Hindernisse beträgt in diesem Fall 4 : 1.

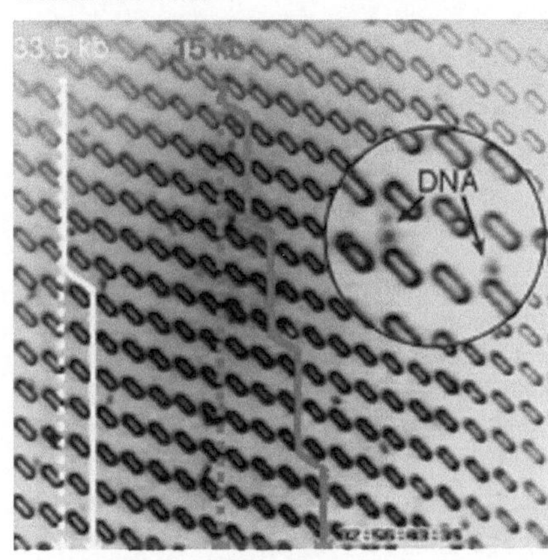

Abbildung 7.5: Trajektorien von DNS-Fragmenten in Hindernisarray [CHO96]

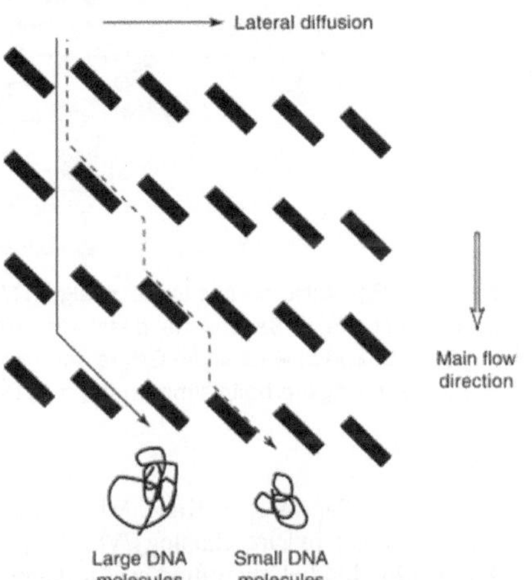

Abbildung 7.6: Diffusion geladener DNS-Moleküle, bei Elektrophorese auch senkrecht zur Feldrichtung [ASH03]

Hydrodynamische Fraktionierung

Zur Partikelfraktionierung kann man auch hydrodynamische Effekte nutzen. So ist über Verteilungsverhältnisse der Einlassströmungen eines verzweigten Kanals einstellbar, welcher Bruchteil des Hauptstroms welchen Auslass passiert. Dies erfolgt durch die Breite der laminaren Einlassströmungen und eine entsprechende Kanalkonfiguration, d. h. die Breite des sich abzweigenden Nebenkanals. Mit einem solchen System kann eine Partikelsortierung nach Größe ohne die Erforderlichkeit aktiver Elemente im Kanal allein durch hydrodynamische Effekte erfolgen. Eine mögliche Anwendung ist die Zellsortierung.
Wird eine Suspension bestehend aus unterschiedlich großen Partikeln in laminaren Einlassströmungen kontinuierlich einem Mikrokanal zugeführt, bestimmt sich das Strömungsverhalten der Partikel an einer Verzweigung im Kanal durch die Flussraten der Einzelströmungen, in die sich der Hauptstrom aufteilt – vorausgesetzt, der Laminarstrom ist stabil ausgeprägt. Wenn das Verteilungsverhältnis a, das dem Verhältnis der Flussrate im Seitenkanal zur Gesamtflussrate entspricht, ausreichend klein ist (wie in Abbildung 7.7a) schematisch dargestellt), fließen keine Partikel in die Abzweigung. Dies ist auch der Fall, wenn die Breite des abzweigenden Kanals größer als der Partikeldurchmesser ist. Die Breite der hellgrauen Region in Abbildung 7.7 bestimmt die Partikelgröße, die durch den Hauptkanal propagiert bzw. die durch die Abzweigung strömt [YAM06]. In Abbildung 7.7b) ist das Verteilungsverhältnis a_2 größer als das Verteilungsverhältnis a_1 in Abbildung 7.7a), sodass in diesem Fall die kleinere Partikelsorte durch hydrodynamische Effekte in die Abzweigung gelangt. In Abbildung 7.7c) ist das Verteilungsverhältnis a_3 noch größer, und zwar so groß, dass auch ein Teil der großen Partikel die Abzweigung nimmt.

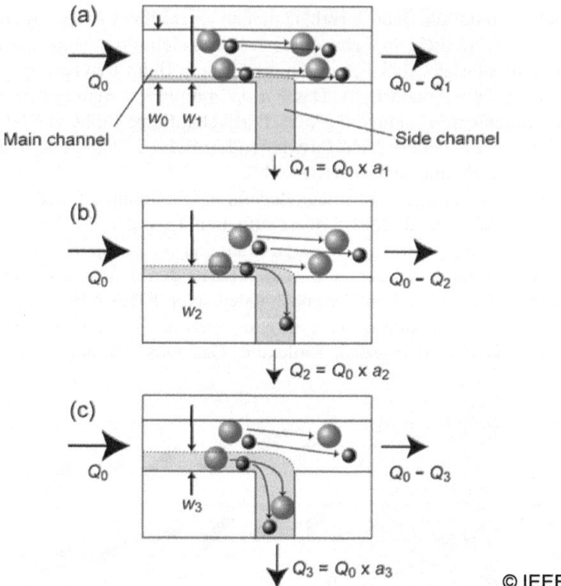

Abbildung 7.7: Prinzip des Partikelsortierens im verzweigten Mikrokanal mit Seitenströmung:
a) Bei genügend kleiner Flussrate im Seitenkanal passieren keine Partikel die Abzweigung.
Bei steigender Flussrate in b) und c) wächst die Größe der Partikel, die in die Abzweigung gelangen.
Q: Volumenflussrate, *a*: Verteilungsverhältnis mit $a_1 < a_2 < a_3$ [YAM06]

Literatur zu Kapitel 7

[ASH03] R. Ashton, C. Padala, R. S. Kane: Microfluidic separation of DNA. Current Opinion in Biotechnology Vol. 14, pp. 497-504, 2003

[CAR09b] D. D. Carlo : Inertial microfluidics. Lab Chip Vol. 9, pp. 3038-3046, 2009

[CHO96] Ch.-F. Chou et al.: Sorting by diffusion: An asymmetric obstacle course for continuous molecular separation. PNAS Vol. 96, pp. 13762-13765, 1996

[DUC05] J. Ducrée, M. Grumann, Th. Brenner, J. Steigert, L. Riegger, S. Haeberle, R. Zengerle: Bio-Disk: Eine vielseitige, zentrifugale mikrofluidische Plattform für die Point-of-Care Diagnostik. Proc. Mikrosystemtechnik-Kongress 2005 (MST2005), S. 199-202, 2005

[DUC07] J. Ducrée, S. Haeberle, S. Lutz, S. Pausch, F. von Stetten, R. Zengerle: The centrifugal microfluidic bio-disk platform. J. of Micromechanics and Microengineering Vol. 17, pp. 103-115, 2007

[ECK05] Ch. Eckerskorn, R. Wildgruber, M. Nissum, G. Weber: Free Flow Elektrophorese: Eine neue hochauflösende Dimension für die Trennung komplexer Protein- und Peptidgemische. BIOspektrum, S. 783-785, 06/2005

[ETZ02] C. Etzold: Trennung von komplexen Proteingemischen mittels „Free Flow Elektrophorese". BIOspektrum, Sonderausgabe, S. 523-524, 2002

[HAR12] S. Hardt: Vorlesungsskript „Nano- und Mikrofluidik II", Kapitel 4 Partikelströmungen. Center of Smart Interfaces, TU Darmstadt, Sommersemester 2012

[HUA04] L. R. Huang, E. C. Cox, R. H. Austin, J. C. Sturm: Continuous Particle Separation Through Deterministic Lateral Displacement. Science Vol. 304, pp. 987-990, 2004

[MAD06] M. Madou, J. Zoval, G. Jia, H. Kido, J. Kim, N. Kim: Lab on a CD. Annual Review of Biomedical Engineering Vol. 8, pp. 601-628, 2006

[YAM04] M. Yamada, M. Nakashima, M. Seki: Pinched Flow Fractionation: Continuous Size Separation of Particles Utilizing a Laminar Flow Profile in a Pinched Microchannel. Analytical Chemistry Vol. 76, pp. 5465-5471, 2004

[YAM06] M. Yamada, M. Seki: Bio-particle sorting employing hydrodynamic rectification in a microfluidic circuit. Proceedings IEEE MEMS 2006, pp. 54-57, 2006

8 Anwendungsbeispiel und kommerzielle Separationssysteme

8.1 Anwendungsbeispiel: Separation von Biomolekülen mit *Magnetic beads*

Die Anzahl der Veröffentlichungen zu mikrofluidischen Methoden für die Kontrolle der Mikroumgebung von Zellen in „künstlichen menschlichen Organen“ wie dem Magen-Darm-Trakt [IMU09, KIM10b, MAH09], der Lunge [HUH10] und der Niere [JAN10] wächst zunehmend [CHA13, SUN13, SPI14]. Dies kann als Indikator für das Forschungsinteresse und die wissenschaftliche Relevanz angesehen werden. Die hinter der Nachahmung der wesentlichen Komponenten menschlicher Organe auf Chipniveau steckende Intention besteht darin, *In-vitro*-Versuche durchzuführen und auf diese Weise wertvolle Erkenntnisse bei der Diagnostik und Therapie organbedingter Erkrankungen zu erlangen [RAM15]. Heutzutage steht eine Vielfalt von Zytokin-Assays zur Verfügung, einschließlich Durchflusszytometrie, mRNA-basierten Assays, *Enzyme-linked immunospot* (ELISPOT) Assays, *Intracytoplasmic cytokine staining* (ICC) und *Magnetic bead* basierten. Konventionelle Bead basierte Assays werden auf 96-Loch-Titerplatten in einem *Enzyme-linked immuno-sorbent assay* (ELISA)-gestützten Format oder mit der Luminex®/xMAP-Technologie durchgeführt. Dieser Titerplattenansatz ist allerdings für die Detektion einzelner Biomarker ineffizient, da er durch einen hohen Durchsatz für die parallele Messung verschiedener Analyte charakterisiert ist. Im Vergleich zu kommerziellen Multiplexsystemen ist der *Magnetic bead*-Ansatz einfacher, ökonomischer gestaltet und insbesondere für Singleplex-Anwendungen geeignet.

Als Anwendungsbeispiel für ein mikrofluidisches Separationssystem wird der Einsatz von *Magnetic beads* in der Separation von Biomolekülen vorgestellt. Ausgangslage für die Entwicklung des Systems war folgende Überlegung: Das Bewusstsein für die gesundheitsfördernde Wirkung bestimmter Nahrungsmittel wächst zunehmend. Insofern ist die Identifizierung einzelner Inhaltsstoffe der Nahrung mit positiver Wirkung auf die menschliche Gesundheit von Bedeutung für die Entwicklung maßgeschneiderter Produkte für eine gesundheitsbewusste Ernährung. Die Identifikation von Nahrungsinhaltsstoffen und die Untersuchung ihrer Auswirkungen auf das menschliche Immunsystem bei Konsumierung waren zentrale Aufgaben im NutriChip-Projekt, in dessen Rahmen das im Folgenden beschriebene System entwickelt wurde. Das NutriChip-Projekt war ein von der Schweizer Initiative NanoTera von 2010 bis 2013 gefördertes interdisziplinäres Vorhaben mit dem Ziel der Konzipierung und Realisierung eines miniaturisierten Magen-Darm-Traktes auf Chipniveau. Mit diesem Modell sollte der Einfluss konsumierter Nahrung auf die menschliche Gesundheit anhand der Reaktion von Immunzellen *in vitro* untersucht werden. Ein Teil des Projekts umfasste die Entwicklung eines auf dem *Lab-on-a-Chip*-Ansatz beruhenden Mikrofluidiksystems für Untersuchungen zur Stimulation menschlicher Immunzellen auf ausgewählte Nahrungsinhaltsstoffe. Dieses System wird exemplarisch als *Magnetic bead* basiertes LoC vorgestellt.

Die Entwicklung, Fertigung und Charakterisierung dieses Systems erfolgte während eines zwölfmonatigen Aufenthaltes im *Laboratory of Microsystems* der *École Polytechnique Fédérale de Lausanne* (EPFL) in der französischsprachigen Schweiz in der interdisziplinären und international besetzten Arbeitsgruppe von Prof. Dr. Martinus Gijs. Dieses Institut wurde für den Forschungsaufenthalt gewählt, da die Arbeiten zur Mikrofluidik in Verbindung mit *Magnetic beads* in der Fachwelt große Aufmerksamkeit erregt und Bedeutung erlangt hat und magnetische Mikrofluidik als Fokus für eigene zukünftige Forschungsaktivitäten auserkoren war. Vor Ort stand neben Laborräumen für die Chipfertigung und dem Zugang zu einem Zellforschungslabor ein umfassend ausgestatteter Reinraum zur Verfügung, der sich über zwei Ebenen erstreckte und auch eine PDMS-Fertigungszeile umfasste. Der Reinraum der EPFL wird vom *Center of MicroNanotechnology* betrieben und kann nach entsprechender Schulung von den Wissenschaftlern der Hochschule genutzt werden.

Den Forschungsaufenthalt finanzierte die Deutsche Forschungsgemeinschaft mit einem Stipendium. Die Aufgabenstellung für das zwölfmonatige Projekt wurde im Zuge der Beantragung der Fördermittel gemeinsam mit dem gastgebenden Professor definiert. Die grundlegende Idee besteht darin: Eine zellstimulierende Komponente wird in den mikrofluidischen Chip injiziert, der Monozyten oder differenzierte Zellen (Makrophagen) enthält. Diese Zellen dienen als Modell für das menschliche Immunsystem. Als Immunantwort wird eine Reihe vorentzündlicher (pro-inflammatorischer) Zytokine von den Zellen freigesetzt. Zytokine sind kleine Proteine (Peptide), die das Zellwachstum, die Proliferation der Zellen und ihre Differenzierung regulieren und eine wichtige Rolle in immunologischen Reaktionen spielen. Eine Untergruppe der Zytokine sind Interleukine (IL-x), die als körpereigene Botenstoffe von Immunzellen an der Regulation von Entzündungsreaktionen im Organismus beteiligt sind. Für das hier beschriebene mikrofluidische System wurde exemplarisch Lipopolysaccharid (LPS) als Zellstimulator und das Interleukin IL-6 als zu detektierendes pro-inflammatorisches Zytokin ausgewählt, da es ein bekanntes, weithin untersuchtes Zytokin ist, dem eine Schlüsselrolle beim Übergang von Mechanismen der angeborenen Immunität zu Mechanismen der erworbenen Immunität innerhalb des Entzündungsprozesses zukommt [JON05].

Die Veränderung der Zytokinfreisetzung zeigt generell an, dass Zellen unter Stress stehen und durch äußere Faktoren aktiviert werden [DIE12]. Für die Bindung von IL-6 sind spezifische Antikörper kommerziell erhältlich, was eine Voraussetzung zur Durchführung des Immmunassays ist. Die Detektion der freigesetzten IL-6-Zytokine wird durch ein *Magnetic bead* basiertes Sandwich-Immunassay in Verbindung mit Fluoreszenzmikroskopie erzielt. Die gemessene Fluoreszenzintensität dient als Indikator für die Menge der freigesetzten bzw. durch Bindung an *Magnetic beads* immobilisierten Zytokine. Das in Abbildung 8.1 skizzierte Schema veranschaulicht das Konzept am Beispiel der Zellstimulation mit LPS.

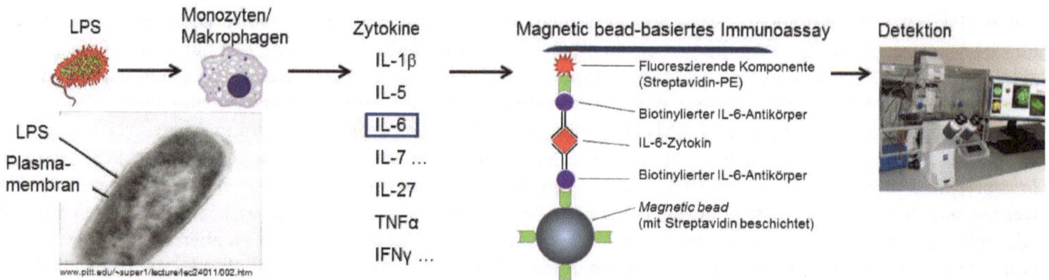

Abbildung 8.1: Schema der Abläufe auf dem Mikrofluidikchip: Stimulation von Zellen (Monozyten/Makrophagen) mit Lipopolysaccharid (LPS), Zytokinsekretion, *Magnetic bead* basiertes Immunassay und Zytokindetektion

Das für die Zellstimulation exemplarisch ausgewählte LPS ist zwar kein gesundheitsfördernder Stoff, jedoch sind auch die Identifikation schädlicher Nahrungsinhaltsstoffe und die bei ihrer Konsumierung ausgelöste Immunreaktion von Interesse. Dies ist mit dem entwickelten Chip ebenfalls möglich. LPS ist eine in der äußeren Membran gramnegativer Bakterien vorkommende toxische Komponente. Es wird vom Menschen durch kontaminierte Nahrung oder verunreinigtes Trinkwasser konsumiert. Einerseits führt die Aufnahme von LPS zu einer stark ausgeprägten Immunreaktion, d. h. der Produktion unterschiedlicher Zytokine sowie pathophysiologischen Aktivitäten, die zum Schock oder sogar zum Tod führen können. Andererseits ist LPS ein starker Aktivator des Immunsystems und spielt in der Früherkennung bakterieller Infektionen und der Stimulation der antibakteriellen Abwehr eine wichtige Rolle [SUZ00]. Die Untersuchung der Wechselwirkungen zwischen LPS und dem menschlichen Immunsystem ist daher von beträchtlicher Bedeutung für die Verbesserung präventiver Maßnahmen sowie für die Diagnose und Therapie bakterieller Infektionen nicht nur aus wissenschaftlicher, sondern auch aus klinischer Sicht.

<u>Konzept und Design des mikrofluidischen LoC-Systems</u>

Der mikrofluidische Chip soll eine parallele Untersuchung der Reaktion von Monozyten und Makrophagen auf eine Stimulation und den Vergleich des Messsignals mit einem Referenzsignal ermöglichen. Dazu sind zwei mikrofluidische Kammern nebeneinander auf dem Chip angeordnet. Jede der Kammern wird in der Mitte durch einen Filter geteilt, der durch eine Reihe linienartiger Mikrostrukturen realisiert ist. Der bezogen auf die Flussrichtung des Probemediums obere Kammerteil beherbergt Zellen, während in den unteren Teil *Magnetic beads* injiziert werden, die mit IL-6-zytokinspezifischen Antikörpern beschichtet sind. Nach der LPS-Stimulation von den Zellen freigesetzte pro-inflammatorische IL-6-Zytokine werden durch das Probemedium (hier die Zellnährlösung) zum Kammerteil mit den *Magnetic beads* transportiert, wo sie sich mit der Oberfläche der funktionalisierten Beads verbinden. Der Filter verhindert eine Kreuzkontamination der für Zellen und *Magnetic beads* vorgesehenen Bereiche der Kammer, lässt die Zytokine vom Zellumfeld in den für die Durchführung des magnetischen Immunassays bestimmten Bereich jedoch passieren.

Das Design des mikrofluidischen Chips ist auf das Protokoll für das Immunassay abgestimmt. Dies umfasst in Kurzform die folgenden Schritte: Nach einem Waschvorgang mithilfe eines äußeren Magnetfeldes werden Streptavidin-phycoerythrin (PE)-konjugierte IL-6-Antikörper für die optische Fluoreszenzdetektion in den Kammerbereich der *Magnetic beads* hinzugegeben und mit der Probe inkubiert. Im nächsten Schritt wird der Komplex, bestehend aus *Magnetic bead*, IL-6-Zytokin und Streptavidin-PE-Fluoreszenzmarker, mit dem fluidischen Medium entlang des Mikrokanals in den Detektionsbereich geführt. Dort befindet sich ein externer Elektromagnet für die Manipulation der *Magnetic bead*/IL-6-Zytokin/Fluoreszenzmarker-Komplexe. Die Komplexe werden durch Magnetkräfte im Detektionsbereich fixiert, während ungebundene Komponenten (mit Ausnahme nicht fluoreszierender ungebundener und damit kein Fluoreszenzsignal erzeugender *Magnetic beads*) fortgewaschen und über einen Auslass entsorgt werden. Die Magnetkraft des Elektromagnets wird durch Permanentmagnete verstärkt. Das Schema des Gesamtsystems aus Mikrofluidikchip mit integriertem Elektromagnet ist in Abbildung 8.2 skizziert.

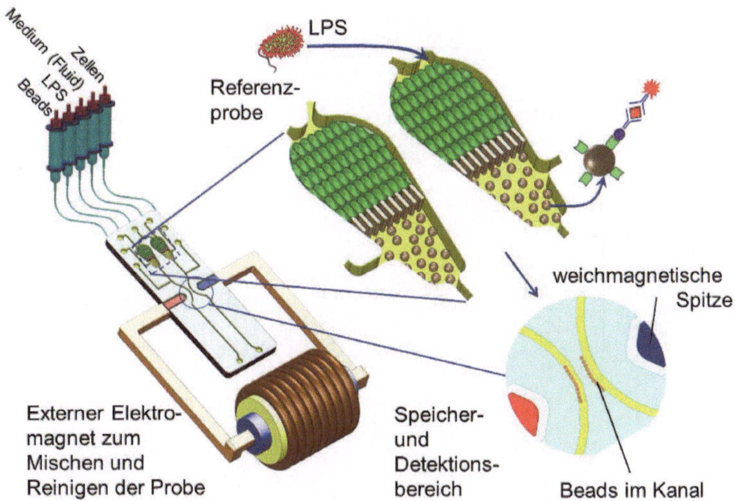

Abbildung 8.2: Mikrofluidikchip mit integriertem Elektromagnet für das Mischen der *Magnetic beads*, Probenreinigung und Fixieren im Detektionsbereich gestützt durch Permanentmagnete (nicht gezeigt) [RUF14b]

Maskendesign und Fertigung des mikrofluidischen LoC

Zur Fertigung der Masterform für die Abformung mikrofluidischer Chips in Kunststoff werden zwei Fotolithografiemasken benötigt. Das Chipdesign umfasst zwei Hälften, für die jeweils eine Maske erforderlich ist und die nach der Fertigung der Einzelhälften nach einer Oberflächenaktivierung im Plasma zusammengefügt werden. Jeder Chip enthält gemäß dem Konzept zwei parallele Mikrofluidiksysteme mit Kammer, Mikrokanälen und Einlässen für Reagenzien sowie einem Auslass für die Entsorgung des Abfalls. In der einen Chiphälfte befindet sich ein Sockel zwischen oberem und unterem Kammerteil, der als Barriere für Zellen und *Magnetic beads* fungiert. Die zweite Chiphälfte umfasst die Kammer und eine Reihe streifenförmiger Mikrostrukturen zur Ausübung der gewünschten Filterfunktion. Während des Zusammenfügens der beiden Chiphälften werden die Filterstrukturen auf den Sockel aufgesetzt, der die Kammer in die Bereiche für Zellen und *Magnetic beads* unterteilt. Die Entscheidung für eine Konstruktion aus einer Streifenreihe auf dem Sockel anstelle einer vom Kammerboden bis zur Decke reichenden Strukturen fiel aus fertigungstechnischen Gründen: Für die Abformung wären wenige Mikrometer schmale Streifen fotolithografisch zu strukturieren, die eine Höhe von mehreren 10 µm aufweisen. Dies ist die minimale Kammerhöhe, da sowohl Zellen als auch *Magnetic beads* einen Durchmesser von ungefähr 5 µm haben und sich beide im Fluidvolumen frei bewegen können müssen. Ein solches Aspektverhältnis ist bei dieser geringen Breite fertigungstechnisch nicht realisierbar.

Abbildung 8.3 zeigt eine Überlagerung der beiden Masken für die zwei Chiphälften. Eine Maske (dunkle Strukturen) enthält Kammer und Sockel sowie Kanäle, Ein- und Auslässe. Die andere Maske (helle Strukturen) dient zur Fertigung der zweiten Kammerhälfte mit der Filterstruktur. Die Chipgröße ist 25 mm x 25 mm in diesem Design. Die Kammergröße beträgt 1 mm x 3 mm in der Sockelmaske und 2 mm x 4 mm in der Filtermaske. Die in der Ausschnittvergrößerung in Abbildung 8.3 erkennbare Abweichung der Kammergrößen in den beiden Chiphälften dient zur Kompensation potenzieller Fehlausrichtungen während des Zusammenfügens, das nach der Plasmaaktivierung manuell und unverzüglich zu erfolgen hat. Der Streifenabstand der Filterstruktur in der Kammermitte variiert zwischen 1 µm, 2 µm und 3 µm bei einer Streifenbreite von 30 µm bzw. 100 µm. Die Streifenlänge und Anzahl, die maßgebend für den fluidischen Widerstand des Systems sind, wurden zudem variiert. Insgesamt sind neun Geometrievarianten des Systems auf den Masken zum Auffinden der unteren Grenze für den Streifenabstand enthalten. Das Maskenlayout aus Abbildung 8.3 wurde auf 5″ x 5″ (fünf Quadratzoll) großen Maskenblanks mit der direkt schreibenden Laserlithografieanlage DWL200 (Heidelberg Instruments Mikrotechnik GmbH, Heidelberg) im Reinraum des *Center of MicroNanotechnology* der *École Polytechnique Fédérale des Lausanne* geschrieben. Parallel dazu wurden Prozessparameter und die Fertigungsfolge für die Herstellung der Masterformen zur Abformung von Mikrofluidikchips in Kunststoff festgelegt. Die Masterformen bestehen aus dem polymerbasierten Negativfotolack SU-8™, der auf einem Siliziumsubstrat strukturiert wird. Damit werden durch Abformen die Mikrofluidikstrukturen in Polydimethylsiloxan (PDMS) übertragen. Nach der Fertigung mikrofluidischer Chips mit dem Design aus Abbildung 8.3 und einem Fluidtest mit *Magnetic beads* wurden die Strukturen optimiert.

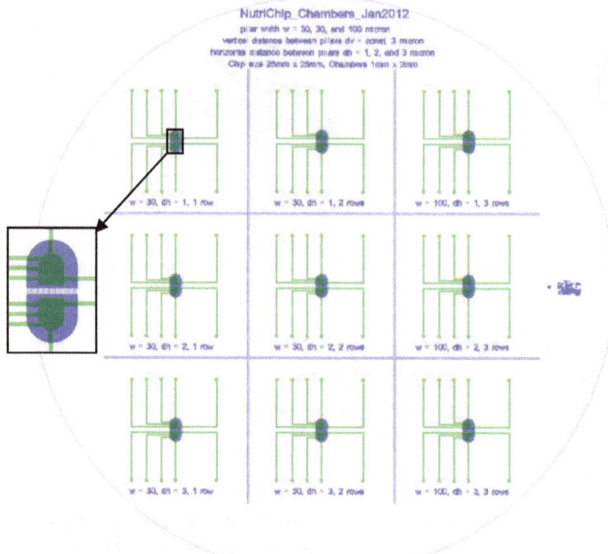

Abbildung 8.3: Maskendesign mit zwei Einzelmasken in Überlagerung dargestellt

Das endgültige Maskendesign ist in Abbildung 8.4 dargestellt. Nur eines von drei Systemen auf der Maske ist gezeigt. Die Chipgröße beträgt hier 76 mm x 26 mm und entspricht damit der Größe von Glasobjektivträgern für die Mikroskopie. Der Streifenabstand beträgt in diesem Design einheitlich 1 µm. Die für die Zellen und *Magnetic beads* vorgesehenen Kammern enthalten kreuzförmige Abstandhalter, um ein Zusammenhaften der beiden PDMS-Hälften im Kammerbereich während des Fügens zu vermeiden. Andernfalls wäre kein ausreichender Hohlraum für die Zellen und die Durchführung des Immunassays gegeben. Die Einlässe der linken Kammer sind für das Zellmedium und eine Pufferlösung vorgesehen und der Einlass zum unteren Kammerbereich für *Magnetic beads*. Das rechte System besitzt einen zusätzlichen Einlass für die LPS-Zugabe zur Zellstimulation. Der Detektionsbereich ist durch zwei Pfeile flussabwärts angedeutet. Die Kanäle der beiden Systeme auf dem Chip verlaufen im Detektionsbereich, d. h. dem Bereich zwischen den Spitzen des Elektromagneten und damit der größten magnetischen Feldstärke dicht nebeneinander, um einen möglichst großen Feldgradienten für die Manipulation der Probe nutzen zu können.

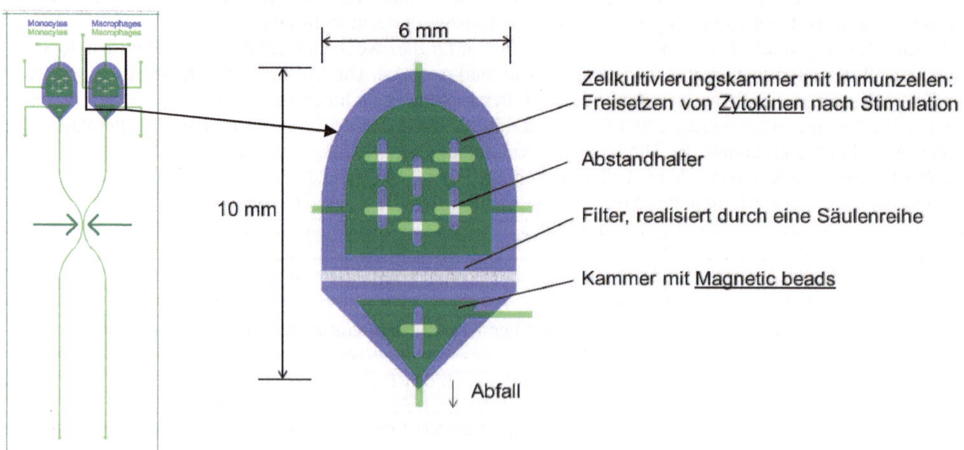

Abbildung 8.4: Finales Maskendesign (nur ein System gezeigt; Chipgröße: 76 mm x 26 mm)

Die SU-8™-Masterformen wurden auf Siliziumsubstraten mit einem Durchmesser von vier Zoll fotolithografisch gefertigt. Die Belichtungsdosis zur Erzielung 1,5 µm, 3 µm bzw. 4,5 µm schmaler SU-8™-Balken von der 1 µm breiten Maskenstruktur, die später dem Streifenabstand bei der Abformung entsprechen, beträgt in einer 10 µm dicken SU-8™-Schicht 180 mJ/cm², 225 mJ/cm² bzw. 270 mJ/cm² (Abbildung 8.5). Je schmaler die SU-8™-Strukturen sind, desto stärker bilden sie ein gekrümmtes Seitenwandprofil aus. Dies korrelierte weder mit Strukturablösungen, noch führte es bei der PDMS-Abformung zu Beeinträchtigungen der SU-8™-Haftung. Ein Standardprozess wurde für die Fertigung von SU-8™-Masterformen mit 2 µm Streifenabstand definiert.

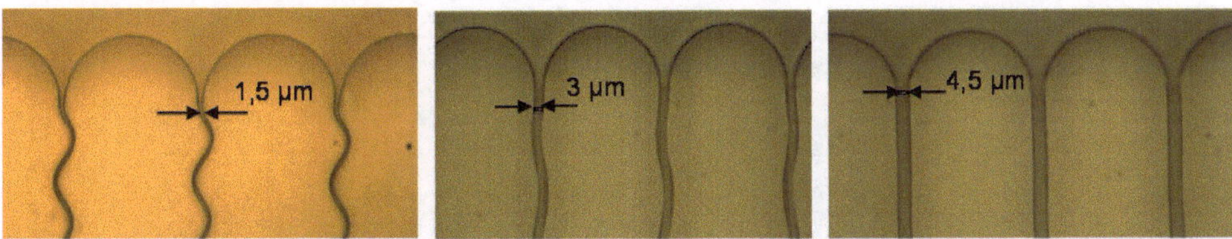

Abbildung 8.5: 10 µm hohe SU-8™-Strukturen mit Abstand 1,5 µm, 3 µm bzw. 4,5 µm belichtet mit unterschiedlicher Energiedosis, von links: 180, 225, 270 mJ/cm², Intensität: 15 mW/cm² @365 nm Wellenlänge [RUF13c,d]

In der Auflösungsgenauigkeit ist keine Einbuße beim Strukturübertrag von der SU-8™-Masterform in PDMS zu verzeichnen. Abbildung 8.6 stellt Streifenstrukturen der Masterform der abgeformten PDMS-Struktur gegenüber. Der Streifenabstand wurde mit einem Rasterelektronenmikroskop vermessen.

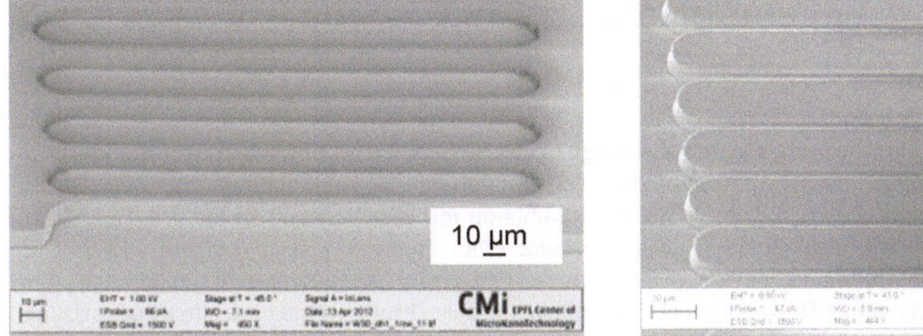

Abbildung 8.6: REM-Aufnahmen einer SU-8™-Masterform (links) und damit abgeformter PDMS-Struktur (rechts)

Schnittstelleneinheit

Eine direkte Injektion der Medien in die Einlässe des PDMS-Chips mit Spritzen, wie in Abbildung 8.12 dargestellt, ist möglich und erlaubt nicht nur kürzeste Prozesswege, sondern minimiert zugleich mögliche Leckagen und Totvolumina. Zusätzlich wurde ein PMMA-Interface erstellt, der das Mikrofluidiksystem über das Versuchsstadium hinaus komplettiert. Diese Schnittstelleneinheit ist in Abbildung 8.7 dargestellt. Sie dient zur Verbindung von PDMS-Chip mit den Schläuchen, die mit Nanoport™ Assemblies (Upchurch Scientific®, IDEX Health & Science LLC) an die Schnittstelleneinheit angeschlossen werden und zur Pumpe führen. Die Schnittstelleneinheit hat Einbuchtungen für die Polschuhe und Spitzen des Elektromagneten und klemmt diese weichmagnetischen Elemente mitsamt dem PDMS-Chip unter einer zu verschraubenden Deckplatte fest.

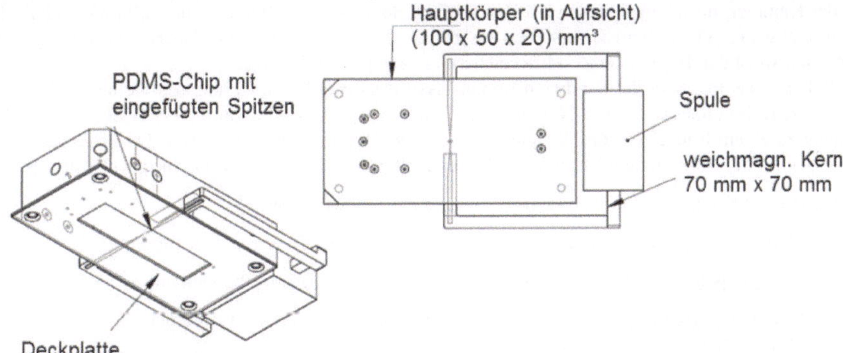

Abbildung 8.7: Design der PMMA-Schnittstelleneinheit zum Anschluss von Schläuchen und einer Spritzenpumpe an den PDMS-Chip

Eine Aufsicht auf einen PDMS-Chip mit Mikrokanälen in der aus PMMA gefrästen Schnittstelleneinheit ist in Abbildung 8.8 zu sehen. Der den Chip umgebende Elektromagnet besteht aus einem Kern, der aus dem Material Permenorm®5000 H2 gefertigt ist, und einer Kupferspule mit 1.400 Windungen und einem Drahtdurchmesser von 0,4 mm.

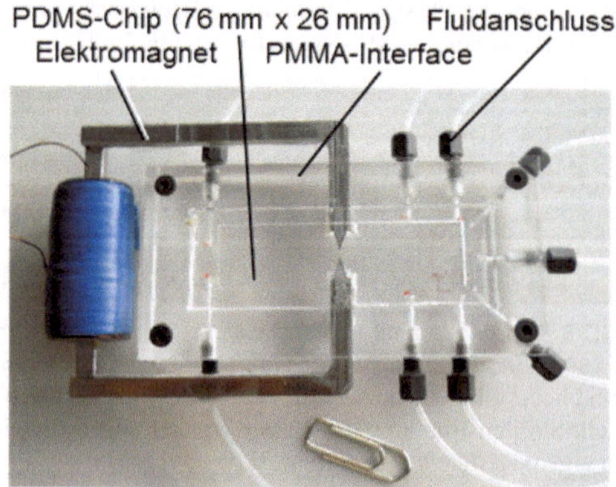

Abbildung 8.8: Aufsicht auf den PDMS-Chip im PMMA-Interface mit Nanoport™ Assemblies und Elektromagnet für die Magnetfelderzeugung [RUF12]

Zellkultivierung und Sandwich-Immunassay

Zuerst wurden sowohl die Zellkultivierung als auch das magnetbasierte Sandwich-Immunassay auf Zellkulturflaschenniveau durchgeführt. Das Assay umfasste die Zellstimulation, die Inkubation mit oberflächenfunktionalisierten *Magnetic beads* sowie die anschließende Inkubation mit den Fluoreszenzmarkern. Der Vorteil beim Einsatz von Kulturflaschen gegenüber der Durchführung eines Immunassays auf einem PDMS-Chip besteht darin, dass die Konzentration und das Mischverhältnis der beteiligten Reagenzien sehr genau kontrollierbar sind. Ferner ist eine gleichmäßige Bewegung und Durchmischung der Probe während der Inkubationszeiten leicht mit einem Schütteltisch zu erzielen, während durch das begrenzte Kammer- und somit auch Probenvolumen sowie die kleinen Ein- und Auslässe auf dem Chip eine stark eingeschränkte Zugänglichkeit zur Mikrofluidikkammer besteht.

Für die Modellierung des menschlichen Immunsystems wurde eine U937-Zelllinie ausgewählt. Die Monozyten differenzieren binnen 48 Stunden zu Makrophagen, die eine stärkere Reaktion auf die LPS-Stimulation als Monozyten zeigen [GUO09, TAK99]. Um die Zelldifferenzierung zu initiieren, wurde Phorbol 12-Myristat 13-Acetat (PMA) mit einer Konzentration von 100 ppm zur Zellnährlösung RPMI1640 gegeben, die zudem 10% fötales Rinderserum und 1% Penicillin zur Keimabtötung enthielt. Die Lösung wurde im statischen Fall (auf Kulturflaschenniveau) nach einem Tag ausgetauscht und bei Experimenten mit einer Spritzenpumpe auf dem mikrofluidischen Chip kontinuierlich im Durchströmverfahren erneuert. Die Bewegung von U937-Monozyten während des Ladevorgangs in die Kammer auf dem Chip ist in Abbildung 8.9 zu erkennen. Abbildung 8.10 zeigt Zellen in der Kammer, nachdem sie einen 24 Stunden lang dem die Zelldifferenzierung stimulierenden Medium PMA ausgesetzt waren. Die Zellcluster bestehen aus Zellen, die sich an der PDMS-Oberfläche angelagert haben. Die Anlagerung weist den Beginn der Zelldifferenzierung nach [BAE09, PAG05].

Das Protokoll für das magnetische Sandwich-Immunassay basiert auf Protokollen von Kellar et al. für durchflusszytometrische Immunassays unter Nutzung der Luminex® / xMAP-Technologie [KEL03, KEL06] sowie der Anleitung zu einem Baukasten für die Detektion humaner Zytokine für ein *Enzyme-Linked Immuno Sorbent Assay* (ELISA) mit der Bezeichnung Milliplex® (Merck Millipore, Merck KGaA, Darmstadt) [MIL09].

Der zu detektierende Komplex ist in Abbildung 8.11 skizziert. Er besteht aus

(i) Magnetic bead mit spezifischer Oberflächenfunktionalisierung zur IL-6-Bindung,

(ii) IL-6-Zytokin, über einen spezifischen Antikörper an das Bead gebunden und

(iii) einer fluoreszierenden Komponente, die über einen zweiten IL-6-Antikörper an den Bead/Zytokin-Komplex bindet.

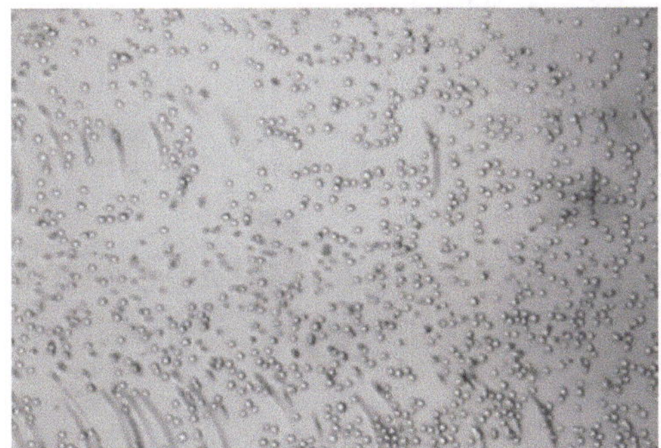

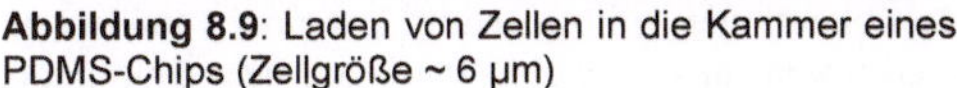

Abbildung 8.9: Laden von Zellen in die Kammer eines PDMS-Chips (Zellgröße ~ 6 μm)

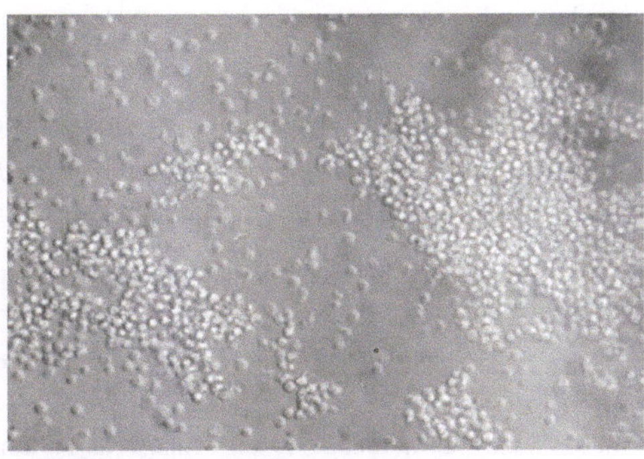

Abbildung 8.10: Zellen in der Kammer auf dem PDMS-Chip nach eintägiger Versorgung mit Phorbol 12-Myristat 13-Acetat (PMA)

Zu Beginn des Immunassays werden kommerziell erhältliche, mit Streptavidin beschichtete 2,8 μm große *Magnetic beads* (streptavidin magnetic beads SVP-20-10, Spherotech Inc., IL, USA) zusammen mit biotinylierten IL-6-Antikörpern (Invitrogen™ life technologies, CA, USA) inkubiert. Parallel dazu werden die Zellen für 48 Stunden der Nährlösung mit PMA-Zusatz ausgesetzt. Nach der durch das Anhaften der Zellen an der PDMS-Chipoberfläche indizierten Zelldifferenzierung wird LPS in unterschiedlich hohen Konzentrationen bis zu 1 μg/mℓ Zellnährlösung RPMI1640 in den Zellkultivierbereich der PDMS-Chips injiziert. Die Inkubationszeit beträgt 18 Stunden. Als LPS-Quelle dienen Salmonella Minnesota R595-Bakterien (Merck Millipore, Merck KGaA, Darmstadt), deren Verwendung einen hohen Sekretionsgrad von IL-6-Zytokinen zur Folge haben sollte [GAR05, PRI95].

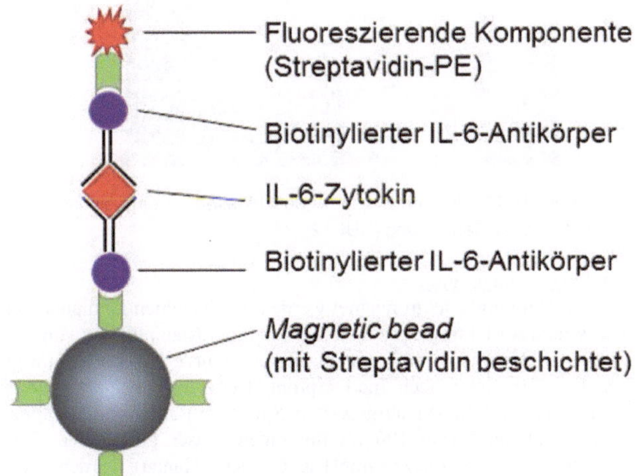

Abbildung 8.11: Sandwich-Immunassay mit einem *Magnetic bead*

Im nächsten Schritt werden oberflächenfunktionalisierte *Magnetic beads* in den dafür vorgesehenen Kammerbereich eingelassen, um die mit dem Fluidstrom den Säulenfilter passierende IL-6-Zytokine zu binden. Zuletzt werden fluoreszierende IL-6-Antikörper (BD BioSciences, NJ, USA) hinzugegeben und mit der Probe inkubiert. Der Elektromagnet fixiert in Verbindung mit Permanentmagneten die *Magnetic bead*/IL-6/Streptavidin-PE-Komplexe für die Bildaufnahme mit Fluoreszenzmikroskopie im Detektionsbereich. Ungebundene *Magnetic beads* werden aufgrund ihres nicht vorhandenen Fluoreszenzmarkers nicht quantitativ erfasst.

Das Protokoll für das *Magnetic bead* basierte Immunassay umfasst die folgenden Schritte:

(i) Zelldifferenzierung initiiert durch PMA

(ii) LPS-Zugabe, Inkubation 18h → Freisetzung der IL-6-Zytokine

(iii) Injektion oberflächenfunktionalisierter *Magnetic beads* in der Kammer, Inkubation 2h

(iv) Binden von filterpassierenden IL-6-Zytokinen durch die *Magnetic beads*

(v) Zugabe von Streptavidin-phycoerythrin als fluoreszierende Komponente zum Zytokin-*Magnetic bead*-Komplex, Inkubation 30 min.

(vi) Detektion der gebundenen Zytokine mit Fluoreszenzmikroskopie

Um das Sandwich-Immunassay auf Chipniveau zu testen, wurde ein PDMS-Chip an eine Spritzenpumpe angeschlossen. Auf den Chip geladene U937-Zellen wurden damit kontinuierlich über Nacht aus einer 1 mℓ fassenden Spritze mit frischer Nährlösung versorgt. Zwei Spritzen waren für die zwei Systeme auf dem Chip nötig. Abbildung 8.12 zeigt die Anordnung: PDMS-Chip mit U937-Zellen im Zellkultivierungskammerbereich und die daran angeschlossene neMESYS-Spritzenpumpe (Cetoni GmbH, Korbußen) zur kontinuierlichen Versorgung der Zellen mit konstanter Flussrate von 10nℓ/s mit der Zellnährlösung RPMI1640.

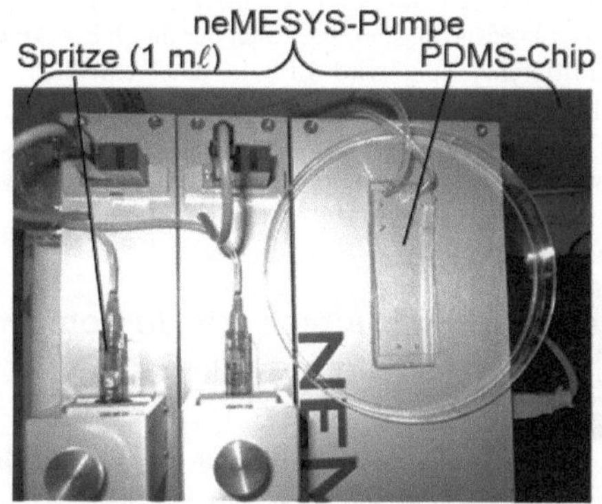

Abbildung 8.12: Mikrofluidischer PDMS-Chip mit Zellen, angeschlossen an eine Spritzenpumpe zur kontinuierlichen Versorgung der Zellen mit frischer Nährlösung [RUF12]

Komponentenevaluation und Systemintegration

Vor der Integration von PDMS-Chip und Elektromagnet werden die einzelnen Komponenten des Mikrofluidiksystems getestet. Die Effektivität des Elektromagneten hinsichtlich der Manipulation von *Magnetic beads* sowie die Filterfunktion der Streifenstruktur mit 2 µm lateralem Abstand wurde anhand 2,8 µm großer Beads (streptavidin magnetic beads SVP-20-10, Spherotech Inc.) erprobt. Der Elektromagnet setzt sich aus einem U-förmigen Kern und zwei auf den Polschuhen aufgesetzten Spitzen zusammen. Die Spitzen sind aus einem weichmagnetischen Folienmaterial der Dicke 100 µm mit einem Laser geschnitten. Zwei unterschiedliche weichmagnetische Materialien (Vacuumschmelze GmbH & Co. KG, Hanau) wurden als Kernmaterial untersucht: die NiFe-Legierung Permenorm® 5000 H2 und die CoFe-Legierung Vacoflux® 50, welche eine besonders hohe Sättigungsflussdichte B_s von etwa 2 T aufweist, eine Koerzivität H_c unterhalb 0,8 A/cm und eine relative Permeabilität μ_r von bis zu 13.000. Bei Dauerbestromung der Spule konnte eine magnetische Flussdichte B von bis zu 22 mT zwischen den weichmagnetischen Spitzen gemessen werden. Mit dem realisierten Aufbau wurde eine Ansammlung von *Magnetic beads* an der inneren Kanalseitenwand nahe einer der Spitzen erzeugt (Abbildung 8.13 links).

Für den Filtertest wurden *Magnetic beads* in phosphatgepufferter Salzlösung (*phosphate buffered saline*, PBS) als Trägermedium in den dafür vorgesehenen Bereich der Mikrofluidikkammer auf dem PDMS-Chip entgegen der eigentlichen Flussrichtung injiziert und die Beads mit dem Fluid in Richtung des Zellkultivierbereichs geführt. Sie konnten die Filterbarriere wie beabsichtigt nicht überwinden (Abbildung 8.13 rechts) und bestätigen damit das gewählte Konzept für den Chip.

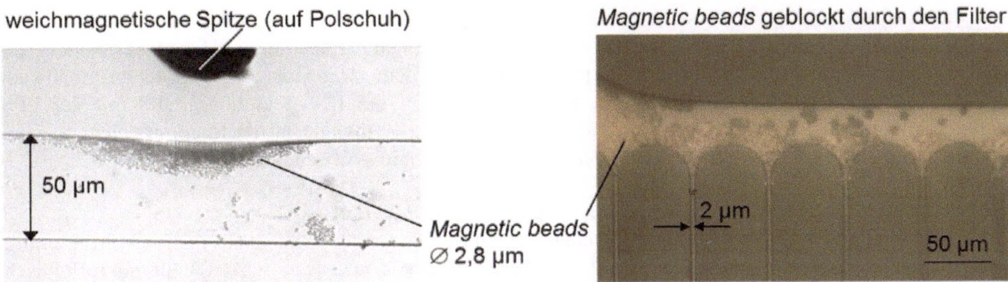

Abbildung 8.13: Evaluation des Elektromagneten: Bead-Ansammlung an einer Kanalwand durch ein äußeres Magnetfeld (links), *Magnetic beads* (Ø 2,8 µm) am Filter (rechts)

In einem Ausschnitt der mikrofluidischen Kammer sind U937-Zellen und fluoreszierende *Magnetic beads* nach dem Sandwich-Immunassay in ihrem jeweiligen Kammerbereich neben dem Filter zu erkennen (Abbildung 8.14 Mitte). Die fluoreszierenden Partikel sind ein Hinweis auf das Vorhandensein von an *Magnetic beads* gebundenen IL-6-Zytokinen. Das mittlere Foto in Abbildung 8.14 wurde mit einem Fluoreszenzmikroskop aufgenommen, während im linken Bild nicht fluoreszierende Beads in ihrem Kammerbereich und in der rechten Aufnahme von Abbildung 8.14 U937-Zellen gezeigt sind, die vom Filter zurückgehalten werden. Die Bilder links und rechts sind mit einem konventionellen optischen Mikroskop aufgenommen.

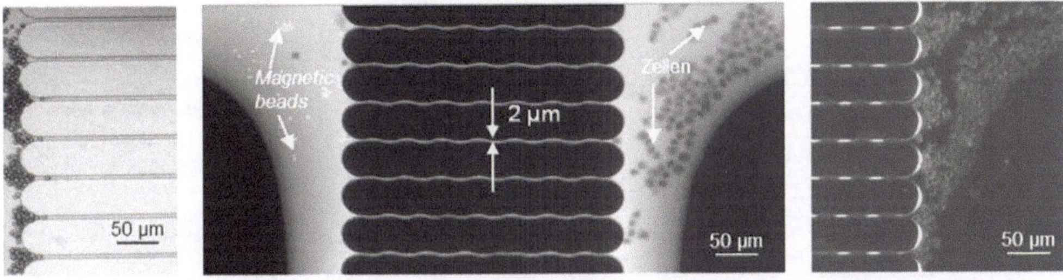

Abbildung 8.14: Aufsicht auf Filterbereich zwischen *Magnetic beads* (Ø 2,8 µm) auf der linken und U937-Zellen auf der rechten Seite, im mittleren Bild links fluoreszierende *Magnetic beads* als IL-6-Indikator, rechts Zellen

Abbildung 8.15 zeigt eine Nahaufnahme fluoreszierender Beads in der Kammer eines PDMS-Chips nach Durchführung des Immunassays. Die Kettenbildung ist typisch für das Verhalten von *Magnetic beads* in einem externen Magnetfeld: Magnetische Dipole werden induziert, welche die Beads aneinanderreihen [CLI04, GIJ10, LI12, PET07b]. In Abbildung 8.16 sind fluoreszierende *Magnetic beads* zu sehen, die im Filter stecken und auf diese Weise wie vorgesehen am Eindringen in den Zellkammerbereich gehindert werden. Diese Aufnahme bestätigt die gewählte Porengröße des Filters (den Abstand der Streifen) und die Anwendbarkeit dieses Ansatzes. Qualitativ konnte eine signifikante Zunahme des Fluoreszenzsignals mit Erhöhung der LPS-Konzentration nachgewiesen werden.

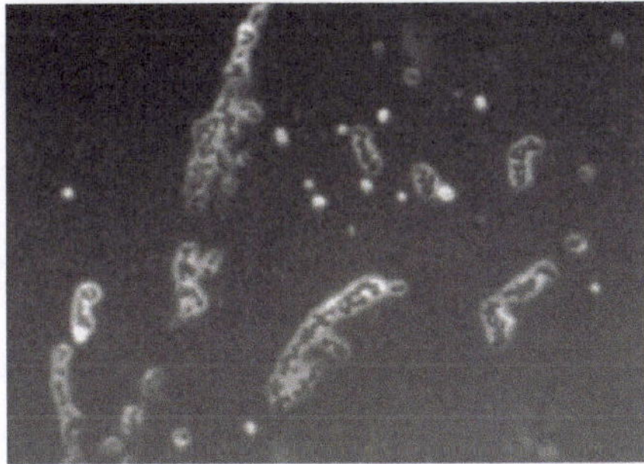

Abbildung 8.15: Fluoreszierende *Magnetic beads* im Magnetfeld als Indikator für das Vorhandensein von IL-6-Zytokinen

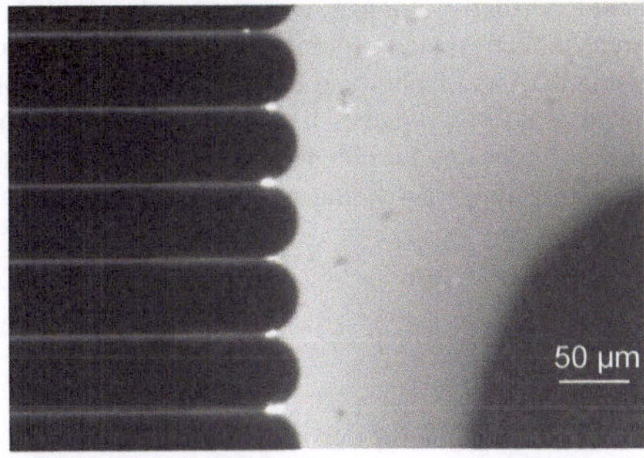

Abbildung 8.16: Fluoreszierende *Magnetic bead* / Zytokin-Komplexe am Filtereinlass

Das entwickelte mikrofluidische System erlaubt die Zellkultivierung, Differenzierung und die Stimulation humaner Immunzellen in einem integrierten *Lab-on-a-Chip*-Ansatz. Die Zellaktivierung, d. h. die LPS-induzierte Freisetzung pro-inflammatorischer IL-6-Zytokine konnte mit dem *Magnetic bead* basierten Sandwich-Immunassay nachgewiesen werden, wobei ein messbarer Anstieg des IL-6-Sekretionsgrades mit der LPS-Konzentration zu verzeichnen war. Dies weist die Möglichkeit einer Zytokinquantifizierung mit einem magnetischen Immunassay als effektive Alternative für Singleplex- zu Multiplex-Anwendungen nach.

8.2 Kommerzielle mikrofluidische Separationssysteme

Einer Untersuchung des französischen Marktforschungsinstituts Yolé Développement aus dem Jahr 2011 zufolge wird sich die jährliche Wachstumsrate (engl. *Compound Annual Growth Rate*, CAGR) für mikrofluidische Bauteile von 18% in den Jahren 2008-2010 auf 24% bis 2016 erhöhen. Pharmazie und Biowissenschaften machen dabei den größten Anteil aus, gefolgt von klinischer, veterinärer und *Point-of-Care*-Diagnostik sowie Medikamentenverabreichung / Drug Delivery-Systeme wie Inhalatoren. Am Ende der Rangskala stehen Industrie und Umwelt, analytische Systeme und schließlich Mikroreaktoren (siehe Abbildung 8.17).

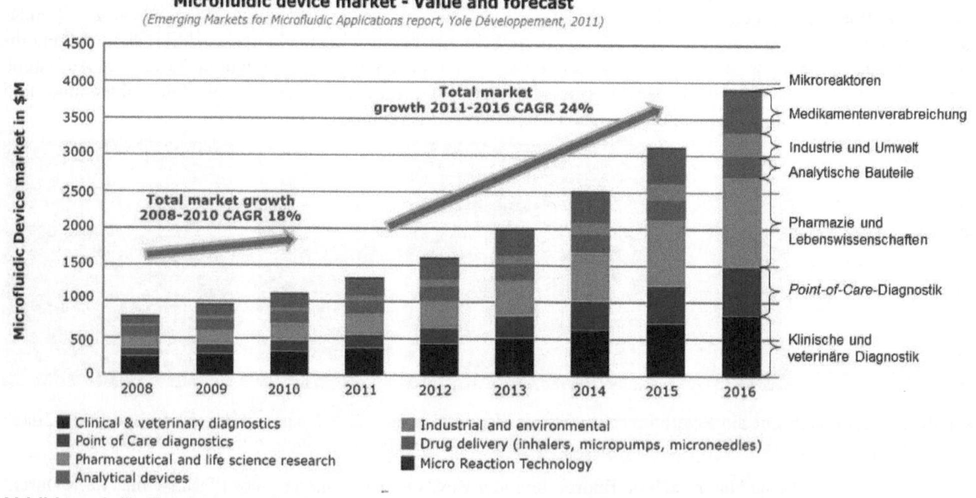

Abbildung 8.17: Entwicklung mikrofluidischer Produkte und deren Marktanteile für 2008-2016, Quelle: Yolé Développement, 2011

Eine wachsende Tendenz zeigt auch die Anzahl der Patente, die den Begriff " microfluidic" enthalten. Abbildung 8.18 zeigt die Entwicklung in den Jahren 1990 bis 2008 für eine Patentsuche bei http://depatisnet.dpma.de/ [BEC09]. Die Gesamtzahl liegt Ende November 2017 bei 39.000, wovon mehr als 16.000 allein in den USA angemeldet wurden, wie in der Einleitung in Kapitel 1 erwähnt ist.

Ein Trend bei der Kommerzialisierung mikrofluidischer Produkte geht hin zu Systemen, die Analysen mit tragbaren Geräten wie dem Mobiltelefon oder dem Smartphone durchführen [HON14, ZHU13]. Beispiele sind in Abbildung 8.19 und Abbildung 8.20 dargestellt – ein Blutanalysesystem mit Auslesefunktion für das Mobiltelefon sowie ein *Point-of-care*-Diagnostikgerät für Nachweis von Pathogenen auf Papierstreifen, bei dem das optische Auslesen mit dem Smartphone erfolgt. Die Detektionsgrenze liegt auf dem Ein-Zellniveau, die Gesamtzeit für ein Assay beträgt weniger als eine Minute.

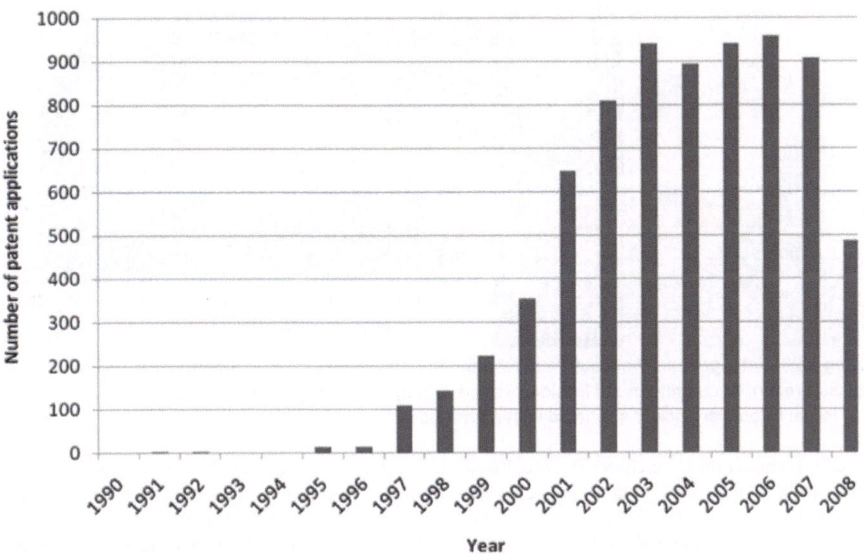

Abbildung 8.18: Anzahl der Patente mit dem Begriff „microfluidic" bis Juni 2008 [BEC09]
© (2008) Royal Chemical Society, reprinted with permission

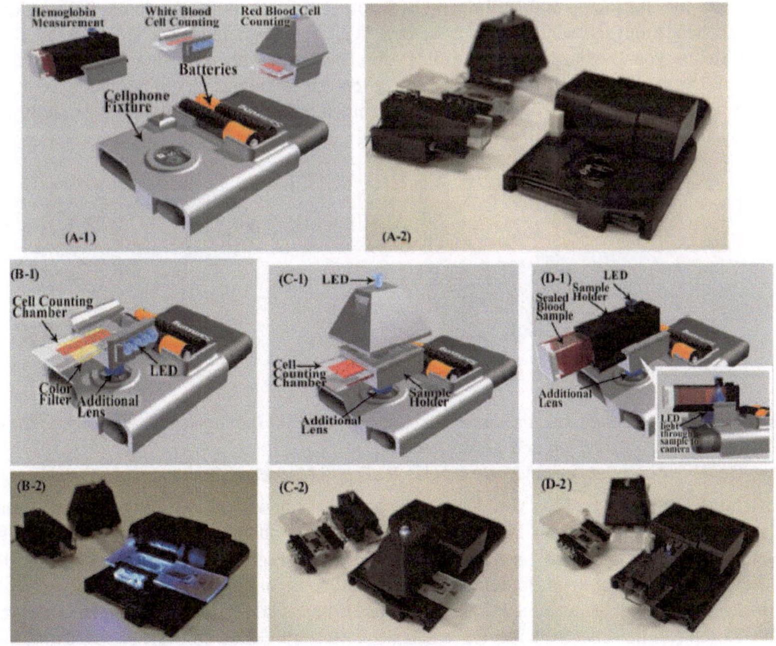

Abbildung 8.19: Blutanalyseplattform mit Ausleseeinheit für das Mobiltelefon:
(A-1), (A-2) Basis mit Universalanschluss für drei Komponenten zur Quantifizierung von Leukozyten (B-1), (B-2), Erythrozyten (C-1), (C-2) und Hämoglobin (D-1), (D-2) [ZHU13]
© (2013) Royal Chemical Society, reprinted with permission

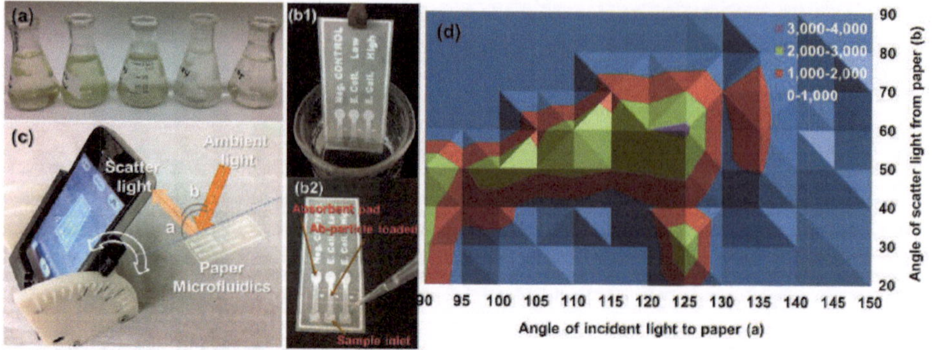

Abbildung 8.20: Pathogennachweis auf Papierstreifen mit Ausleseeinheit fürs Smartphone; a) Abwasserproben, b) aufbringen auf Papier, c) auslesen, d) Auswertegrafik [PAR13a,b]
© (2013) Royal Chemical Society, reprinted with permission

Ein weiterer Trend ist im Bereich der Entwicklung von *Point-of-Care*-Systemen zu beobachten, die einen „Ansatz zur Lösung einer der größten Herausforderungen im weltweiten Gesundheitswesen“ bieten mögen [YAG08]. PoC umfasst diagnostische Tests, die außerhalb eines Krankenhauses oder einer Arztpraxis durchgeführt werden können. Manchmal ist die Anwendung durch den Patienten selbst von vornherein vorgesehen, wie bei Schwangerschaftstests oder der Blutzuckermessung bei Diabetikern. Die Verfügbarkeit von PoC-Testsystemen spielt insbesondere dort eine Rolle, wo oftmals die rechtzeitige Erreichbarkeit ärztlicher Einrichtungen nicht gegeben ist. Der i-Stat® von Abbott ist ein typisches PoC-System. Das i-Stat®-Handlesegerät war eines der ersten mikrofluidischen Diagnostikprodukte. 1992 auf dem Markt eingeführt, wurde es 2004 von Abbott Point of Care Inc. für knapp 400 Millionen US-$ aufgekauft. Bis 2006 wurde die Palette der mit dem i-Stat®-Gerät möglichen Analysen schrittweise erweitert. Weitere Beispiele sind Cardiac Reader® der Firma Roche, Triage® Meters von Biosite Inc. und Cardiac STATus® zur Früherkennung und dem Monitoring von Herzinsuffizienzen. Der Agilent 2100 Bioanalyzer von Agilent Technologies ist ein portables Gerät mit modularen Einheiten für die Echtzeitanalyse von DNS, RNS, Proteinen und Zellen. Abbildung 8.21 stellt das Analysegerät und die Kassettenmodule dar.

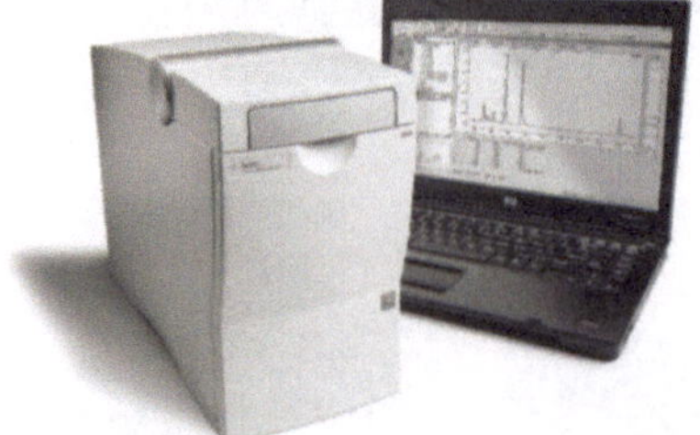

Abbildung 8.21: Agilent 2100 Bioanalyzer System (links); Agilent 2100 Bioanalyzer Chip Portfolio für verschiedene Analysen von DNA, RNA, Proteinen und Zellen (rechts);
mit freundlicher Genehmigung der Agilent Technologies R&D and Marketing GmbH & Co. KG

Das automatisierte PoC-System RadiDx von den Sandia National Laboratories ist ein tragbares Gerät zur hochsensitiven Messung von Biomarkern aus Blut-, Speichel- oder Urinproben. Derartige Systeme benötigen heutzutage meistens nur wenige Minuten und geringste Probemengen im Bereich von 10 $\mu\ell$ bis 50 $\mu\ell$ für die Analyse. Die Detektionsgrenzen liegen dabei im Bereich Picomol oder Picogramm pro Milliliter.

Die bereits in der Einführung in Kapitel 1 erwähnte microfluidic ChipShop GmbH in Jena vertreibt sowohl maßgeschneiderte mikrofluidische Systeme als auch standardisierte Katalogprodukte für den Einsatz in der Lebensmittel- und Umweltanalytik, der Biotechnologie, Medizintechnik, Chemie, Diagnostik, Kosmetik sowie in der Wirkstoffforschung kommerziell. Die Geschäftsidee besteht in der Modularisierung einzelner funktioneller Komponenten, die in einem *Bottom-Up*-Ansatz zum mikrofluidischen Gesamtsystem zusammengefügt werden. Abbildung 8.22 zeigt eine Auswahl der angebotenen Module, Abbildung 8.23 exemplarisch ein integriertes Mikrofluidiksystem für die Polymerase-Kettenreaktion (engl. *Polymerase Chain Reaction*, PCR). Ein kommerzielles System für die PCR-Durchführung bieten die Bio-Rad Laboratories Inc., CA, USA, mit dem QX200™ Droplet Digital™ PCR System an.

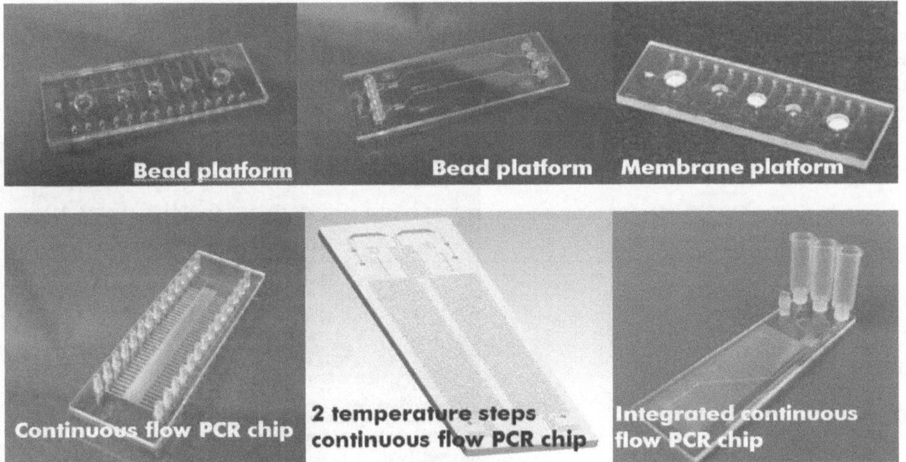

©microfluidic ChipShop

Abbildung 8.22: Mikrofluidikmodule vom microfluidic ChipShop für Bead basierte und PCR-Applikationen, Quelle: Vortrag H. Becker/microfluidic ChipShop, MicroTAS-Konferenz 2013, mit freundlicher Genehmigung der microfluidic ChipShop GmbH

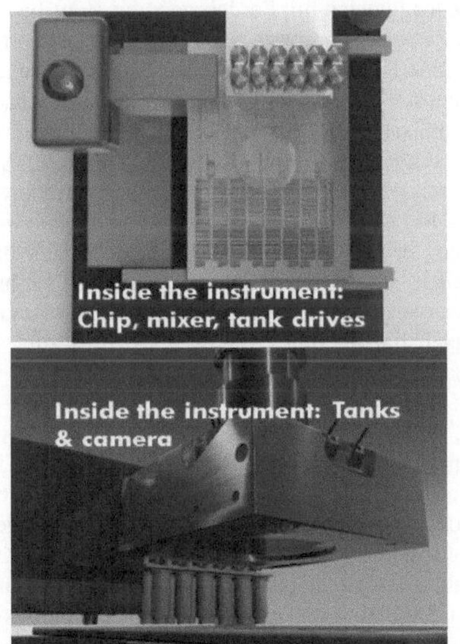

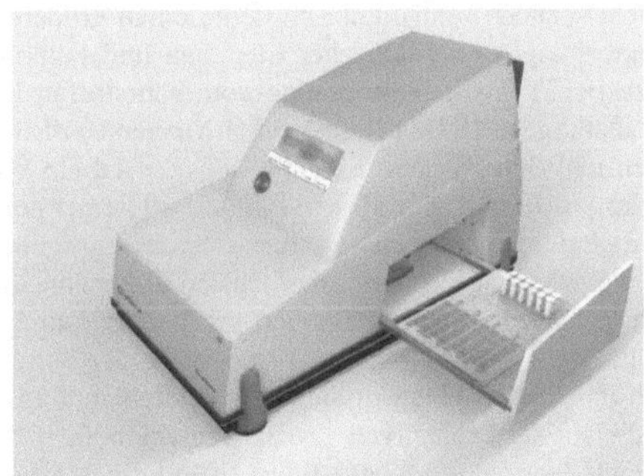

©microfluidic ChipShop

Abbildung 8.23: Integriertes System vom microfluidic ChipShop für die Chip basierte PCR, Quelle: Vortrag H. Becker/microfluidic ChipShop, MicroTAS-Konferenz 2013, mit freundlicher Genehmigung der microfluidic ChipShop GmbH

Das Prinzip der LabCD™-Technologie wurde bereits 1998 von Madou publiziert [MAD98]. Das System besteht aus einer mikrostrukturierten Scheibe im Compact Disk (CD)-Format und einem Abspielgerät. Der Analyt wird auf die CD-ähnliche Scheibe appliziert und durch Zentrifugalkräfte in Kombination mit Kapillareffekten in maßgeschneiderten Kanalstrukturen und Kammern auf der Scheibe prozessiert, analysiert und detektiert. Dieser voll automatisierte Prozess findet Anwendungen in der Blutanalyse wie zum Test auf Krankheitserreger von Hepatitis, Aids, Tetanus etc. und dem Screening der Risikoindikatoren von Herz, Leber und Niere – aus einem einzigen Tropfen Blut innerhalb weniger Sekunden. In den Biowissenschaften ist die LabCD™ zur Herstellung von Pharmazeutika und Kosmetika einsetzbar. Dasselbe Prinzip nutzen die zentrifugal-mikrofluidische Plattformen wie LabDisk und BioDisk vom Institut für Mikro- und Informationstechnik der Hahn-Schickard-Gesellschaft für angewandte Forschung e. V. (HSG-IMIT) in Freiburg [LOAC]. Für die Fertigung der Scheiben kommen Polymertechniken zum Einsatz. Abbildung 8.24 zeigt ein Abspielgerät und eine entsprechende Disk.

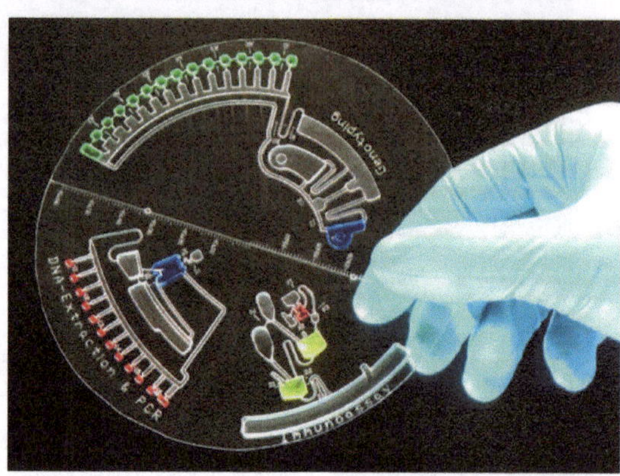

Abbildung 8.24: LabPlayer (links, HSG-IMIT, Bernd Müller Fotografie), LabDisk (rechts, HSG-IMIT) [QIA13], mit freundlicher Genehmigung des HSG-IMIT und der QIAGEN Lake Constance GmbH

Lab-on-a-Disk-Systeme befördern die Analyte durch zentrifugales Pumpen mit Förderraten von 10 $n\ell$ bis 100 $\mu\ell$ pro Sekunde von der Scheibenmitte in die dafür vorgesehenen Reaktionskammern. Ein Vorteil dieser Inertialsysteme besteht darin, dass das Pumpen (im Gegensatz zu elektrokinetischen Pumpen) relativ unsensibel gegenüber physikochemischen Eigenschaften wie dem pH-Wert, der Ionenstärke oder der chemischen Zusammensetzung ist. Zudem spannen zentrifugale Systeme einen größeren dynamischen Bereich auf und ermöglichen nicht nur die direkte Integration fluidischer Elemente und Funktionen, sondern auch ein Multiplexing [MAD06]. HIV-Diagnose [RIB13], die Bestimmung von Nährstoffen in Wasser [HWA13], die Detektion lebensmittelverseuchender Pathogene [KIM14] sowie Schwangerschaftstests [LI14] sind mit *Lab-on-a-Disk-* und *Lab-on-DVD*-Systemen realisiert worden. Ein *Lab-in-a-Pen* ist ein von Gong et al. vorgestelltes Format für Papier basierte Assays im Stiftformat. Mit diesem Ansatz solle einer potenziellen Beschädigung der zu untersuchenden biologischen Probe durch Vermeidung scharfer Spitzen vorgebeugt werden. Zudem könnten die Tests auch von untrainiertem Personal unter unterschiedlichsten Rahmenbedingungen durchgeführt werden. Das Stiftformat könne zugleich den Niedrigkostenmethoden mit hohem Durchsatz zum Durchbruch verhelfen oder zumindest weiter fördern [GON14].

Die universitäre Firmenausgründung Qloudlab in Lausanne, Schweiz, hat sich eine Technologie patentieren lassen, die auf der kapazitiven Touchscreenmethode beruht und für die Detektion von Biomolekülen der berührenden Fingerspitze einsetzbar ist. Die Erfindung ist eine Fusion aus Smartphone, Gesundheitspflege und Cloudlösungen für die Datenverarbeitung. Die Touchscreenmethode wird bei den meisten Smartphones genutzt. Hierzu zählen laut der Firma Qloudlab die Geräte Apple iPhone, Galaxy S, Sony Xperia, Nokia Lumia, Google Nexus und weitere. Insofern stellt die Erfindung von Qloudlab eine kostengünstige Lösung zur Verfügung, um das Smartphone in ein medizinisches Vorsorgegerät zu verwandeln. Bluttests sind mit einem Einwegflicken auf dem Bildschirm möglich. Die Sensoren verfolgen die Fingerbewegungen auf dem Touchscreen und sind imstande, extrem geringe Ladungsänderungen an der Oberfläche zu detektieren. Auf diese Weise kann eine Biosensierung von Molekülen an der Schnittstelle zwischen Finger und dem Bildschirm mit Berührungseingabe erfolgen. Abbildung 8.25 illustriert das Prinzip. Menschen mit der Bluterkrankheit (Hämophilie) oder die Blutverdünnungsmittel einnehmen können so einfach und schnell ihre Blutkoagulation selbst überwachen.

Onescu et al. nutzen das Smartphone für die Messung des Cholesteringehalts mit einem Teststreifen, der in das Smartphone eingeführt wird [ONC14]. Das Ergebnis ist nach einer Minute verfügbar. Auch das von Nie et al. vorgestellte System ist dem *Point-of-Care*-Bereich zuzuordnen. Eine automatisierte, integrierte, bedienerfreundliche Plattform zur Speichelanalyse wird vorgestellt, die einen mikrofluidischen Chip als Einwegartikel nutzt. Dieser Chip enthält alle für die Analyse benötigten Reagenzien und wird in ein automatisches Auslesegerät eingeführt, wo eine Vielzahl von Proteinbiomarkern für Atmungserkrankungen gleichzeitig in einem Sandwich-Immunassay gemessen wird [NIE14]. Das Auslesen erfolgt optisch. Mit 10 $\mu\ell$ Speichelvolumen ist das Ergebnis binnen 70 Minuten verfügbar.

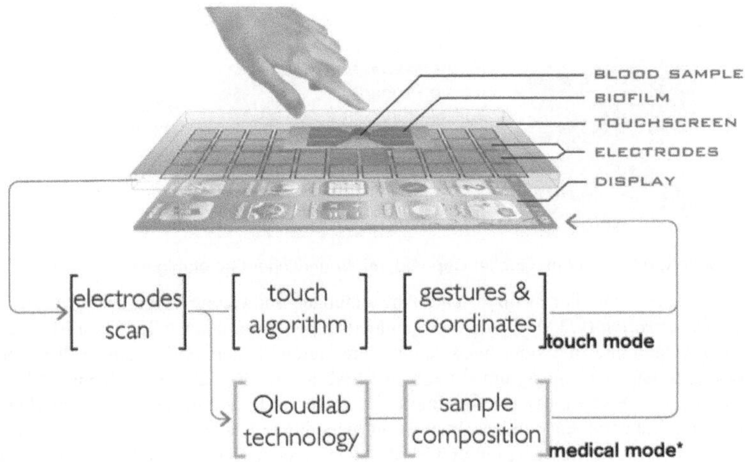

Abbildung 8.25: Technologie der Firma Qloudlab, mit freundlicher Genehmigung

Daktari Diagnostics Inc., MA, USA, wurde ein Zuschuss von der Organisation UNITAID in Höhe von 2,68 Millionen US-$ gewährt, um ihr *Point-of-Care*-CD4-System in sieben afrikanischen Ländern zu vermarkten, wie eine Pressemeldung am 25. März 2014 verkündete [DAK14]. Dieses System erlaubt das Monitoring von CD4-Zellen und damit einen Rückschluss auf eine mögliche Infektion mit dem HI-Virus. Eine HIV-Infektion betrifft mehr als 35 Millionen Menschen weltweit, davon 25 Millionen in Afrika südlich der Sahara. Eine lebenslange HIV-Behandlung steht knapp 10 Millionen Menschen zur Verfügung, darunter allein 7,5 Millionen Menschen in Afrika. Dadurch konnte die Sterblichkeit von HIV-Patienten um mehr als 25% in nur sechs Jahren verringert werden. Eine Voraussetzung ist der Zugang zu geeigneten Diagnosetests vor allem für CD4-Zellen. Jüngste Schätzungen gehen von einem weltweiten Bedarf in Höhe von 40 Millionen CD4-Tests jährlich aus, von denen die meisten möglichst einfach zu bedienen und preisgünstig sein müssen. Durch die UNITAID-Unterstützung wird Daktari ab dem Jahr 2015 Evaluierungen des CD4-Systems in Äthiopien, Kenia, Malawi, Mosambik, Tansania, Uganda und Simbabwe durchführen, wo insgesamt über 9,5 Millionen HIV-infizierte Menschen der Betreuung bedürfen. Das CD4-System von Daktari Diagnostics Inc. wurde bislang in Studien in den USA, Kenia und Uganda validiert und umfasst ein batteriebetriebenes, tragbares elektronisches Gerät und eine Einwegkartusche mit mikrofluidischen Tests. Mit einem in die Kartusche eingegebenen Tropfen Blut von der Fingerspitze des Patienten werden die Analyseergebnisse auf einem Bildschirm binnen 14 Minuten angegeben und zugleich drahtlos an zentrale Datenbanken durch ein entsprechendes Portal übertragen.

Auch die Firma Claros Diagnostics, ein US-amerikanisches Start-up-Unternehmen, ist auf dem Sektor der schnellen Blutanalyse unterwegs. Nach der Entwicklung eines Blutanalysegerätes, das Prostatakrebs-Patienten das Ergebnis in einer Viertelstunde liefert, wurden Varianten für die Detektion von HIV und Hepatitis in Afrika getestet [CHI11]. Die Claros-Forscher haben zudem ein Spritzgussverfahren entwickelt, das die für die Analyse nötigen Plastikkartuschen in 15 Sekunden pro Stück bei Stückkosten von etwa zehn Cent herstellt.

Das mikrofluidische System microFlow® von Micronics Inc. ermöglicht die Quantifizierung kleiner Mokelüle in weniger als fünf Minuten aus einem Probevolumen zwischen 5 $\mu\ell$ und 200 $\mu\ell$ und eignet sich für die Durchführung von Immunassays sowie Separationsanwendungen. Mit der T-Sensor® Access™ Lab Card, einem R&D-Produkt von Micronics Inc., kann die Zielkomponente aus dem vollen Fluidstrom ohne Zentrifugieren oder Filtrieren isoliert werden. Das mikrofluidische System Caliper® 250 HTS (HTS engl. *high throughput screening*, die Filterung oder Analyse mit hohem Durchsatz) wurde von Caliper Technologies Corp., dem US-Konzern PerkinElmer zugehörig, für die Automatisierung enzymatischer und zellularer Assays entwickelt. Das GeneXpert®-System für die Molekulardiagnostik von Cepheid, CA, USA, ermöglicht eine vollständig automatisierte, integrierte Vorbereitung und Prozessierung der Proben in derselben Kartusche, in der auch die Extraktion und Konzentration der Nukleinsäuren und die abschließende Detektion erfolgt. Abbildung 8.26 zeigt ein GeneXpert®-System, das aus den modularen Einheiten Kartusche und Auslesegerät besteht.

Abbildung 8.26: GeneXpert®-System, Quelle: Cepheid, mit freundlicher Genehmigung

Die Entwicklung zahlreicher mobiler medizinischer Anwendungen und Geräte haben dazu geführt, dass sich die *Food and Drug Administration* (FDA), die dem Gesundheitsministerium unterstellte behördliche Lebensmittelüberwachungs- und Arzneimittelzulassungsbehörde der Vereinigten Staaten, ab September 2013 mit der Erstellung von Richtlinien zu befassen begann, um Nutzer vor Missbrauch zu bewahren. In einem Artikel beschreiben Yetisen et al., warum solche Regelungen nötig sind und evaluieren deren Einfluss und Auswirkungen auf den Hochschulbereich, die Industrie und andere Interessengruppen wie Patienten und klinisches Personal. Die Untersuchungen zeigen, dass das Bewusstsein und Berücksichtigung der Richtlinien bei der Produktentwicklung die Kommerzialisierung und den Markteintritt beschleunigen können [YET14].

Literatur zu Kapitel 8

[BAE09] Y.S. Baek, S. Haas, H. Hackstein, G. Bein, M. Hernandez-Santana, H. Lehrach, S. Sauer, H. Seitz: Identification of novel transcriptional regulators involved in macrophage differentiation and activation in U937 cells.
BMC Immunology Vol. 10, 2009, doi: 10.1186/1471-2172-10-18

[BEC09] H. Becker: IP or no IP: that is the question. Lab Chip Vol. 9, pp. 3327-3329, 2009
http://pubs.rsc.org/en/content/articlelanding/2009/lc/b920548a#!divAbstract

[CHA13] Ch. Y. Chan, P.-H. Huang, F. Guo, X. Ding, V. Kapur, J. D. Mai, P. K. Yuen, T. J. Huang: Accelerating drug discovery via organs-on-chips.
Lab Chip Vol. 13, pp. 4697-4710, 2013

[CHI11] C. D. Chin, T. Laksanasopin, Y. K. Cheung, D. Steinmiller, V. Linder, H. Parsa, et al.: Microfluidics-based diagnostics of infectious diseases in the developing world.
Nature Medicine Vol. 17, pp. 1015-1019, 2011
s. auch: http://www.heise.de/tr/artikel/Diagnose-in-15-Minuten-968587.html
(letzter Zugriff 23.11.2017)

[CLI04] E. Climent, M.R. Maxey, G.E. Karniadakis:
Dynamics of Self-Assembled Chaining in Magnetorheological Fluids.
Langmuir Vol. 20, pp. 507-513, 2004

[DAK14] Daktari Awarded $2.7 M Grant from UNITAID to Commercialize CD4 System
http://www.prnewswire.com/news-releases/daktari-awarded-27-m-grant-from-unitaid-to-commercialize-cd4-system-252252271.html (letzter Zugriff 21.11.2017)

[DIE12] J. Diendorf: Silber-Nanopartikel – Synthese, Stabilität und biologische Wirkungen.
Dissertation, Universität Duisburg-Essen, Fakultät für Chemie, 2012

[GAR05] P. Garidel, M. Rappolt, A. B. Schromm, J. Howe, K. Lohner, J. Andrä, M. H. J. Koch, K. Brandenburg: Divalent cations affect chain mobility and aggregate structure of lipopolysaccharide from Salmonella Minnesota reflected in a decrease of its biological activity.
Biochimica et Biophysica Acta Vol. 1715, pp. 122-131, 2005

[GIJ10] M. A. M. Gijs, F. Lacharme, U. Lehmann: Microfluidic Applications of Magnetic Particles for Biological Analysis and Catalysis. Chemical Review Vol. 110, pp. 1518-1563, 2010

[GON14] M. M. Gong, B. D. MacDonald, T. Vu Nguyen, K. Van Nguyen, D. Sinton:
Lab-in-a-pen: a diagnostics format familiar to patients for low-resource settings.
Lab Chip Vol. 14, pp. 957-963, 2014

[GUO09] Y. Guo, G. Zhao, S. Tanaka, T. Yamaguchi: Differential responses between monocytes and monocyte-derived macro-phages for lipopolysaccharide stimulation of calves. Cellular and Molecular Immunology Vol. 6, pp. 223-229, 2009

[HON14] J. I. Hong, B.-Y. Chang: Development of the smartphone-based colorimetry for multi-analyte sensing arrays. Lab Chip Vol. 14, pp. 1725-1732, 2014

[HUH10] D. Huh, B.D. Matthews, A. Mammoto, M. Montoya-Zavala, H.Y. Hsin, D. E. Ingber: Reconstituting Organ-Level Lung Functions on a Chip. Science Vol. 328, pp. 1662-1667, 2010

[HWA13] H. Hwang, Y. Kim, J. Cho, J.-y. Lee, M.-S. Choi, Y.-K. Cho: Lab-on-a-Disc for Simultaneous Determination of Nutrients in Water. Analytical Chemistry Vol. 85, pp. 2954-2960, 2013

[IMU09] Y. Imura, Y. Asano, K. Sato, E. Yoshimura: A microfluidic system to evaluate intestinal absorption. Analytical Sciences Vol. 25, pp. 1403-1407, 2009

[JAN10] K. J. Jang, K. Y. Suh: A multi-layer microfluidic device for efficient culture and analysis of renal tubular cells. Lab Chip Vol. 10, pp. 36-42, 2010

[JON05] S. A. Jones: Directing Transition from Innate to Acquired Immunity: Defining a Role for IL-6. J. of Immunology Vol. 175, pp. 3463-3468, 2005

[KEL03] K. L. Kellar, J. P. Douglass: Protocol "Multiplexed microsphere-based flow cytometric immunoassays for human cytokines". J. of Immunological Methods vol. 279, pp. 277-285, 2003

[KEL06] K. L. Kellar et al.: Protocol "Multiplexed Microsphere-Based Flow Cytometric Immunoassays". Current Protocols in Cytometry, pp. 13.1.1-13.1.21, 2006

[KIM10b] M.-S. Kim, E.-y. Kim, J. Jeong, J.-Ch. Lee, W. Kim: Recovery of Platinum and Palladium from the Spent Petroleum Catalysts by Substrate Dissolution in Sulfuric Acid. Materials Transactions Vol. 51, pp. 1927-1933, 2010

[KIM14] T.-H. Kim, J. Park, C.-J. Kim, Y.-K. Cho: Fully Integrated Lab-on-a-Disc for Nucleic Acid Analysis of Food-Borne Pathogens. Analytical Chemistry Vol. 86, pp. 3841-3848, 2014

[LI12] Y. H. Li, Ch.-Y. Chen, Sh.-T. Sheu, J.-M. Pai: Dynamics of a microchain of superparamagnetic beads in an oscillating field. Microfluidics and Nanofluidics Vol. 13, pp. 579-588, 2012

[LI14] X. Li, S. Weng, B. Ge, Zh. Yao, H.-Zh. Yu: DVD technology-based molecular diagnosis platform: quantitative pregnancy test on a disc. Lab Chip Vol. 14, pp. 1686-1694, 2014

[LOAC] Lab-on-a-Chip Design and Foundry Service http://www.loac-hsg-imit.de/

[MAD98] M. J. Madou, G. J. Kellogg: LabCD: a centrifuge-based microfluidic platform for diagnostics. Proceedings SPIE Vol. 3259, pp. 80-93, 1998

[MAD06] M. Madou, J. Zoval, G. Jia, H. Kido, J. Kim, N. Kim: Lab on a CD. Annual Review of Biomedical Engineering Vol. 8, pp. 601-628, 2006

[MAH09] G. J. Mahler, M. B. Esch, R. P. Glahn, M. L. Shuler: Characterization of a Gastro-intestinal Tract Microscale Cell Culture Analog Used to Predict Drug Toxicity. Biotechnology and Bioengineering Vol. 104, pp. 193-205, 2009

[MIL09] MILLIPLEX®MAP high sensitivity human cytokine kit protocol, 96 Well Plate Assay, HSCYTO-60SK, 09-Dec-2009

[NIE14] S. Nie, W. H. Henley, S. E. Miller, H. Zhang, K. M. Mayer, P. J. Dennis, E. A. Oblath, J. P. Alarie, Y. Wu, F. G. Oppenheim, F. F. Little, A. Z. Uluer, P. Wang, J. M. Ramsey, D. R. Walt: An automated integrated platform for rapid and sensitive multiplexed protein profiling using human saliva samples. Lab Chip Vol. 14, pp. 1087-1098, 2014

[ONC14] V. Oncescu, M. Mancuso, D. Erickson: Cholesterol testing on a smartphone. Lab Chip Vol. 14, pp. 759-763, 2014

[PAG05] P. Pagliara, R. Lanubile, M. Dwikat, L. Abbro, L. Dini: Differentiation of monocytic U937 cells under static magnetic field exposure. European Journal of Histochemistry Vol. 49, pp. 75-86, 2005

[PAR13a] T. S. Park, D. K. Harshman, Ch. F. Fronczek, J.-Y. Yoon: Smartphone detection of Escherichia coli from wastewater utilizing paper microfluidics. MicroTAS Conference 2013, Freiburg, Germany, 2013

[PAR13b] T. S. Park, W. Li, K. E. McCracken, J. Y. Yoon: Smartphone quantifies Salmonella from paper microfluidics. Lab Chip Vol. 13, pp. 4832-4840, 2013 http://pubs.rsc.org/en/content/articlelanding/2013/lc/c3lc50976a#!divAbstract

[PET07b] I. Petousis, E. Homburg, R. Derks, A. Dietzel: Transient behaviour of magnetic micro-bead chains rotating in a fluid by external fields. Lab Chip Vol. 7, pp. 1746-1751, 2007

[PRI95] J. M. Prins, E. J. Kuijper, M. L. Mevissen, P. Spelman, S. J. van Deventer: Release of Tumor Necrosis Factor Alpha and Interleukin 6 during Antibiotic Killing of Escherichia coli in Whole Blood: Influence of Antibiotic Class, Antibiotic Concentration, and Presence of Septic Serum. Infection and Immunity Vol. 63, pp. 2236-2242, 1995

[QIA13] 29.11.2013 QIAGEN Lake Constance GmbH / HSG-IMIT: Ein „Plattenspieler“ für die schnelle Diagnose. http://www.bio-pro.de/magazin/index.html?lang=de&artikelid=/artikel/09594/index.html

[RAM15] Q. Ramadan, M. A. M. Gijs: In vitro micro-physiological models for translational immunology (Critical review). Lab Chip Vol. 15, pp. 614-636, 2015

[RIB13] J. Ribas, M. W. Tibbitt, M. R. Dokmeci, A. Khademhosseini: Research highlights. Lab Chip Vol. 13, pp. 1842-1845, 2013

[RUF12] C. Ruffert, Q. Ramadan, G. Vergères, M. Gijs: On-chip Activation of Monocytic Cells and Immunomagnetic-based Detection of Cytokines as a Response to LPS. Proc. EMBL conference Microfluidics 2012, Heidelberg, Germany, p. 184, 2012

[RUF13c] C. Ruffert, Q. Ramadan, M. A. M. Gijs: Fabrication of a high aspect ratio (HAR) micropillar filter for a magnetic bead-based immuno-assay. Proceedings HARMNST (High-Aspect-Ratio Micro and Nano Structure Technology) Conference 2013, Berlin, Germany, 21-24 April 2013

[RUF13d] C. Ruffert, Q. Ramadan, M. A. M. Gijs: Fabrication of a high aspect ratio (HAR) micropillar filter for a magnetic bead-based immunoassay. HARMNST2013, Berlin, Germany; Microsystem Technologies Vol. 20, pp.1869-1873, 2014, doi: 10.1007/s00542-013-1964-z

[RUF14b] C. Ruffert, Q. Ramadan, M. Ruegg, G. Vergères, M. A. M. Gijs: Integrated microfluidic chip for cell culture and stimulation and magnetic bead-based biomarker detection. Micro and Nanosystems, Vol. 6, pp. 61-68, 2014

[SPI14] Der Spiegel 26/2014, J. Grolle: Der Menschen-Bausatz, S. 110-112, 2014

[SUN13] J. H. Sung, M. B. Esch, J.-M. Prot, Ch. J. Long, A. Smith, J. J. Hickman, M. L. Shuler: Microfabricated mammalian organ systems and their integration into models of whole animals and humans. Lab Chip Vol. 13, pp. 1201-1212, 2013

[SUZ00] T. Suzuki, Sh.-i. Hashimoto, N. Toyoda, Sh. Nagai, N. Yamazaki, H.-Y. Dong, J. Sakai, T. Yamashita, T. Nukiwa, K. Matsushima: Comprehensive gene expression profile of LPS-stimulated human monocytes by SAGE. Blood Vol. 96, pp. 2584-2591, 2000

[TAK99] S. Takashiba, T. E. Van Dyke, S. Amar, Y. Murayama, A. W. Soskolne, L. Shapira: Differentiation of monocytes to macrophages primes cells for lipopolysaccharide stimulation via accumulation of cytoplasmic nuclear factor kappaB. Infection and Immunity Vol. 67, pp. 5573-5578, 1999

[YAG08] P. Yager, G. J. Domingo, J. Gerdes: Point-of-Care Diagnostics for Global Health. Annual Review of Biomedical Engineering Vol. 10, pp. 107-144, 2008

[YET14] A. K. Yetisen, J. L. Martinez-Hurtado, F. da Cruz Vasconcellos, M. C. E. Simsekler, M. S. Akram, Ch. R. Lowe: The regulation of mobile medical applications. Lab Chip Vol. 14, pp. 833-840, 2014

[ZHU13] H. Zhu, I. Sencan, J. Wong, S. Dimitrov, D. Tseng, K. Nagashima, A. Ozcan: Cost-effective and rapid blood analysis on a cell-phone. Lab Chip Vol. 13, pp. 1282-1288, 2013 http://pubs.rsc.org/en/content/articlelanding/2013/lc/c3lc41408f#!divAbstract

9 Zusammenfassung und Ausblick

Dieses Buch gibt einen Überblick über mikrofluidische Separationstechniken und deren Anwendungen in mikrofluidischen Systemen. Nach einer Einführung in die *Lab-on-a-Chip*-Thematik und der Vermittlung von Grundlagen der Strömungsmechanik in Mikrodimensionen in den Kapiteln 1 und 2 betrachtet das sich anschließende Kapitel 3 elektrohydrodynamische Verfahren einschließlich der auf Elektrobenetzung und akustischen Oberflächenwellen beruhenden. Kapitel 4 betrachtet magnetohydrodynamische Prozesse sowie deren Einsatz in der Mikrofluidik im Zusammenhang mit Separationsanwendungen. Der Fokus liegt dabei auf der magnetischen Separation mit sphärischen superparamagnetischen Partikeln, sogenannten *Magnetic beads*. Dies schließt eine Betrachtung der Kräfte ein, die auf Partikel in einem mikrofluidischen Kanal wirken, der von einem äußeren elektrischen oder magnetischen Feld durchsetzt ist. In zahlreichen Anwendungen der Biomedizintechnik ist die Nutzung von *Magnetic beads* in den zentralen Bereichen Diagnose und Therapie bereits Stand der Technik und befindet sich fortwährend in der Weiterentwicklung und Erweiterung der Anwendungen. Kapitel 5 stellt für die Fertigung von mikrofluidischen Systemen verfügbaren Technologien, eingesetzte Materialien und die für mikrofluidische Systeme genutzten Verfahren der Aufbau- und Verbindungstechnik vor. Kapitel 6 behandelt die Funktionalisierung von Oberflächen im Hinblick auf die spezifische Bindung zur gezielten Manipulation von Proben. Die Funktionalisierung umfasst die Einstellung des Benetzungsverhaltens von Oberflächen durch Methoden der Elektrobenetzung, Plasmaaktivierung und das Aufbringen funktioneller Beschichtungen und erstreckt sich auf die Oberflächen der Kanalstrukturen mikrofluidischer Chips sowie auf als mobile Substrate eingesetzte Magnetpartikel. Als Anwendungsbeispiel für die magnetische Separation mit oberflächenfunktionalisierten *Magnetic beads* wird die Bindung metallischer Nanopartikel der Platingruppe beschrieben. Diesen Ausführungen schließt sich eine Aufschlüsselung der bekannten Methoden zur Manipulation von Partikeln in mikrofluidischen Systemen mit elektrischen und magnetischen Feldern und Kräften an. Die Inhalte von Kapitel 7 gehen über feldbasierte Separationsverfahren hinaus. Zusätzlich werden geometrische und hydrodynamische Prozesse für die Partikelseparation vorgestellt und beschrieben. In Kapitel 8 sind exemplarisch der Entwurf, die Fertigung und die Evaluation eines integrierten mikrofluidischen Systems zur Bindung von Biomolekülen in einem *Magnetic bead* basierten Immunassay dargestellt. Dieses Buch schließt mit der Vorstellung einer Auswahl verfügbarer kommerzieller mikrofluidischer Systeme, denen Partikelseparationsprozesse zugrunde liegen. Dabei sind zwei Trends identifiziert: die Entwicklung von Systemen, die Analysen mit tragbaren Geräten wie dem Mobiltelefon oder dem Smartphone ermöglichen, und Systeme für *Point-of-Care*-Anwendungen.

Mittlerweile gibt es eine Vielzahl von Separationsmethoden, die auf einem kontinuierlichen Fluss beruhen und in der Bioanalytik für die Separation von Partikeln, Zellen, DNS-Molekülen, Proteinen oder anderen Molekülen zur Verfügung stehen. Ein direkter Vergleich der einzelnen Verfahren ist häufig kaum vorzunehmen, da einige Methoden einen hohen Durchsatz ermöglichen, während andere sich durch eine höhere Auflösung auszeichnen. Manche der mikrofluidischen Systeme sind leicht zu bedienen, wohingegen andere speziell ausgebildetes Personal erfordern. Ein Teil der Separationsprinzipien benötigt eine Markierung der Probe durch ein spezifisch anzubringendes Label. Andere wiederum basieren auf intrinsischen Eigenschaften der Probe. Welches jeweils der optimale Ansatz ist, muss proben- und anwendungsspezifisch entschieden werden. Unbestritten stehen heute unterschiedlichste Werkzeuge und Methoden zur Verfügung, die zur Realisierung weiterer miniaturisierter Totalanalysesysteme führen werden. Aller Voraussicht nach werden Anwendungen in den Bereichen Blutanalyse für *Point-of-Care*-Anwendungen, DNS-Separation für forensische Untersuchungen vor Ort sowie dem Umweltmonitoring im Gelände liegen. Speziell die Separation aus dem strömenden Fluid mag in signifikanter Weise den Durchbruch der Mikrofluidik auf dem Weltmarkt stützen.

Eine fortwährende Herausforderung besteht in der Bereitstellung geeigneter Methoden für den Nachweis und die Quantifizierung von magnetischem Material mit derartig kleinem magnetischem Volumen und einer physischen Größe wie es bei *Magnetic beads* der Fall ist. Weiterhin gibt es noch keine einheitlichen Standards für Adapter, Schnittstellen oder einer Infrastruktur in Form von *Plug-and-Play*-Komponenten oder einem Modulbaukastensystem. In den meisten Fällen werden eigene Lösungen angewendet. Das vom *Center for Business Innovation* (CBi) mit Sitz in Cambridge, Großbritannien, organisierte Mikrofluidik-Konsortium zeigt Engagement bei der Schaffung internationaler Standards für mikrofluidische Komponenten und Systeme [CBI]. Das französische Forschungsinstitut für Elektronik und Informationstechnologie CEA-Leti (*Laboratoire d'electronique des technologies de l'information*) mit Sitz in Grenoble ist eines der größten landesweiten Institute für anwendungsorientierte Forschung in Mikroelektronik und Nanotechnologie. Seit 2010 setzt sich dieses Unternehmen gemeinsam mit dem britischen CBi für die Standardisierung in der Mikrofluidik ein. In Kooperation zahlreicher weltweit tätiger Mikrofluidikakteure entstanden einige Schriften und Whitepapers zu den Themen Designregeln und Vereinheitlichung [HEE12, HEE15]. Erwähnt werden soll in diesem Zusammenhang die Ende 2015 in der

Diskussionsgruppe *Lab on a chip and Microfluidic Devices* (kurz: *Microfluidics*) im internetbasierten Businessnetzwerk LinkedIn Inc. lancierte Online-Diskussion, die ISO-Standards für mikrofluidische Anschlüsse vorschlägt [IN]. Dies zeigt den Bedarf sowie die Nachfrage nach einheitlichen Standards und zugleich das Potenzial für eine Marktlücke im Bereich kommerzieller mikrofluidischer Systeme.

Die Zeitskala von der Entwicklungsstufe zur industriellen Anwendung und Akzeptanz ist in der Mikrofluidik verhältnismäßig lang. Ein Engpass mag die hohe Interdisziplininarität sein, die sich insbesondere in Kombination mit dem Einsatz von *Magnetic beads* zeigt: spezielles Fachwissen aus den Bereichen Physik, (Bio-)Chemie, Nanotechnologie und Biotechnologie ist erforderlich. Wissenschaftliche und praktische Kenntnisse sind auf hohem Niveau in der anorganischen Chemie zur Oberflächenfunktionalisierung nötig und in der Biochemie sowie in der Medizintechnik, um die *Magnetic beads* mit einer zur Probe passenden Funktionalisierung auszustatten. Nicht zuletzt sollte man mit den physikalischen Prinzipien des Nanomagnetismus und magnetischer Materialien vertraut sein. Dies erfordert nicht nur während der Entwicklungsphase exzellent ausgebildetes Personal in hoch spezifischen Fachgebieten, sondern auch ein interdisziplinäres Team. Vor allem für klein- und mittelständische Unternehmen könnte ein weiteres Hindernis neben der Verfügbarkeit des Personals beim Eintritt in die Entwicklung von Fertigung mikrofluidischer Systeme die Herstellung mikrofluidischer Chips darstellen. Denn die Fertigung der Masterformen erfordert in der Regel den Zugang zu einer Reinrauminfrastruktur mit Lithografiezeile. Vor diesem Hintergrund ist die teilweise eher schleppend anmutende Entwicklung verständlich.

George Whitesides vertritt die Ansicht, jedes Feld müsse sich periodisch neu erfinden, um am Leben zu bleiben. Die Mikrofluidik und das Konzept des Labors auf dem Chip, das *Lab-on-a-Chip*, hätten sich ihm zufolge in einer erfolgreichen Startphase von etwa 15 Jahren Dauer profiliert. Nun ergibt sich die Frage, wie sich die Mikrofluidik zukünftig gestalten wird. Für die Zukunft schweben Whitesides zwei mögliche Pfade vor: die Weiterentwicklung der bisher verfügbaren Technologien einschließlich der Entwicklung von Folgetechnologien wie eine skalierte Fertigung der Systeme, eine angemessene Qualitätskontrolle, die Bereitstellung von Standards und vereinheitlichten oder gar normierten Schnittstellen, behördliche Genehmigungen und alle weiteren mit dem Gebrauch von *Lab-on-a-Chip*-Systemen verbundenen Folgetechnologien. Die Entwicklung der Folgetechnologien ist eine Herausforderung, wird aber absolut notwendig sein, bevor Prototypen aus dem Labor kommerziell in größerem Maßstab umgesetzt werden. Der zweite Pfad umfasst die Erfindung neuartiger Dinge. Whitesides nennt einige seiner Favoriten für diese zweite Option, worunter Nanofluidik und digitale Mikrofluidik zu finden sind [WHI11]. Neben Whitesides versucht auch Lee sich an einer Vorausschau für die Entwicklung der Ära Mikrofluidik seit der Prägung des Begriffs *Micro total analysis systems* (µTAS) von Manz im Jahr 1990 [MAN90b]. Er nennt Tröpfchenmikrofluidik neben Papiermikrofluidik und 3D-Drucken als vielversprechende Technologien [LEE13]. – Möglicherweise ist eine dieser Ansätze der Ausgangspunkt für eine mikrofluidische industrielle Revolution während der dritten Dekade der Mikrofluidik.

Nach umfangreichen Untersuchungen in der Bioanalytik und Biomedizin ist es Zeit zur Erschließung neuer Märkte für *Magnetic beads*. Ein aussichtsreiches Gebiet ist die Katalysatorrückgewinnung. Nur wenige Studien wurden bisher zur magnetischen Katalysatorrückgewinnung publiziert; diese lieferten jedoch vielversprechende Ergebnisse. Die Katalysatorrückgewinnung oder allgemeiner gesprochen „grüne Mikrofluidik“, die Rückgewinnung und Wiederverwertung von Chemikalien und Reagenzien und die Aufbereitung zu ihrer Wiederverwendung, könnte ein günstige Marktlücke für den Einsatz magnetischer Mikro- und Nanopartikel sein.

Die kontrollierte Handhabung kleinster Mengen von Flüssigkeiten und Gasen wird fortwährend eine Rolle in unterschiedlichen Gebieten wie der Analytik, Biotechnologie, Diagnostik, Lebensmittelanalytik, Medizintechnik, Mikroverfahrenstechnik und Umweltanalytik spielen. Ein Fortschritt hin zur umfassenden Kommerzialisierung mikrofluidischer Systeme wird durch Bereitstellung modularer Einheiten erzielt. Die einzelnen Module üben separate Prozessschritte wie transportieren, mischen, temperieren, inkubieren und separieren aus und können zu einer mikrofluidischen Plattform zusammengefügt werden. Mit einem solchen modularen Baukasten kann eine große Prozessvielfalt innerhalb kürzester Zeit entwickelt und realisiert werden. Ferner können Einzelschritte und Prozessabläufe wegen der Modularität schnell abgeändert werden. Ansätze zur Standardisierung der Schnittstellen und Ausleseeinheiten sind ebenfalls vorhanden und wurden aufgezeigt.

Literatur zur Kapitel 9

[CBI] Center for Business innovation, Cambridge, UK, 7th Microfluidics Consortium, www.cfbi.com/microfluidics.htm (letzter Zugriff 21.11.2017)

[HEE12] H. van Heeren: Standards for connecting microfluidic devices? Lab Chip Vol. 12, pp. 1022-1025, 2012

[HEE15] H. van Heeren, T. Atkins, N. Verplanck, Ch. Peponnet, P. Hewkin, M. Blom, W. Beusink, J.-E. Bullema, S. Dekker, et al.: Design Guideline for Microfluidic Device and Component Interfaces. 26 pp, 2015 http://poc-id.eu/wp-content/uploads/Design-for-Microfluidic-Interfacing-White-Paper-version-1.0.pdf (letzter Zugriff 21.11.2017)

[IN] Gruppendiskussion bei LinkedIn Inc.: Lab on a chip and Microfluidic Devices group: standards activity in ISO TC 48 laboratory equipment. 24.12.2015

[LEE13] A. Lee: The third decade of microfluidics. Lab Chip Vol. 13, pp. 1660-1661, 2013

[MAN90b] A. Manz, N. Graber, H. M. Widmer: Miniaturized total chemical analysis systems: A novel concept for chemical sensing. Sensors and Actuators B: Chemical Vol. 1, pp. 244-248, 1990

[WHI11] G. M. Whitesides: What comes next? Lab Chip Vol. 11, pp. 191-193, 2011

Index